圖解
食品加工學與實務

李錦楓
李明清等 /著

閱讀文字
理解內容
觀看圖表

圖解讓
食品加工
更簡單

圖解系列

序言

序言

　　自然產出，可以供食用者叫做食物，食物及其加工製品叫做食品。食品加工是以農畜水產品為主要原料，加工以供人類食用的產品，是民生首要的基礎。所謂民以食為天，將自然豐收的原料，藉著物理、化學及生物方法，將其外型或特性改變，以達到貯藏、運輸及增加價值。食品加工的兩個主要目的：維護產品中微生物的安全性及延長食品貨架壽命，基本的加工概念有：1.提高溫度，2.降低溫度，3.降低水分含量，4.利用包裝維持食品特性。而典型的例子則有：1.製造濃縮橘子汁，2.製造冷凍豌豆，3.製造罐頭，4.牛乳殺菌，5.馬鈴薯乾片等。

　　食品加工的進入障礙一般不高，食品加工技術值得大家共同來關注與參與，市面上已經有很多食品加工的書籍，大都以理論為主，或是以配方為主的簡單說明，對於初次涉獵的學習者，以及想要入門的業者，仍然欠缺一本兼具理論與實務的簡易參考書籍。

　　本書，由食品科技界耕耘多年的李錦楓教授，號召學界以及食品界有豐富實務經驗的學者及專家共同執筆，大家在各自的熟悉領域，把食品加工的技術以圖解方式展示，並且加上自己的實務解說，期望讓初次接觸的讀者，花20%的時間可以得到80%的效果，而眉批的「小博士解說」以及「知識補充站」是作者的實務經驗說明，希望讓有用的知識得以傳承下去。

　　書中特別列入在食品加工上，必要的共通單元操作，是為了讓學習者透過共通技術的學習，具備基礎的能力，以便將來在各類食品加工領域上的結合使用。而食品加工新技術，則把最近食品加工上一些使用的新技術做簡要的介紹，希望在食品加工上能更上一層樓。

　　雖然盡力整理各位老師的講義編寫本書，期望能盡善盡美，恐仍有遺誤不逮之處，懇請先進賢達不吝指正，不勝感激。

編著者識

作者簡介

作者簡介

李錦楓

學歷

美國威斯康辛大學食品科學系博士

經歷

食品工業發展研究所正研究員兼副所長

台灣省菸酒公賣局化學研究室研究員

國立台灣大學食品科技研究所教授

張哲朗

學歷

(1)省立屏東農業專科學校農業化學科三年制畢業

(2)美國Lake Superior State University企業管理碩士

經歷

味全食品工業股份有限公司生產技術副總裁兼亞洲事業總經理

大成長城企業股份有限公司資深副總經理

顏文義

學歷

美國羅德島州大學食品科學博士

經歷

台洋冷凍食品工業股份有限公司品管副廠長

東海大學食品科學系副教授

林志芳

學歷

國立台灣大學食品科技研究所博士

經歷
致遠管理學院餐旅系講師
國際合作發展基金會派薩爾瓦多烘焙專家
國立金門大學食品科學系助理教授

謝壽山
學歷
成功大學管理學院高階管理碩士
經歷
南僑關係企業可口公司產品開發處協理
卡夫食品納貝斯克可口公司製造總監
宏亞食品公司顧問

陳忠義
學歷
東海大學化學系畢業
經歷
久津實業公司董事長兼總經理
上海波蜜食品有限公司董事長

鄭建益
學歷
中興大學農業化學系畢業
經歷
泰山企業股份有限公司食品廠廠長，研發部經理，技術群協理，食品群協理
大葉大學兼任教授
泰山企業股份有限公司副總經理
弘光科技大學兼任教授

施泰嶽

學歷

東海大學EMBA畢業

經歷

維他露食品公司廠長，副總經理

林慧美

學歷

日本國立一橋大學商學系畢業

經歷

聯夏食品工業股份有限公司貿易部

聯夏食品工業股份有限公司內銷部

聯夏食品工業股份有限公司董事長

顏文俊

學歷

國立台灣大學農化研究所碩士

經歷

掬水軒公司廠長

旺旺集團技術副總監

國立台灣大學食品科技研究所兼任教授

蔡育仁

學歷

國立台灣海洋大學水產食品科學研究所碩士

經歷

中華穀類食品技術研究所研究員、督導、管理代表

標準檢驗局CNS委員（食品）

林連峯
學歷
文化大學食品營養學系畢業
經歷
青華企業有限公司業務經理
利樂包股份有限公司資深業務經理

黃種華
學歷
省立屏東農業專科學校農業化學科三年制畢業
經歷
台鳳工業股份有限公司生產部經理
台鳳工業股份有限公司總裁特別助理

徐能振
學歷
(1)屏東農專農化科畢業
(2)中興大學食品科學系畢業
經歷
義美食品龍潭廠區總廠長

吳澄武
學歷
國立政治大學國貿系畢業
經歷
味全食品工業股份有限公司 貿易部經理

吳伯穗
學歷
國立台灣大學畜牧學研究所碩士

經歷

味全食品工業股份有限公司研發經理

邵隆志

學歷

文化大學食品營養學系畢業

經歷

味全食品工業股份有限公司研發經理

味全文教基金會顧問

尤俊森

學歷

屏東農專食品工業科畢業

經歷

聯夏食品工業股份有限公司研發經理

聯夏食品工業股份有限公司廠長

李明清

學歷

國立台灣大學化工系畢業

經歷

味全食品工業股份有限公司台北總廠長

純青實業公司顧問

第1章　台灣食品加工業發展策略與措施

1.1　台灣食品加工業發展策略與措施　2

第2章　食品加工概論

2.1　食品的劣變　6
2.2　食品的保存原理　8
2.3　加工原料的獲取　10
2.4　標竿產品的學習與超越　12
2.5　食品包材的選用　14

第3章　米的加工

3.1　米穀粉　18
3.2　米粉絲　20
3.3　糯米米菓與粳米米菓　22
3.4　粿仔條（河粉）　24

第4章　小麥及澱粉的加工

4.1　麵粉　28
4.2　麵條類　30
4.3　麵筋與小麥澱粉　32
4.4　餅乾（一）　34
4.5　餅乾（二）　36
4.6　熟麵　38
4.7　包子　40

第5章　豆類、種子及油脂的加工

- 5.1　豆腐　44
- 5.2　豆奶　46
- 5.3　豆沙（豆餡）　48
- 5.4　大豆蛋白（濃縮蛋白及分離蛋白）　50
- 5.5　納豆　52
- 5.6　油脂類　54
- 5.7　油脂的選用　56
- 5.8　豆花　58

第6章　蔬菜及水果的加工

- 6.1　柳橙汁　62
- 6.2　芒果乾　64
- 6.3　梅乾及糖漬梅　66
- 6.4　醃製白蘿蔔（蘿蔔乾）　68

第7章　乳品的加工

- 7.1　鮮奶　72
- 7.2　鮮奶油　74
- 7.3　乾酪　76
- 7.4　奶粉　78
- 7.5　加糖煉乳　80
- 7.6　冰淇淋　82
- 7.7　優格　84
- 7.8　優酪乳及發酵乳飲料　86

第8章　肉、蛋類的加工

8.1　液態蛋　90
8.2　濃縮蛋　92
8.3　蛋粉　94
8.4　美乃滋　96
8.5　鹹蛋　98
8.6　皮蛋　100
8.7　香腸　102
8.8　臘肉　104
8.9　火腿　106

第9章　水產品的加工

9.1　柴魚　110
9.2　海苔　112
9.3　石花菜　114
9.4　海參　116
9.5　海帶　118

第10章　酒類的製造

10.1　酒精　122
10.2　米酒　124
10.3　啤酒　126
10.4　日本清酒　128

第11章　調味食品的製造

11.1　味精　132
11.2　高鮮味精　134

11.3　風味調味料（雞精粉）　136
11.4　醬油　138
11.5　豆醬　140
11.6　醋　142
11.7　食鹽　144

第12章　甜味劑的製造

12.1　砂糖（一）　148
12.2　砂糖（二）　150
12.3　澱粉糖（一）　152
12.4　澱粉糖（二）　154
12.5　麥芽飴（一）　156
12.6　麥芽飴（二）　158

第13章　嗜好品類的製造

13.1　茶葉　162
13.2　茶包裝飲料　164
13.3　即溶咖啡　166
13.4　咖啡包裝飲料　168
13.5　可可粉　170

第14章　烘焙糖果餅乾的製造

14.1　牛軋糖　174
14.2　中秋月餅　176
14.3　蘇打餅乾　178
14.4　蜂蜜蛋糕　180
14.5　巧克力　182
14.6　薄脆餅乾　184

第15章　罐頭食品的製造

15.1　鳳梨罐頭　188
15.2　蘆筍罐頭　190
15.3　果醬罐頭　192
15.4　竹筍罐頭　194
15.5　洋菇罐頭　196
15.6　八寶粥罐頭（一）　198
15.7　八寶粥罐頭（二）　200
15.8　仙草蜜罐頭　202

第16章　食品加工的單元操作

16.1　清洗　206
16.2　食品擠壓　208
16.3　液體濃縮　210
16.4　食品乾燥　212
16.5　食品冷凍　214
16.6　食品殺菁　216
16.7　食品殺菌（一）　218
16.8　食品殺菌（二）　220
16.9　食品取樣方法　222
16.10　機械再壓縮濃縮技術　224

第17章　食品加工的新技術

17.1　超臨界萃取技術　228
17.2　殺菌袋製作技術　230
17.3　高壓加工技術　232
17.4　薄膜技術　234
17.5　膜分離新技術　236
17.6　熱泵省能源新技術　238

第18章　台灣食品加工未來的展望

18.1　台灣食品加工未來的展望　238

附錄一　食品安全衛生管理法

附錄二　參考文獻

第1章
台灣食品加工業發展策略與措施

1.1 台灣食品加工業發展策略與措施

1.1 台灣食品加工業發展策略與措施　　李錦楓／李明清

　　廣義的食品工業包括食品機械、食品包裝材料及食品配料工業。食品加工業是農業的下游產業，食品加工業的產品種類繁多，其產品可延續農產品的保存期。從食品加工業的發展歷程顯示食品工業之發展已由外銷導向轉變為內銷導向，由早期以「出口賺取外匯，支持工業發展」的角色，逐漸轉變為目前以「滿足國民食品需求，提高國民生活素質」的角色。讓台灣民眾食的安心，應該是台灣食品加工業共同的願望。

　　如何成為供應全球華人市場優質食品之重要營運、研發與生產基地，台灣食品加工業要以「立足台灣，胸懷亞洲，放眼天下」之眼光與格局，首先發展台灣成為我國食品廠商足以立足生存之根基，進而據以拓展亞洲地區的華人市場，最後成為提供全球華人市場優質食品之重要營運、研發與生產基地，以成就台灣的美食王國。未來我國食品加工業在面臨新世紀全球競爭力之下，將積極結合國內外資源，與企業合作結盟，在以台灣為發展基地上；同時，亦將發展出具有本土特色與全球競爭力之品牌食品行銷華人及世界食品市場，發揚中華美食文化。

　　發展策略上運用「食品TQF技術輔導及推廣」推動業者實施TQF自主品管認證制度。運用「穀類食品技術推廣及輔導計畫」輔導穀類食品業者提高生產技術及產品品質。運用「提升傳統工業產品競爭力計畫」，開發新產品、新技術，輔導生產製程改良、傳統產品改良，提升加工食品競爭力。運用「產業用菌種保存及開發計畫」，提供食品工業用菌種之開發保存及鑑定應用。以在地農業支持的基礎上產出有地方特色的產品。

　　建立食品廠商與國際廠商公平競爭之環境，全面推動及整合食品認證制度，並加強進口食品稽查檢驗。建立合理化的關稅結構。同一產品其原料及成品之關稅，應保持合理之結構及差距。調和農業政策與食品工業政策。對各種經濟作物種植面積及數量等，進行有系統之規劃，以確保食品業原料之穩定來源。

　　協調農政單位鼓勵研發具有競爭潛力之農產加工原料。農產品原料及半製品無法自給部分，協調農政單位開放自由進口。協調農政部門開放純粹外銷性產業所需原料專案進口再加工成品出口，提高業者在國際市場之競爭力。協調農政單位及財政部，促使加工食品與食品加工原物料關稅合理化，取消飲料貨物稅。協調各部會，對國內加工食品需求之原物料，能簡化進口手續，縮短時程，提升加工食品之競爭能力。讓台灣美食的原料提供及台灣特色的食材成為台灣最重要的策略選擇。

小博士解說

確保有特色優質原料，除了上述一些策略之外，食品加工業者可以使用下列措施補足策略不足之處：

小農發展的協助、觀賞植物的合作、第三地原料契作、農耕隊的交際往來、自己發展獨特的技術。

台灣食品加工業理念	台灣民眾食的安心
願景任務	台灣的美食王國
資源與策略	競爭者：中國／東南亞 產品：有地方特色 市場：台灣＋美國 垂直整合：在地農業
策略選擇	台灣美食的原料提供 台灣特色的食材
措施	小農發展協助 觀賞植物合作 本地原料優先 第三地原料契作 發展獨特技術 農耕跳板交際

＋ 知識補充站

台灣食品加工業的產業政策，應以差異化為最高指導原則，而好的食品產出一定要有新鮮的好原料當後盾，因此如何擁有優良差異性的原料就成為最優先的策略。

另外，如何結合既有的研究資源，集中力量發展既有台灣原料的應用新技術，則需要政府有關單位的整合及釐清台灣食品的產業政策的加持。

第2章
食品加工概論

2.1　食品的劣變

2.2　食品的保存原理

2.3　加工原料的獲取

2.4　標竿產品的學習與超越

2.5　食品包材的選用

2.1 食品的劣變

李錦楓／李明清

　　製成品的品質所以會慢慢劣變，最主要因素是環境對它的影響，環境因素中以水活性、氧的接觸、pH值、日光的接觸及溫度的變化等五大項為主要影響因子，水活性的定義是：食物放在密閉容器中，表面水蒸氣壓與同溫度下純水之飽和水蒸汽壓之比值。水活性與細菌等生物的關係由下頁「知識補充站」的表中可以看出來，大體上水活性愈高則食品愈容易劣化，水活性可以看作是食品中的自由水分可以被細菌利用的部分。而第二個重要的影響因子是氧的接觸，氧化是食品質變的重要原因，例如油脂只要與空氣接觸，就會逐漸進行氧化，氧化會生成過氧化物而使油脂變質，而有了氧的存在也容易提供好氧細菌的繁殖，而導致食品的變質。

　　一般食品加工的溫度在15～40℃之間，控制不好品質很容易劣變，溫度每升高10℃，化學反應會增加為原來的2倍，這包括酵素性反應及非酵素性反應都一樣，你希望的反應及你不希望的反應也一樣，溫度太高蛋白質就變性，維生素就會破壞，溫度太低會發生蔬果冷藏傷害，乳製品及豆奶製品會發生離漿現象。日光中的紫外線會影響脂質的氧化，光線也會使啤酒中的色素及胺基酸分解，產生異味影響品質。

　　食品以pH4.6為準，可以大略分為pH4.6以下的酸性食品，及pH4.6以上的中性食品，殺菌時酸性食品一般以100℃左右即可達殺菌要求，而pH4.6以上的中性食品則要120℃才能達殺菌要求。除了大環境的因素，微生物因素也扮演食品變化的主要角色，微生物一般可以分為細菌、酵母菌及黴菌三大類，其生長的最適當pH值：細菌7～8、酵母菌5～6及黴菌3～4，對於各類食品有不一樣的影響及作用，細菌中的大腸菌用來作為食品被汙染的指標，金黃色葡萄球菌用來檢驗操作人員的衛生指標，仙人掌桿菌則用來檢驗原料是否合格的指標。酵素是除了外在微生物之外，食品本身的影響因素，控制微生物生長的方法同樣可以控制酵素的活性，殺菁是破壞蔬果中之天然酵素的有效方法。

　　食品保存中，其本身所含的成分，因為受到外面環境的變化，有時也會引起化學反應而劣化品質，田間及儲存穀物常會受到昆蟲破壞，除了直接造成損害之外，啃食往往也帶來微生物的感染。

小博士解說

食品劣變的各項因子會互相影響及加成作用，如何有效控制就變成多變的技術。

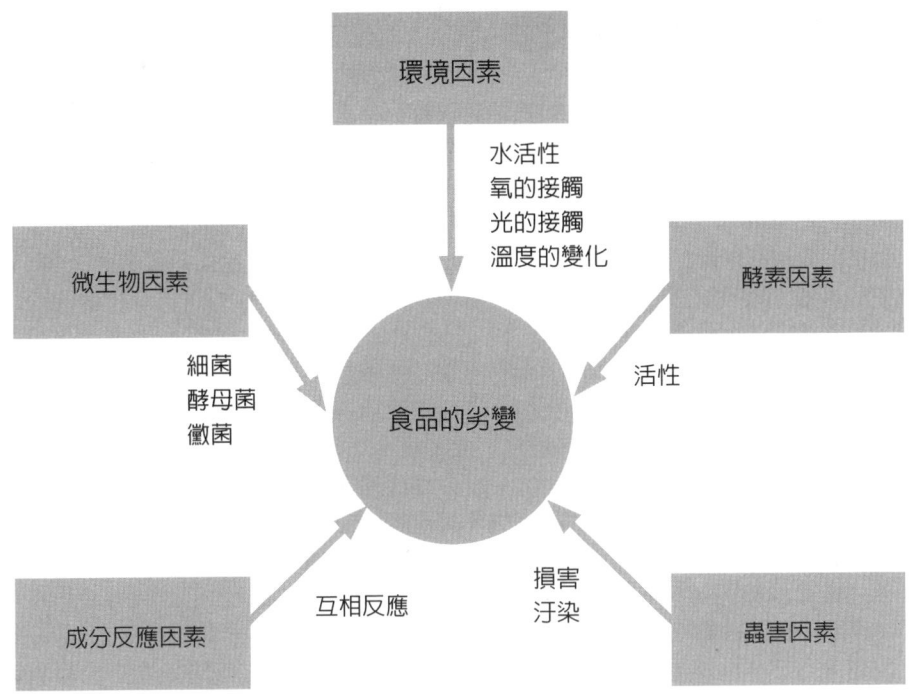

食品從原料製成之後,隨著時間的經過,其品質會逐漸劣化,終於超出容許的界限,這個過程就叫做食品的劣變(deterioration)。

+ 知識補充站

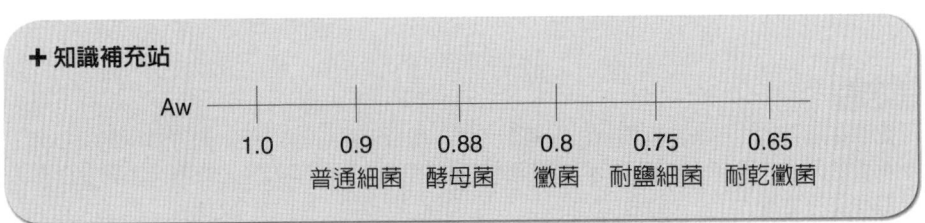

2.2 食品的保存原理

李錦楓／李明清

　　人類很早以前，就知道使用鹽以及糖來保藏食物，其原理是濃度提高時滲透壓提高，微生物發生原形質分離，繁殖產生困難，而滲透壓的上升食品被脫水降低水活性，水分不足微生物生長困難，氧氣在濃度高的溶液中溶解少，阻礙好氣性細菌的生長，鹽的氯離子也有防腐效果，鹽的濃度5%就有抑制腐敗菌的效果，20〜30%幾乎可以抑制大部分微生物的生長，而細菌可以耐45%砂糖濃度，黴菌可以耐到67.5%，果醬一般為70%砂糖濃度，加酸可以大幅提升保藏效果，因此酸可以看作輔助防腐劑。

　　乾燥是最傳統的食品保存方法，本身也是一種加工手段，乾燥主要是降低水活性以抑制微生物的活動，各種微生物對水活性的需求不同，一般而言將水活性降低到0.65，就幾乎可以確保食品安全無慮了，燻煙是利用木材不完全燃燒所產生的煙來燻乾食品，乾燥之外，煙也有殺菌作用，又可以得到不同的風味，一舉數得。

　　罐裝保存一般為容器中充填食品之後，經過脫氣、密封、及殺菌處理而得到具有長久儲藏效果的一種加工方法，各種產品均可以使用，容器有罐、瓶、殺菌軟袋等，因為是密封之後再整體殺菌因此不會再受污染，是一種比較有效的長期保存食品的方法。利用發酵方法產酸以及酒精，也是一個很有用的輔助天然防腐方法。

　　冷凍冷藏方法，主要是降低溫度來儲藏食品，食品的劣化無論是生物或化學反應，都與食品儲藏溫度有關，溫度每上升10°C品質變化率會變為2〜3倍，而溫度每下降10°C則降為1/2〜1/3，而當食品凍結時，作為溶劑的水就變成冰晶，品質的劣化速度就非常低，這是食品狀態能保持不變化的原理，冷藏定義為10°C以下凍結點以上，冷凍定義為零下18°C以下。

　　以放射線照射來儲藏食品，主要是利用照射處理，來進行微生物的殺菌，並且讓食物中的酵素變成不活化，同時也可以防止植物發芽及驅除有害昆蟲的效果，但是照射也會對組織成分有不良的影響，應一併考慮之。食品儲藏時主要的劣化因素是由微生物引起的腐敗，而能抑制微生物生長，或者使其生理活性降低的化學藥劑就叫做防腐劑，防腐劑的毒性一般會以ADI（acceptable daily intake）來規範，以達到對人體健康的保護，除了防腐劑之外抗氧化劑也是比較常見的添加物。

小博士解說

防腐劑是有效又方便的延長食品保藏的方法，最近研究的方向是朝天然防腐劑的研究，例如使用維生素C或者酒精；例如乳酸菌的代謝會產生天然防腐的物質，也會產生對人體有益的物質。

抑制食品劣化的方法

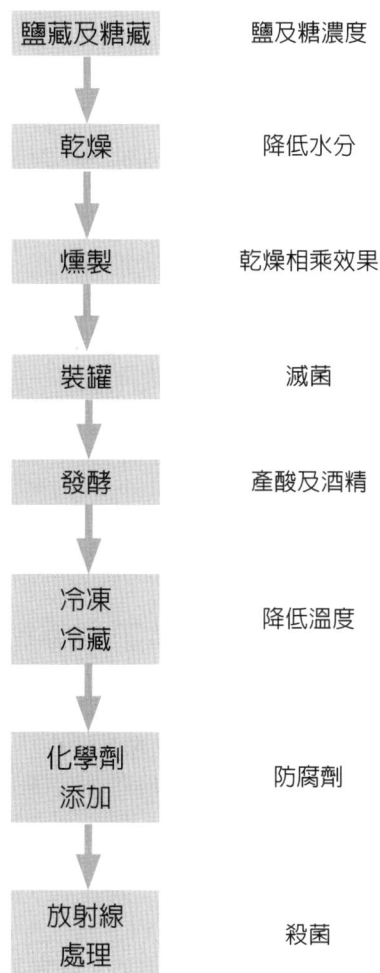

➕ 知識補充站
抑制劣化的原理如述，可以同時並用而得到更好的結果。

2.3 加工原料的獲取

吳澄武

　　採購大宗物資有米、小麥、玉米、黃豆、食糖、奶粉、咖啡、可可豆等，分別說明：

米：為東方人主食，主要生產及出口銷售在亞洲東南亞泰國、越南、印尼等地，而進口國日本、中國大陸、新加坡、台灣等地及東方人分布地區。

小麥：西方國家人民之主食，地球上溫帶、寒帶為主要生產地區，熱帶地區溫度過高，產量少。台灣進口大量美國硬紅冬麥（頂級產品）。台灣九大製麵粉加工廠進口購買80%以上。由於運費占成本20%以上，麵粉公會每月標購4萬噸級船一至二艘，供同業認購者提領。美國及歐洲四大糧商控制世界小麥價格。小麥主要生產國：中國大陸18.41%（不足還要大量進口），歐盟27國20.11%，印度14.33%，美國9.43%，俄羅斯5.8%，加拿大4.15%，小麥消費大國進口量：中國大陸18.25%，歐盟27國18.1%，印度12.67%，其他10%。

玉米：食用品占1/3，可製玉米粉、膨化食品、玉米片、甜玉米等。飼料用占2/3的60%以上，玉米出口國美國32%，巴西21.6%，阿根廷18%。而主要進口國日本15.5%、韓國8.2%、墨西哥9.3%、台灣4.4%。其他62.6%。

黃豆：主要出口國：美國44%、巴西32.2%、阿根廷13.4%，主要進口國：中國大陸59.3%、歐盟14.1%、台灣2.6%。

食糖：有甘蔗糖及甜菜糖。甘蔗糖約占85%以上。食糖在各種食品使用量比重：碳酸飲料占19%、果汁類23%、乳製品13%、餅乾12%、糖果12%、冷凍食品8%、罐頭類6%。主要產地及出口國巴西22%、印度15%、歐盟10%、泰國6%、中國大陸8%、美國5%、其他34%。進口國產地以外各國均需進口。

奶粉：乳牛合適地球上地區為溫寒帶。生產國：紐西蘭、歐盟、澳洲、中國、俄羅斯及美國（大部分用於飲料出口5%）。出口國：紐西蘭、澳洲、歐盟占約90%以上。進口國：除出口國外，全世界各國均需進口。

咖啡：產地以赤道為中心，南北緯度25℃，熱帶、亞熱帶1000公尺以下山坡地。主要品種有二：Arabica（阿拉比亞）出產約占70%，多用於單位喝純咖啡產品。Robasta（羅巴斯塔）約占30%，多用於即溶咖啡、罐裝咖啡、最大產地巴西33%、哥倫比亞12%。世界有名咖啡豆為牙買加的藍山，哥倫比亞豆，印尼曼特寧，夏威夷可納豆、非洲摩卡。

可可豆：可可豆製品巧克力，在西點界占重要地位。地球南北緯度20°左右為主要產地，年世界產量約為335萬噸。主要產地象牙海岸年產124萬噸（約為37%）、迦納62.3萬噸（約19%）、印尼53.5萬噸（16%）及南美洲北部國家。買方：歐盟占45%、美國25%，日本、新加坡、台灣及其他國家約占30%。

小博士解說

　　依照圖示的步驟，就能得到符合需求品質的原材料，契作常常是品質的最佳保證。

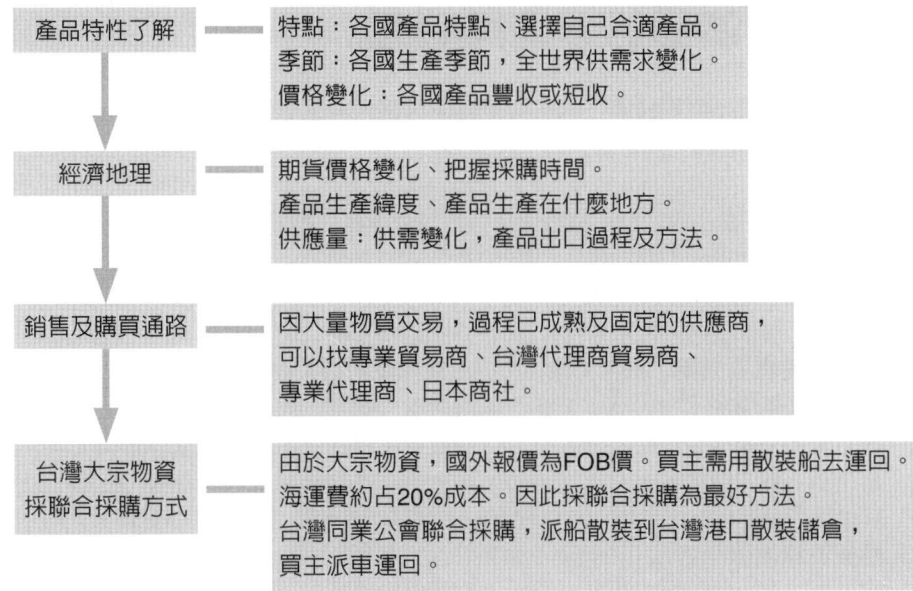

+ 知識補充站

台灣各種果實原料生產期及產地列如下表

原料種類	生產期	產地	品種
洋菇	12月～3月	全省各農會契作	白色、乳白、褐色
蘆筍	3月～11月	中南部各農會契作	美麗華盛頓、加州500.309
竹筍	6月～10月	中南部各農會契作	麻竹、綠竹、畫宗
馬蹄	12月～3月	新營、嘉義、和美、朴子	士林黑皮種、紅皮種
草菇	5月～10月	六甲、南投、名間、新營	黑皮種、白色種
貴豌豆	12月～3月	和美、溪湖、員林、永靖	青色碗豆種
敏（四季）豆	3月～5月	朴子、義竹、二林、溪湖	美國種、在萊種
番茄	12月～3日	台南、善化、新市、嘉義	羅馬種、紅玉種
玉米筍	11月～5月	朴子、義竹、土庫、民雄	台南5號
黃秋葵	3月～9月	二林、義竹、新港、民雄	Okta南洋種
綠竹	4月～10月	關廟、南投、嘉義、梅山	綠竹種
桂竹	4月～5月	吳鳳、竹山、大埔、嘉義	桂林種

2.4 標竿產品的學習與超越

邵隆志

　　食品業的原料及製程日新月異，消費者的偏好也會改變，若產品特性與市場需求結合，常會造成新產品的領導品牌，因而造成風潮，市場需量大增，他家公司自然跟進，競相模仿。

1. **決定目標產品**：創新產品造成風潮，例如1990年左右因日本使用在東南亞椰子水發酵，產生纖維化的膜，再經漂洗、切丁（1公分大小），製成椰果。當時因日本風行果凍，將椰果與果凍結合而成椰果果凍的創新產品，在日本造成風潮，日本各家公司接著跟進，此產品也在台灣風行一些時間。
2. **目標產品資訊蒐集**：椰果果凍在市面上造成風潮後，接著這項產品競相模仿，消費者對椰果果凍產生口感、風味等產品型態的認知，認為若不是這種型態就不是好的椰果果凍。我們要跟進就要分析各廠牌銷售狀況，決定目標產品的廠牌。搜集市面上各大廠牌各種口味的產品，分析產品中的椰果含量、糖度、酸度、口感及組織等品質特性。包裝別及保存方法，製程，原料來源、成本等資料。
3. **品質資訊展開**：將以上所搜集的資料依公司售量列表，進一步分析了解各種品牌的產品品質特性及述求重點、標示上的原料組成及成分含量、售價。依比較推出我們要的品質特性。
4. **可行性評估**：了解評估，自己有沒有設備，或可做設備改裝整合成為生產線，也可用OEM。我們有沒有研發能力，可用ODM。另生產規模及資金的需求也要考慮。更重要的是確認主原料椰果來源無問題。
5. **確立產品概念**：參考以上的品質資訊設定產品觀念及品質特性，修正成適合自己的產品概念。如：產品名稱、功能需求、包裝、售價、儲存運輸條件、主要消費群、通路。又以椰果果凍的產品概念做學習對象，做創意，模仿他或是超越他，而有加入椰果的大顆粒水果果凍及小果凍加入椰果果粒，使含有椰果原料的果凍產品，依然存於在市場，另形成市場的風潮。
6. **配方試算、製程規劃**：原料配方設計：果凍的重點在椰果量、口味、糖、酸、凝膠原料，依此設計配方中的使用原料及計算出原料使用量。製程的取得：依過去經驗、文獻或廠商資料。
7. **配方試製及品質評鑑**：首先確認產品的分析（品質評鑑）項目，如：糖度、酸度、硬度、品評，依設計的配方及流程去實驗，依品質評鑑項目，進行分析，再做配方調整；另也有可能是製程調整（如：加熱條件）；直到配方及製程測試完成，計算配方及製程成本。
8. **建立品質工程圖**：配方、製程、原料品管、製程管制項目及範圍、成品管制規格等，依此做成書面，才有可能進行現場生產。

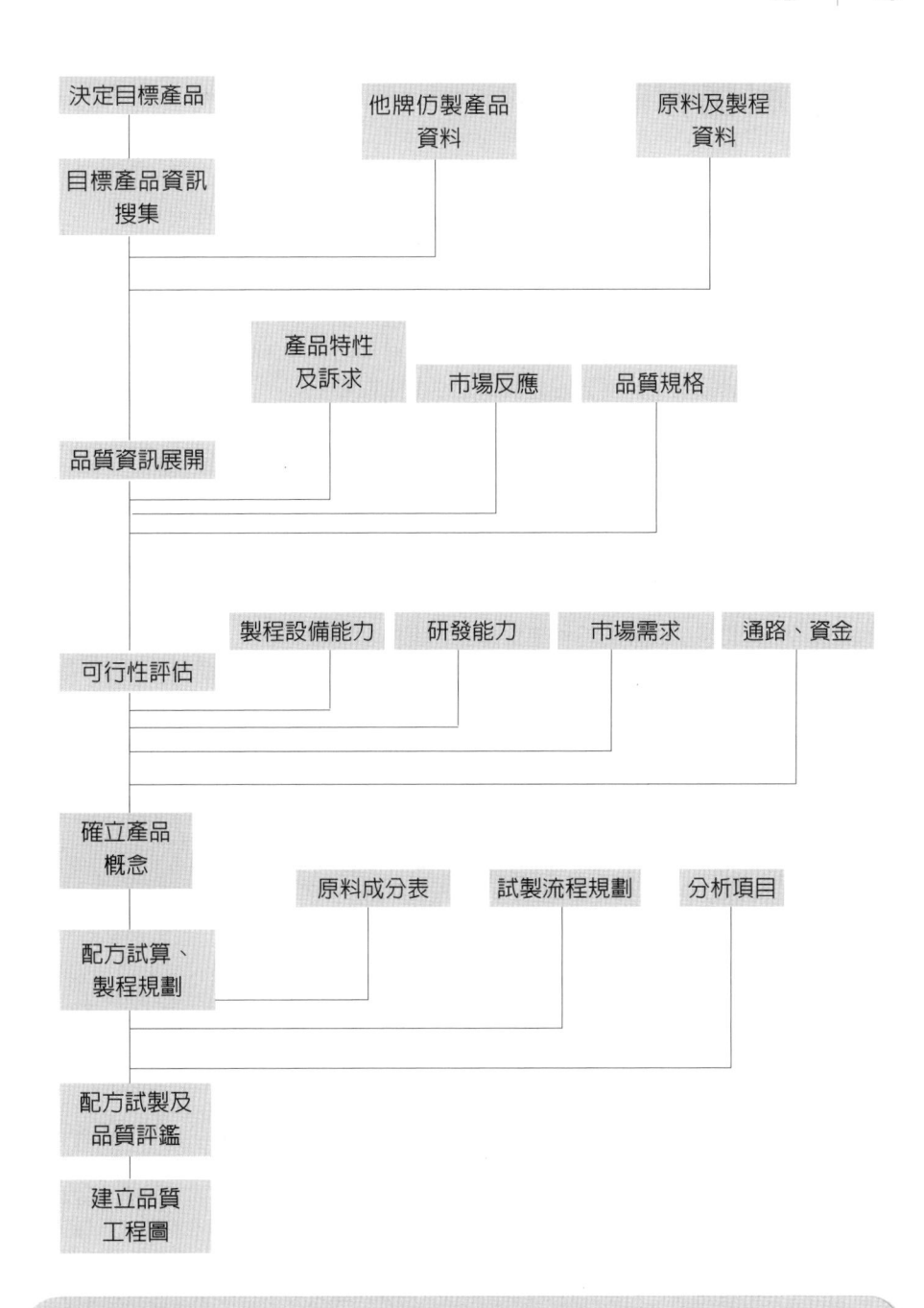

```
決定目標產品
    ↓
目標產品資訊搜集 ← 他牌仿製產品資料
                ← 原料及製程資料
    ↓
品質資訊展開 ← 產品特性及訴求
            ← 市場反應
            ← 品質規格
    ↓
可行性評估 ← 製程設備能力
          ← 研發能力
          ← 市場需求
          ← 通路、資金
    ↓
確立產品概念
    ↓
配方試算、製程規劃 ← 原料成分表
                ← 試製流程規劃
                ← 分析項目
    ↓
配方試製及品質評鑑
    ↓
建立品質工程圖
```

＋ 知識補充站

每一個要開發的產品一定會有產品概念：最簡單的ODM抄襲，也會評估怎麼賣、售價、包裝、保存日期。

2.5 食品包材的選用

吳伯穗

　　佛要金裝，人要衣裝，食品也要包裝。包裝食品之包裝設計係專門為該產品量身訂作，於研發初期即需依照產品概念及行銷規劃，設計最適切合宜的食品包裝型式。研發過程中協同包材配合廠商持續地評估、試作、測試、調整。包材選用時應掌握以下四原則：安全、美觀、便利、經濟。

　　食品包材的種類：按與內容物接觸與否，食品包材概可分為內包裝包材與外包裝包材兩類。由於內包裝包材係與食品直接接觸，其材質必須符合衛生福利部所公布的食品衛生標準有關食品器具、容器、包裝衛生標準之規定。

　　另依包材之材質來分類，主要包括：1.紙類、2.塑膠類、3.玻璃瓶類、4.罐頭類、5.其他等五類（如下頁圖）。各種包材的材質，基本上經濟部標準檢驗局均有制定中華民國國家標準（CNS）規格，可資遵循。可先於該局查詢各項標準之目錄，依據標準總號或標準名稱，逕行上網經濟部標準檢驗局的國家標準（CNS）網路服務系統：http://www.cnsonline.com.tw/?node=search&locale=zh_TW 查詢與購買。惟國家標準係屬「自願採行」，並非強制規定。包裝不足將危及食品安全及衛生，包裝過度則徒致成本浪費，因此仍需依食品的特性制定合宜、適當之包材規格。

　　包材的產製係屬專業的領域，每項包材之供應就是一家足具規模的生產廠商，其材質品管亦各具獨特的檢驗方法與設備，因此在資金的投入及相對營業貿易相當龐大。

　　食品生產廠家為有效落實包材入庫品管，不可能投資各項檢驗設備。惟有與包材配合廠商訂定合理的採購合約，於誠信原則下自主品管。按雙方制定之包材規格，每批次包材之交貨，隨貨須附有合格之廠商檢驗報告書，買方現場品管隨機抽驗。合格入庫後，仍須經現場上機試車確認。廠商且須每年定期提供官方檢驗報告。

小博士解說

1. 由於包材的專業性，食品包材的創新研發宜借重配合廠商的資源，以消費者為導向，共同合作為食品研發出滿足消費者需求最適當的包材。
2. 包材的使用是以數量計，一份產品就需一份包材，數量之鉅猶如人海戰術，因此包材成本合理化相對更形重要，省微收鉅，輕秤如速食麵之裝箱是不需罐頭用箱之材質。
3. 食品包材研發完成後，雙方宜共同制定包材規格標準書，以資遵循。內容包括：(1)適用範圍、(2)材質（結構）、(3)成形（製造）方法、(4)印刷方式、(5)規格及檢驗方法、(6)衛生要求、(7)包裝方式、(8)標示、(9)儲存條件、(10)供應商、(11)備註、(12)附件（如設計圖）等，依需要適當調整上述之內容品項。

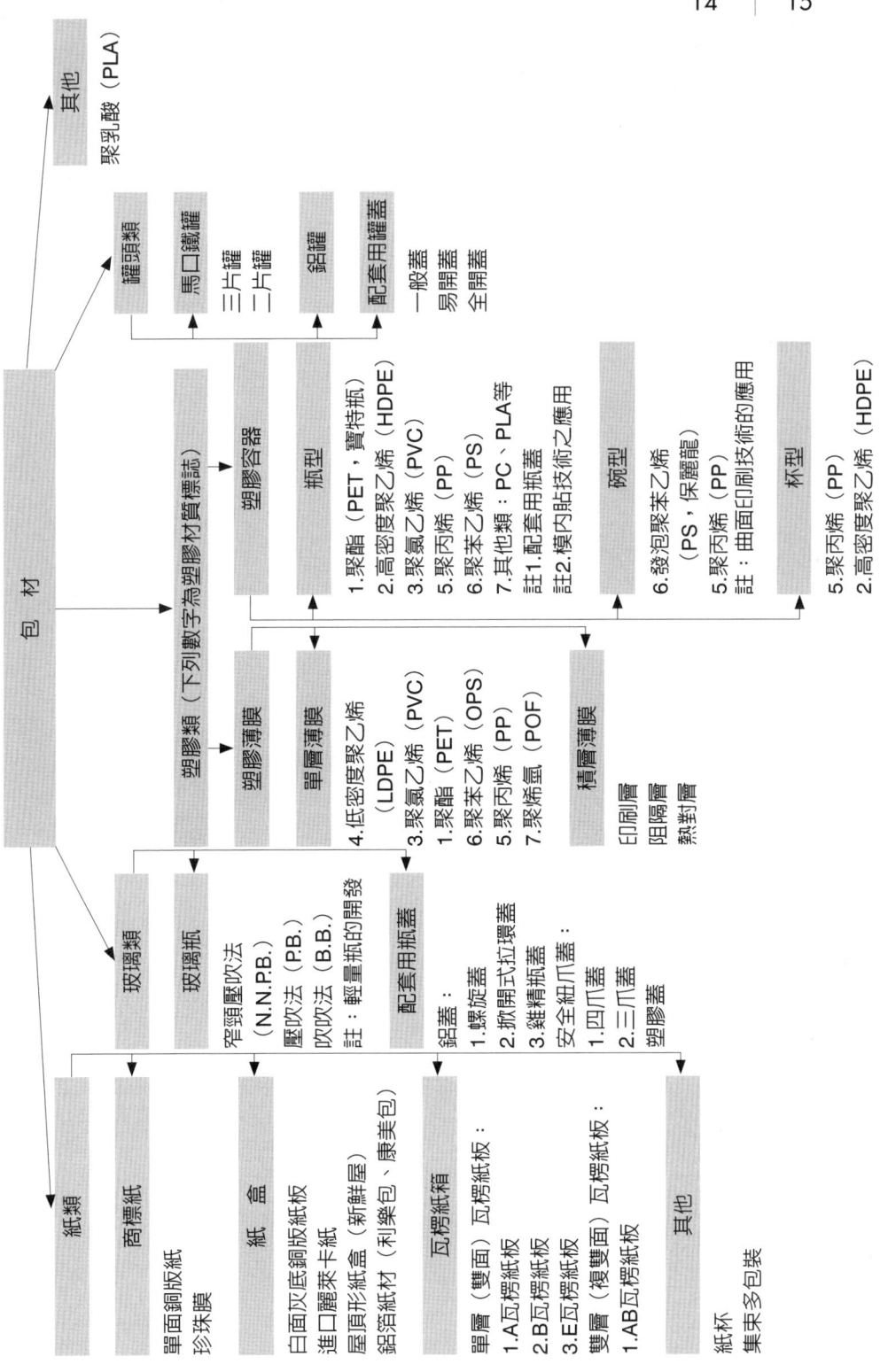

第3章
米的加工

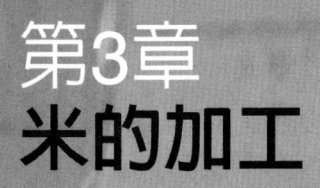

3.1 米穀粉

3.2 米粉絲

3.3 糯米米菓與粳米米菓

3.4 粿仔條（河粉）

3.1 米穀粉

林志芳

一、生米穀粉（rice flour）

　　由生的精白米經過研磨所產生的粉末，總稱為米穀粉，傳統之磨粉方法大致可分為三種，即乾磨、半乾磨及濕磨，濕磨所取得之水磨粉所含破損澱粉遠低於乾磨及半乾磨者，加工特性良好，所以現市面所販售的米穀粉大都以濕磨的方法，再經乾燥製成的。如下頁圖1。

1. **選白米**：選擇舊米，因為舊米微結晶結構較為堅固，水分含量少，糖化及水解酵素量減少，故市售米穀粉的原料都採用舊米。
2. **水洗**：白米經過清洗，可將一些雜物包括小石子去除。
3. **浸泡**：浸泡時間因室溫高可縮短，故冬天需增加浸泡時間，精白米經過泡水，其組織軟化，有利於水磨。
4. **水磨**：現今都使用電動磨漿機，如下頁圖2。
5. **脫水**：傳統脫水的方法是將磨好的米漿裝入棉袋中，上放置重物將多餘的水排出。現今工業上大都採用大型離心脫水機。
6. **烘乾**：脫水後的米漿糰，需分割成小塊以利於乾燥。乾燥的溫度不能太高，約50℃左右，否則會部分米漿糰產生糊化的現象。
7. **粉碎**：乾燥後的米漿糰呈塊狀，業者使用時不方便，所以需將這些塊狀物放入粉碎機磨成細粉狀，才包裝出售。

二、熟糯米穀粉（cooked sweet rice flour）

　　將白糯米清洗、浸泡、瀝乾後蒸熟，再製成糯米餅，然後以熱滾輪機焙烤，溫度約150℃左右，再粉碎成粉末製品。市售的俗稱鳳片粉，就是熟的糯米粉，以此為主原料，再加入糖、水及其他添加物，捏成糰、壓模，製成中國傳統糕點的「鳳片糕」。

　　鳳片粉製作程序如下頁圖3。

小博士解說

碾白的秈米（在來米）、粳米（蓬萊米）在濕磨過程中加入多量的水，有潤濕作用，故粉末顆粒較平滑細緻，以其為原料製作出來的河粉、甜年糕等米食產品，品質細密、口感佳。

圖1　米穀粉製作程序

精選白米 → 水洗 → 浸水（2～4小時）→ 水磨（加水同時磨碎）→ 脫水 → 烘乾（低溫50°C）→ 粉碎

圖2　電動磨漿機

標示：水桶、原料放置處、磨石、出漿口、馬達

組合完成狀態　　打開狀態

圖3　鳳片粉製作程序

白糯米 → 清洗 → 泡水 → 瀝乾、蒸熟 → 製成糯米餅 → 烘烤 → 粉碎 → 包裝、成品

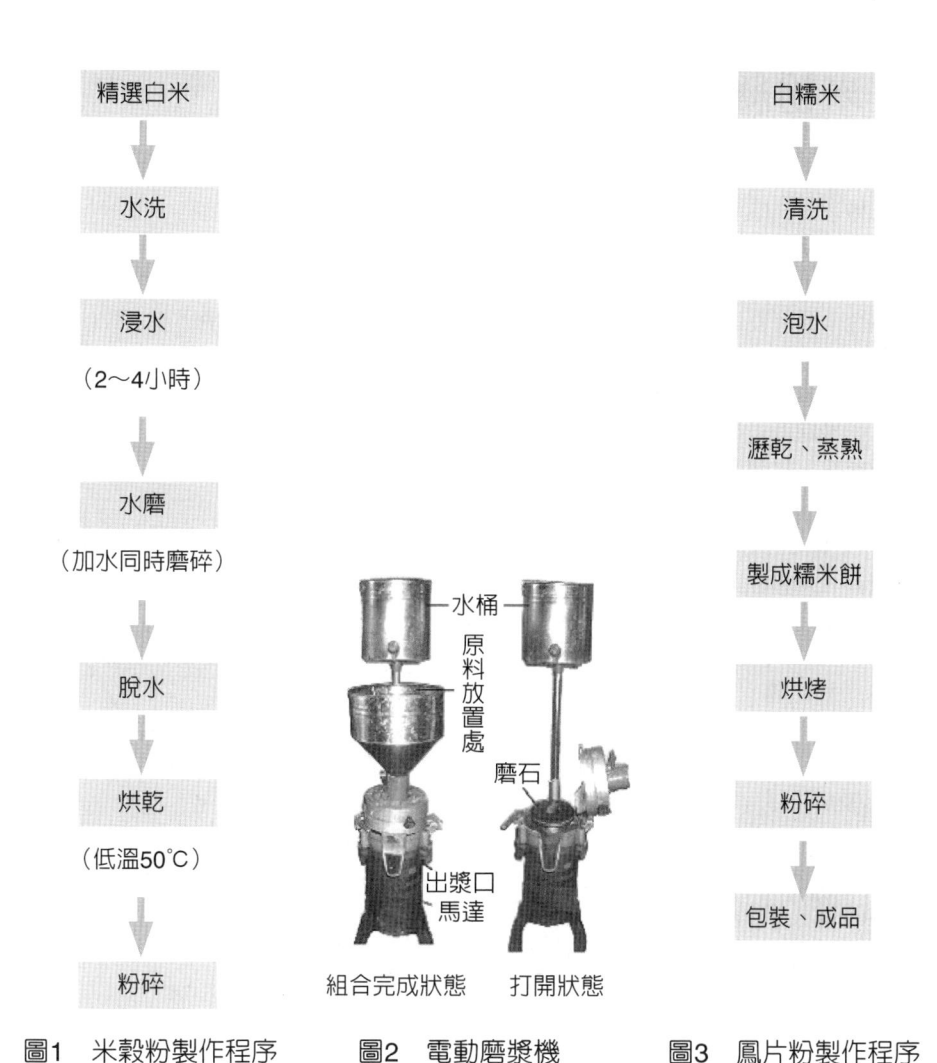

➕ 知識補充站

1. 啟動電源後，應先給水，才慢慢加入物料，以免變成乾磨，機械溫度升高。
2. 給料完畢，繼續給水幾分鐘，將機械中殘留物料沖下，這樣損失才會減少。
3. 磨漿機完全停止運轉，才可以打開機械上部，進行最後清洗。

3.2 米粉絲

林志芳

　　米粉絲（rice noodle）可視為α（熟）米的一種，其所不同者，僅形狀變化而已，因為此種米粉絲經熱水煮或炒過，隨即可供食用。

　　米粉絲和麵條在製造上最大的不同是麵粉中的蛋白質會形成麵筋，加入冷水混合後具有黏彈性，不須加熱即可製造麵條，而米穀粉無筋性，必須加熱使其澱粉糊化後，才有黏性，方可製造米粉絲。米粉絲之原料主要用在來米，而且需使用舊米較佳，製法是將米洗淨後浸漬，加水磨成米漿，裝入布袋中壓除多餘水分，而後將此濕澱粉解成小塊，半蒸熟使其糊化，壓延成薄片之帶狀，擠壓成條，蒸熟或以滾水煮熟濾乾，冷卻，乾燥即得成品。良好的米粉絲呈白色，各條完整而不沾在一起，各部分蒸熟均勻，無酸味。其製造過程如下頁圖。

1. 原料用精白的在來米，一般以精白度92%為佳。
2. 米在浸漬之前應洗淨，夾雜物應盡量除去以免影響製品品質，而浸漬之時間應至少在兩小時以上。
3. 磨碎時加以少量之水，使之磨成微細之米漿。
4. 壓榨的方法可用布袋裝上米漿用壓榨機或重石加壓榨出水分，也可用離心機將之脫水得到粉糰。
5. 粉糰之解塊大量可用攪拌機行之，小量製作可以手工搓揉再撕解成小塊。
6. 為使澱粉具黏性則須半蒸熟使之部分糊化，一般可將澱粉置於蒸籠或在沸水中煮至外圍澱粉糊化，易於捏合黏結。
7. 糊化後粉糰以滾軸壓片機壓成帶狀薄片，再經擠絲機擠出成米粉絲。
8. 成條後之米粉絲隨即放蒸籠完全蒸熟或放入沸水中煮熟，撈出在冷水中冷卻使米粉絲不致互相黏結並洗去黏質物。
9. 冷卻後的米粉絲，取出整形，攤置於竹蔑所編之竹架上，於通風之處，風吹日晒，使之乾燥。現今大型工廠使用熱風乾燥機，可省人工成本。

小博士解說

因米中蛋白質不會形成麵筋，需部分糊化才會成糰，有些業者會以玉米澱粉、太白粉或小麥澱粉（澄粉）煮熟糊化再加入壓乾的米糰，如果加入太多，便會造成「米粉絲中沒米」的現象。

米粉絲製造流程

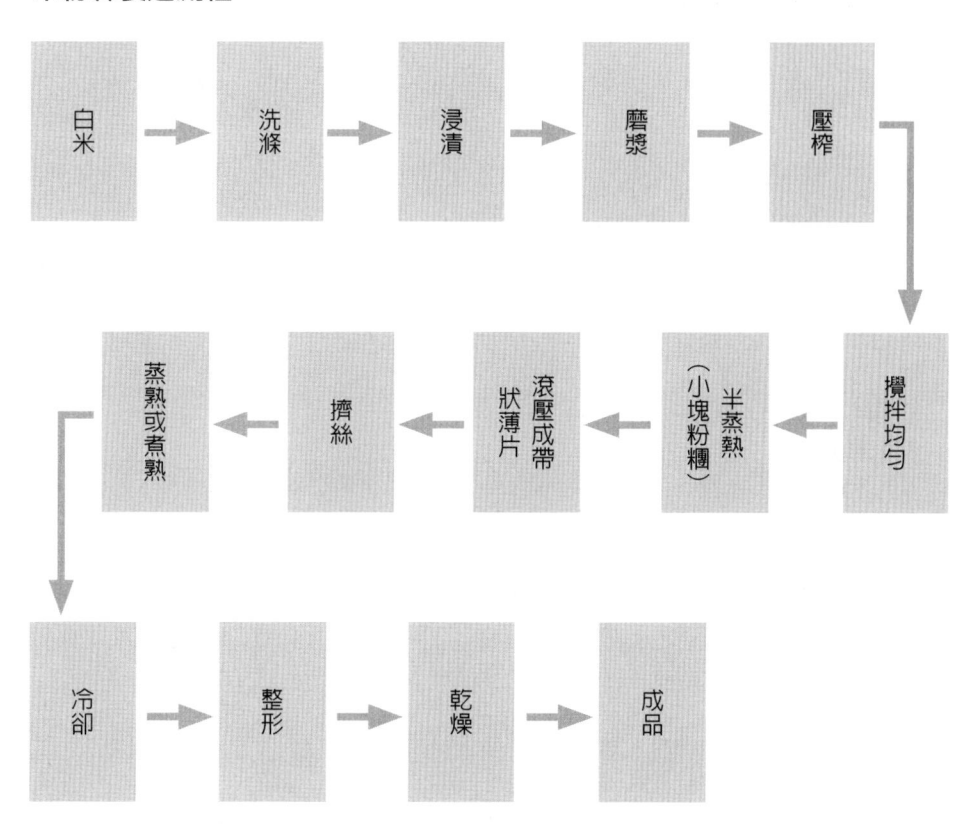

白米 → 洗滌 → 浸漬 → 磨漿 → 壓榨 → 攪拌均勻 → 半蒸熟（小塊粉糰）→ 滾壓成帶狀薄片 → 擠絲 → 蒸熟或煮熟 → 冷卻 → 整形 → 乾燥 → 成品

> **+ 知識補充站**
>
> 米粉絲擠絲後，在新竹地區是以蒸的方式，使其熟化，然後晒乾，故這地區生產的米粉絲稱為蒸粉。於埔里地區是以水煮的方式煮熟，這地區生產的米粉絲，稱為水粉。

3.3 糯米米菓與粳米米菓

謝壽山

　　米在東方世界作為主食外，可利用它加工製成其他的米製食品，米菓即是其中之一種；在原料選用上，大多使用精白米部分，將澱粉粒膨潤崩解、糊化與老化相互關係製成米菓產品。米菓品質與製造條件相互之關係：(1) 原料性質與處理品質；(2) 米菓生地調製條件；(3) 米菓生地膨化現象；(4) 米菓生地乾燥條件及品質；(5) 米菓生地燒焙條件與品質；(6) 調味條件與品質。

　　由於米有糯米與粳米之區分，因此米製品亦分成糯米米菓（Ararei）與粳米米菓（Seinbei）。糯米米菓在口中溶解較快；粳米米菓在音譯上也叫仙貝，食感較硬些。若以比容積（ml/g）為分類標準，則分為薄型、中間型、及厚燒三型，製造方法如下：

　　依原料米成分、製造方法不同可分為：

1. 糯米米菓

　　原料米精白後，先經洗米機洗米、6～12小時浸米使米之內部吸水柔潤，經洌水、自動蒸煮機蒸15～25分鐘使米粒內部柔潤、再經餅搗機搗成有彈性、均一化、水分約40%之米糰，再揉成棒狀、整形入成型模具或成型箱中放入2～5℃、2～3日硬化；取出後經切斷機切斷、成型，放置於約30℃通風乾燥機乾燥水分至約20%，再以200～260℃瓦斯平煎機烘烤。此時米菓特有之香味、顏色、食感也跟著出現；半成品再經液體油、醬油等不同調味液之浸漬、乾燥即可得到不同美味之糯米米菓產品。

2. 粳米米菓

　　原料米經浸漬至水分約20～30%、洌水後，經粉碎機磨粉，再放入蒸練機加水、通以蒸汽，110℃約10分鐘蒸練，糊化完成後，擠出於約20℃連續式冷卻水槽中快速冷卻，使米糰溫度降至60～65℃，以讓米糰老化，再以擠壓、滾輪壓成薄片狀，加以切斷成型後放入70～75℃熱風乾燥機乾燥水分至約20%，再置放於室溫10～20小時熟成，使半成品米片水分內外平衡；生產前將此半成品再經第二次在70～75℃乾燥至水分約10%後，以200～260℃瓦斯平煎機烘烤。烘烤後半成品可以與糯米米菓相同之方式調味。

　　上兩種產品，若為油炸米菓產品則自第二次乾燥後，以約240～250℃溫度之油炸，取代平煎烤焙，再經液體油、醬油等不同調味液浸漬與乾燥之程序。

3. 米菓生地膨化現象

　　米菓生地通常是不加化學膨脹劑，其膨化原理是利用生地在平煎機加熱變成玻璃轉化現象，呈現出具可塑性性質而軟化，使生地具有伸展性，再加熱生地中之水分變成水蒸氣，使容積膨脹產生膨壓現象而膨脹、最後經乾燥硬化而成米菓製品。

小博士解說

　　米蛋白離胺酸含量較高、必需胺基酸含量與其他穀類蛋白中必需胺基酸含量比較，具有一定優勢，生物價（BV）及蛋白質效用比率（PER）較高而具有良好得營養價值。近年來，米因其較高營養價值和低過敏性特點，備受關注，知名公司都大力從事米蛋白開發研究。

原料處理及品質：
　　　①精白米之外層及中心部分
　　　②蒸米之均一性與米之性狀
　　　③製粉時之粒度與製品品質
　　　④製粉之方法與製品品質
生米糰蒸煮、蒸練、冷卻之條件及品質：
　　　①米之蒸煮及米胚之冷卻
　　　②蒸煮米糰之搗米、揉練
生米片之膨化現象
生米片之乾燥條件及品質：乾燥水分及熟成
烘焙條件及品質：米片之水分及加熱

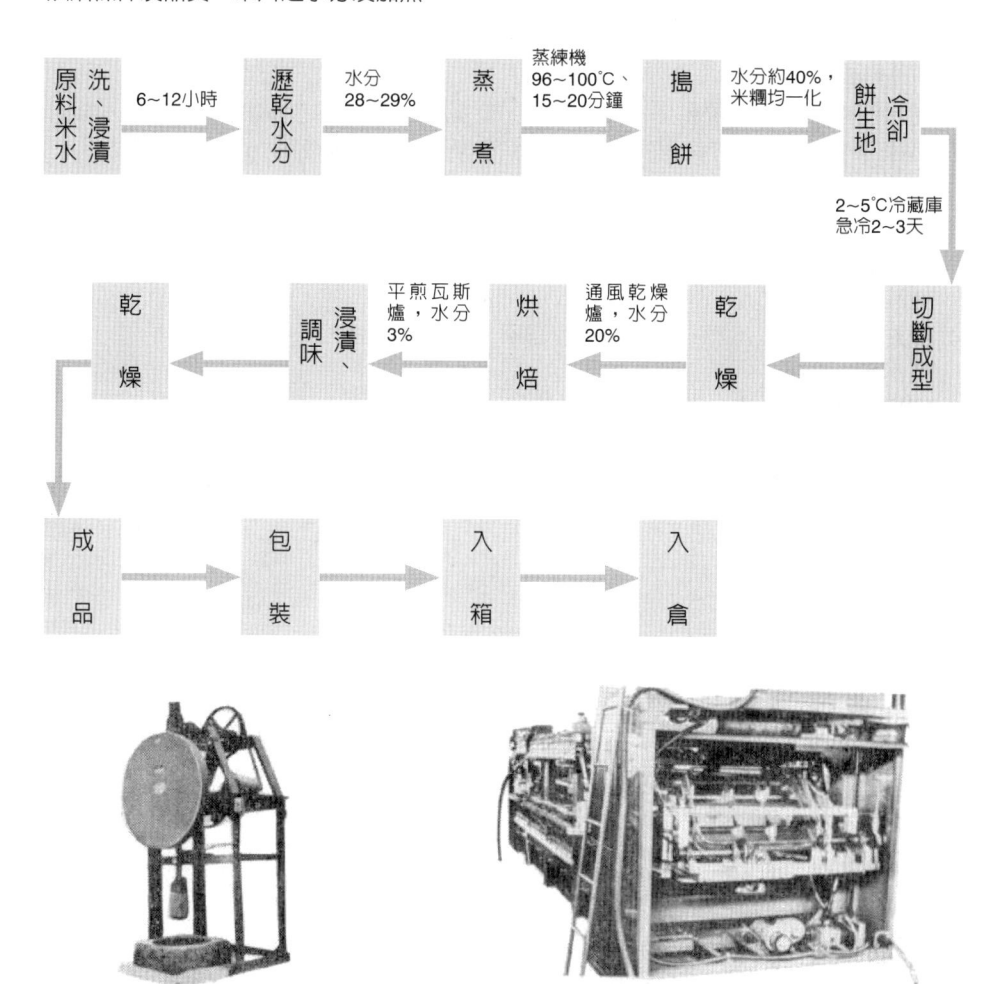

原料米、水 → 洗、浸漬（6~12小時）→ 瀝乾水分（水分28~29%）→ 蒸煮（蒸練機 96~100°C、15~20分鐘）→ 搗餅（水分約40%，米糰均一化）→ 餅生地 → 冷卻（2~5°C冷藏庫 急冷2~3天）→ 切斷成型 → 乾燥（通風乾燥爐，水分20%）→ 烘焙（平煎瓦斯爐，水分3%）→ 浸漬、調味 → 乾燥 → 成品 → 包裝 → 入箱 → 入倉

搗餅機

平煎瓦斯爐

3.4 粿仔條（河粉）

林志芳

　　粿仔條客家人稱為河粉，加入其他佐料，可炒食或煮湯食用，可當主食。因其主要原料為在來米（秈米）經磨漿、蒸成薄片，再切成條狀，有的在傳統市場是以薄片狀販售，家庭主婦可於麵食攤購買回家，自己切成所喜好的寬度，加以烹煮食用。

　　粿仔條因其為薄片，易斷裂後與空氣接觸之表面積加大，故容易滋生微生物致品質敗壞。另外其在市場是以新鮮狀態販賣，本身質軟水分含量高容易相互黏著，在低溫貯藏時，澱粉易老化質地變硬實，因此製作粿仔條時，有業者添加玉米粉或蕃薯粉降低粿身黏著成糰之特性。

　　下頁圖為粿仔條製作流程。

1. **混粉**：可直接使用米穀粉再混入其他種類澱粉，主原料為在來米穀粉，加入粉為樹薯粉或玉米粉。
2. **加水攪拌**：加水於混粉中，開始攪拌，市售在來米穀粉經水磨成細粉，加水後可迅速溶於水中，最好使用多次攪拌法，先加入一部分水後第一次攪拌，再加入一部分水進行第二次攪拌，按此重複多次，其目的可使粉糰攪拌完全，粿粉糰更柔軟而且可降低粿仔條硬度。
3. **入模蒸煮**：大都以正方形不鏽鋼鐵盤為模具，上抹一層薄沙拉油，以免黏著，以便蒸熟後容易取出。
4. **混油**：蒸熟後取出為一大片上面還需刷上一層沙拉油，避免折疊後會黏在一起，也不利於切條。
5. **切條**：冷卻後切條，還需混些沙拉油，包裝時才不會黏成糰，不易分開。

小博士解說

　　為了增加粿仔條韌性使產品較飽實，有業者添加蕃薯粉，但過量添加，會導致韌性及黏性增加，所以需考慮添加比例。若添加樹薯粉可降低粿身硬度。

粿仔條製作流程

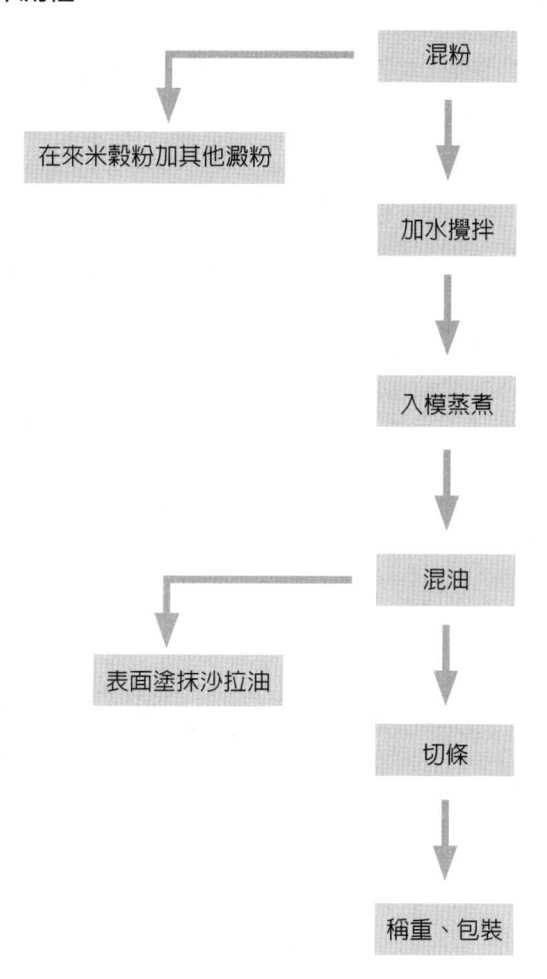

```
                                        混粉
                                         │
              ┌──────────────────────────┤
              ▼                          ▼
    在來米穀粉加其他澱粉              加水攪拌
                                         │
                                         ▼
                                      入模蒸煮
                                         │
                                         ▼
              ┌──────────────────────── 混油
              ▼                          │
         表面塗抹沙拉油                    ▼
                                        切條
                                         │
                                         ▼
                                     稱重、包裝
```

+ 知識補充站

粿仔條是以新鮮狀態販賣,建議業者最好貯藏於低溫下,就是要有冷藏設備,以免發生腐敗中毒現象。

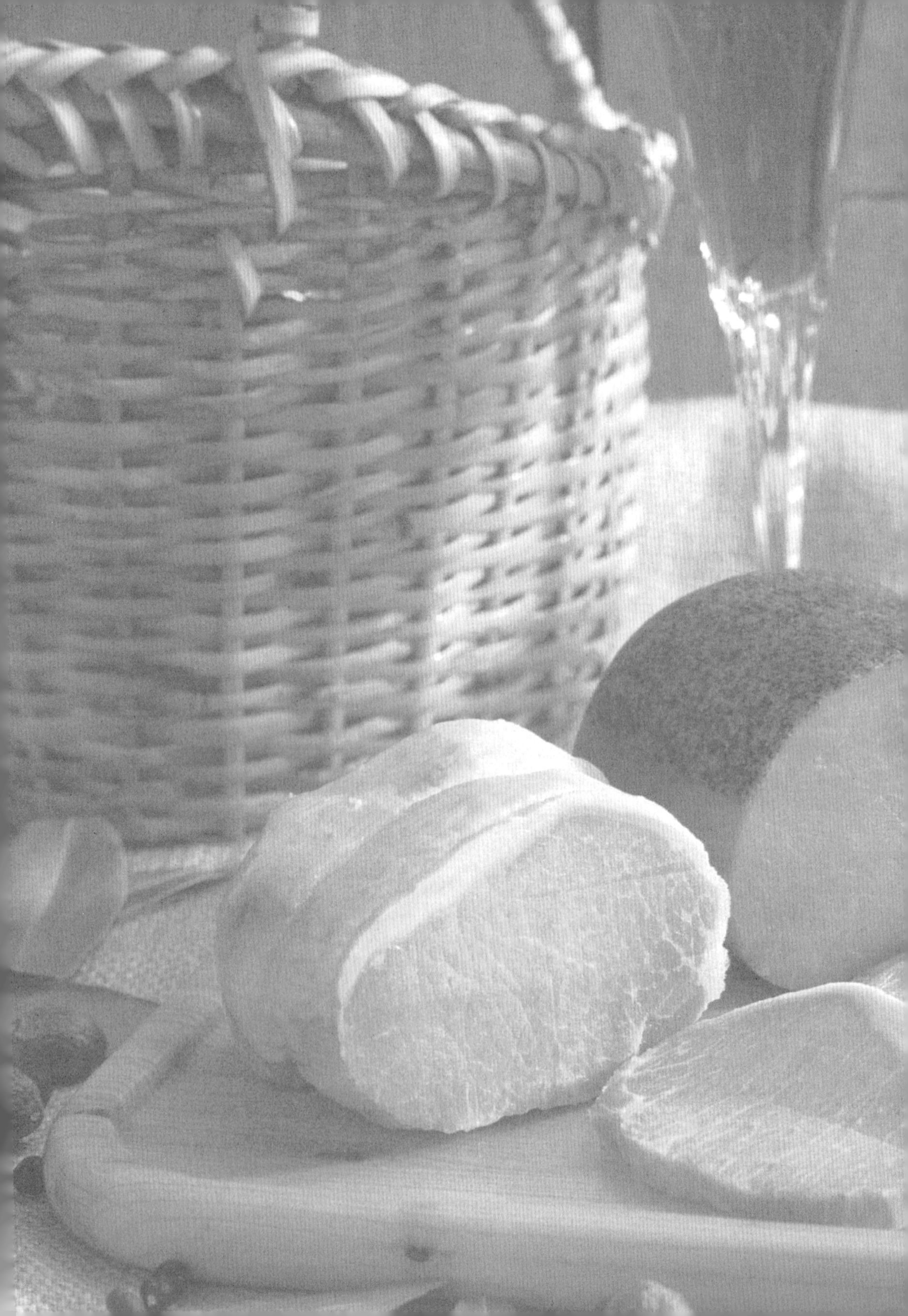

第4章
小麥及澱粉的加工

4.1　麵粉

4.2　麵條類

4.3　麵筋與小麥澱粉

4.4　餅乾（一）

4.5　餅乾（二）

4.6　熟麵

4.7　包子

4.1 麵粉

蔡育仁

麵粉之原料是小麥,小麥依播種之季節、成熟穀粒之硬度與顏色,區分如下:

小麥之區分	
依播種之季節	春麥、冬麥
依穀粒之硬度	硬麥、軟麥
依外觀之顏色	紅麥、白麥

台灣地區麵粉工廠使用的小麥原料,常依其一項或多項性質稱呼,舉例說明如下:

高筋小麥:美國硬紅春麥(HRS)、澳洲主硬麥(APH)、加拿大西部紅春麥(CWRS)。

中筋小麥:美國硬紅冬麥(HRW)、澳洲標準白麥(ASW)。

低筋小麥:美國西方白麥(WWW)。

麵粉之生產製造流程:

生產製造流程	重點
原料小麥之接收與貯存	初清雜質、分類貯存。
去除夾雜物	利用篩網、風選、磁力等方法去除麥梗、石頭、鐵屑、砂粉、其他穀物等夾雜物。
潤麥	調節水分使小麥含水量至15~16%(視小麥硬度與溫度而異);其目的為麩皮與胚乳之分離較完整。現代化工廠多採用多段式加水之方法提升製粉品質。
磨粉	多道磨粉機、篩粉機與清粉機組成複雜之磨粉系統,以粉管互相銜接;磨粉機區分為有齒溝狀之製程前段磨粉機與平滑狀之後段磨粉機兩大類。清粉機利用重力關係分離同細度之胚乳部分。
篩粉	
清粉	
入麵粉筒	依用途別,視情況再進行配粉作業。
裝袋	業務包裝每袋22公斤。部分產品以散裝車配送。
堆棧板、入倉庫	需保護產品不受濕氣、雨水影響。
出貨	

圖1　磨粉機

圖2　篩粉機

4.2 麵條類

蔡育仁

麵條之主要原料是麵粉，依配方特色與製造流程，不同之中式麵條主要生產方式如下頁流程圖。

中式麵條種類與型態繁多，但以配方之角度來看，概分為二大類：第一類是麵粉與鹽；第二類則為麵粉、鹽與鹼。第一類之產品如陽春麵、烏龍麵；第二類產品如油麵、速食麵。第二類產品選用原料麵粉之蛋白質含量高於第一類。

使用麵粉製作麵條時，加水量約為麵粉之30%，但會依季節氣候與製作條件變動加水量。利用若干先進製程技術與設備（例如真空式攪拌機與波浪式壓延機），可以提高加水量，使麵條內麵筋水合作用充分，提升麵條製品之品質。

製程中「熟成」之功能，使麵糰內之水分分布均勻。非連續式之製程，以人工方式取出「麵帶捲」放入塑膠袋內，防止麵糰內之水分蒸發。

多段式「壓延」能使麵帶厚度逐漸變薄，每次壓延作業麵帶厚度之遞減率（又稱為「壓延比」，例：滾輪壓延前後之麵帶厚度各為T_1及T_2時，壓延比（%）=（T_1-T_2）/（T_1）×100，宜控制在30%以內；壓延機之滾筒直徑大、轉動速度慢，可製得較佳品質之麵條。壓延機控制了麵條製品外觀之「厚度」，而「分條機（切刀）」決定了麵條之寬度。日本製麵機以在三公分寬幅內切出麵條之「條數」來命名切刀規格（例：10號刀切出麵條寬度為3.0mm；20號刀切出麵條寬度為1.5mm）。台灣之製麵機亦有以一英吋寬幅內切出麵條之「條數」來命名切刀規格（例：10號刀切出麵條寬度為2.5mm）。

西式麵條（義大利通心麵）不使用上述「壓延」製程，而使用「擠壓」製程。

中式麵條之乾燥，以多段式乾燥方法為佳。「氣流」、「濕度」、「溫度」與「麵條厚度」是決定乾燥之關鍵因子，完成乾燥作業之麵條製品，其水分含量應在14%以下（中華民國國家標準CNS 4991）。

麵條製品依中華民國國家標準（CNS 4991）「生麵條（Noodles）」之內容，生麵條區分為「生鮮麵條類（水分含量應在25%以上）」與「乾麵條類（水分含量應在14%以下）」兩類。在日本，將「皮類」製品（如：水餃皮、春捲皮、餛飩皮）歸類於「麵類」。

主要中式麵條產品製造流程

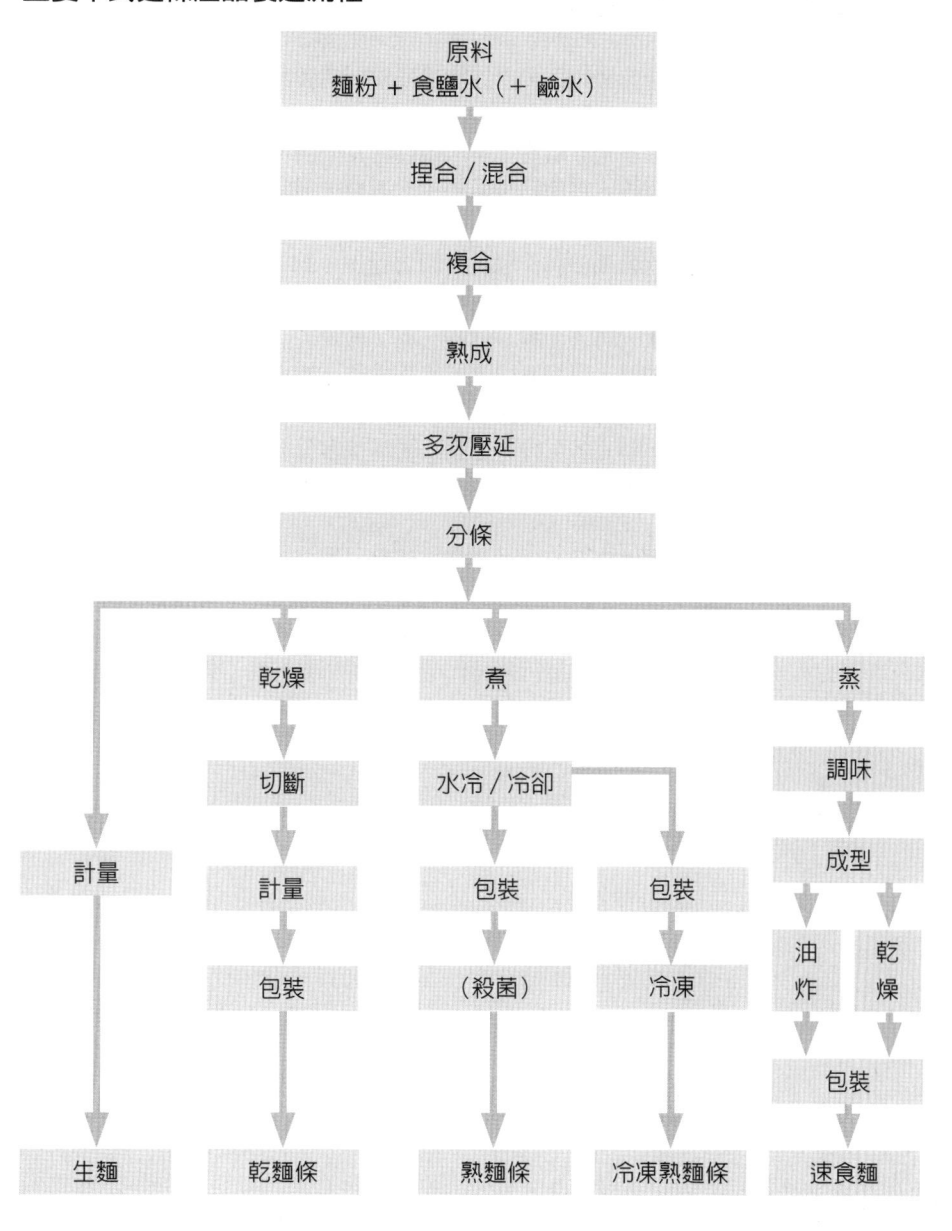

```
原料
麵粉 + 食鹽水（+ 鹼水）
        ↓
    捏合 / 混合
        ↓
       複合
        ↓
       熟成
        ↓
     多次壓延
        ↓
       分條
```

分條後分為三路：乾燥、煮、蒸

- 乾燥 → 切斷 → 計量 → 包裝 → **乾麵條**
- （分條直接）→ 計量 → **生麵**
- 煮 → 水冷 / 冷卻 → 包裝 →（殺菌）→ **熟麵條**
- 煮 → 水冷 / 冷卻 → 包裝 → 冷凍 → **冷凍熟麵條**
- 蒸 → 調味 → 成型 →（油炸／乾燥）→ 包裝 → **速食麵**

➕ 知識補充站

餐飲界使用中式麵條種類繁多，主要區分為生麵（高水分生鮮麵、低水分乾麵）與預煮麵（油麵、涼麵）。

4.3 麵筋與小麥澱粉

蔡育仁

　　將麵粉與食鹽水充分捏合與攪拌後，可以加工成為麵筋製品與小麥澱粉。主要生產方式如下頁流程圖。

　　麵筋製品應用範圍廣，因源起於植物小麥，視為素食產品。

　　製作麵筋之原料為小麥麵粉，為麵筋產品收率之考量，通常選用蛋白質含量高的麵粉作為加工原料，此種麵粉之灰分含量也高於製作吐司麵包之高筋麵粉。

　　麵粉加水進行混捏，加水量高於製作麵包使用之比例，約為70～80%，並可依製程與製品特性添加食鹽水。此製程之特性乃使麵粉中之蛋白質進行作用，彼此凝聚形成麵糊狀麵糰。此後再加入水，將「（濕）麵筋」與「澱粉乳」分離。

　　濕麵筋具有流動性，易成型。濕麵筋中間製品經成型（切成小細塊）、油炸，可得「麵筋球」製品（又稱為麵筋泡），通常使用於麵筋花生罐頭之製造。

　　濕麵筋中間製品經成型、蒸煮，可得「麵腸」製品，常見於市場零售。

　　濕麵筋中間製品經成型、烤焙，可得「麵雞、麵鴨、麵魚」製品，常見於素食市場。

　　在速食麵配料（或其他復水產品）中，常見之「麩」製品也是濕麵筋經成型、烤焙製程而得。

　　「澱粉乳」經離心或靜置程序，使澱粉沉降分離，再經脫水、乾燥等製程，製品終水分降到13%（依商品規格），再進行包裝作業。依據小麥澱粉工廠之分離技術與市場需求，產製之澱粉製品得區分等級銷售。

小博士解說

　　小麥顆粒供人類食用之主要部位是胚乳，我們稱之為麵粉（小麥粉）就是小麥之胚乳；而我們稱之為全麥粉是指包含麩皮與胚芽之全部小麥。

　　胚乳之主要成分是澱粉、蛋白質與水分。本節在說明以分離工程技術將小麥蛋白質與小麥澱粉自麵粉中分離，分別發展其用途。

主要麵筋與小麥澱粉製造流程

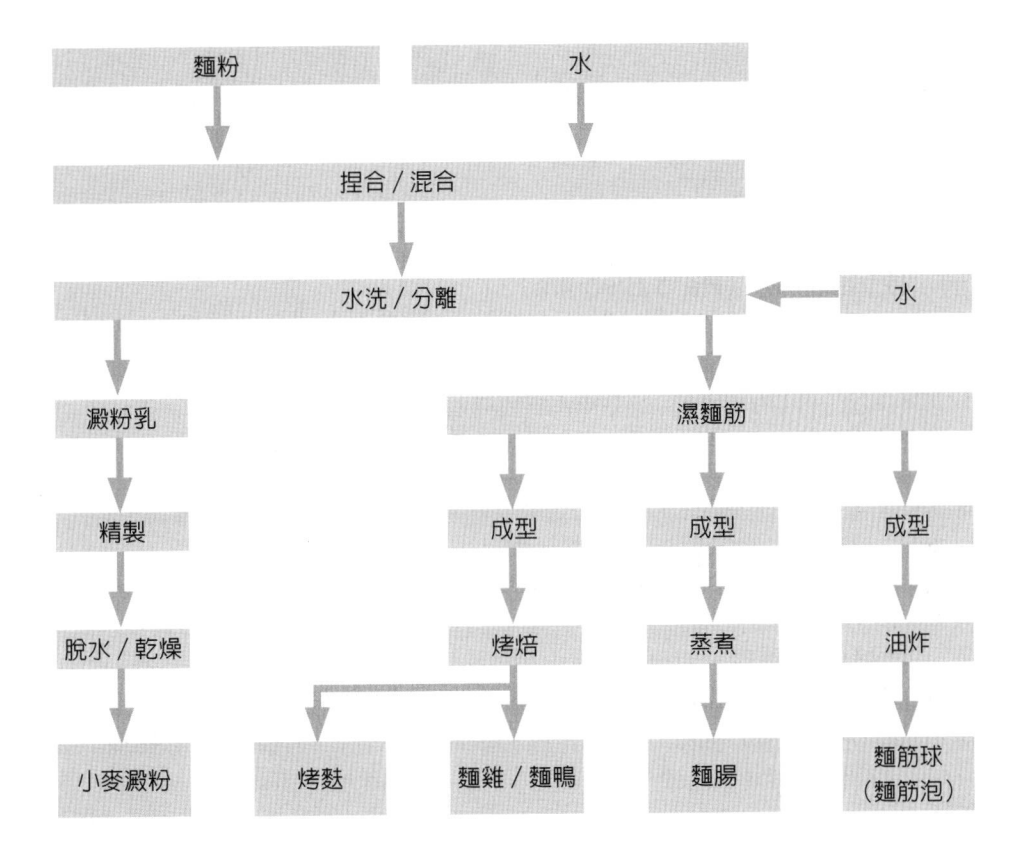

```
        麵粉                          水
         ↓                            ↓
         └──────────→ 捏合/混合 ←──────┘
                         ↓
                    水洗/分離 ←────── 水
                    ↓       ↓
                 澱粉乳    濕麵筋
                    ↓      ↓    ↓    ↓
                  精製   成型  成型  成型
                    ↓      ↓    ↓    ↓
               脫水/乾燥  烤焙  蒸煮  油炸
                    ↓    ↓  ↓    ↓    ↓
                小麥澱粉 烤麩 麵雞/麵鴨 麵腸  麵筋球
                                              (麵筋泡)
```

＋知識補充站

1. 麵筋製品源起於植物小麥，視為素食產品。
2. 通常選用蛋白質含量高的麵粉原料，從事上述產品之生產製造。

4.4 餅乾（一）

謝壽山

　　烘焙加工食品種類繁多，大家所熟悉的蛋糕、麵包、西點大都可從市售的書籍找到相關的資料與製作方法，惟餅乾部分資料獲取較不容易。餅乾雖非國人之主食，由於易消化兼富營養、且可飽食，而成為日常生活中的零食或點心，使不起眼的餅乾事業一躍成為新興之食品製造業。

　　製造方法廣泛地分為硬質麵糰與軟質麵糰，若依配方成分、製造方法不同可分為：

一、硬質甜餅乾（Hard Biscuits）

　　使用的配方成分較低，麵糰在攪拌時須打出麵筋，且利用化學膨鬆劑膨大，產品品質質地較硬，脆餅體組織中氣孔較大。
1. 混合攪拌：將配方中所有的原料放入攪拌機，充分混合至產生麵筋。
2. 壓延摺疊：經攪拌完成的麵糰，送至壓延機輾成薄片，壓至所需的厚度。
3. 成型：將一定厚度的薄片麵糰，經過成型打印機，印出壓有各種形狀的餅片。
4. 烘焙：成型後的薄麵片，經輸送帶送至烘烤鋼帶上進入烤爐，爐中溫度約為200～300℃，端視產品特性來決定烤焙時間。

　　出烤爐後，可趁熱在表面上噴上一層薄薄安定性佳的液體油，即可得到美味可口的餅乾產品。

二、發酵性鹹餅乾（Crackers）

　　可分為調味與不調味的兩種，大都以鹹味為主，如蘇打餅乾、蔥油餅乾，主要以酵母作為膨大劑加以發酵而成，中種法是首先製作十六～二十小時發酵的中種麵糰，加以第二次攪拌再經四小時的本種後發酵而成；有時也可使用直接法發酵、或連續式發酵。

　　鹹餅乾的製造方式與甜式餅乾略同，相異之處為：
1. 攪拌發麵後，麵糰溫度通常較甜式餅乾為低；配方中有的根本不加糖，市場需求若有喜愛甜味的習慣時，通常會添加砂糖以符合市場需求。
2. 須經過發酵或是酵素作用，皆須經過一定的時間發酵。
3. 壓延摺疊的層次較多，以裹入更多的空氣，以達到較有層次的效果。
4. 烤焙溫度較甜式餅乾為高，沒有使用化學膨鬆劑，須靠高溫將水分及發酵產生的二氧化碳加溫以求膨發。

餅乾製造流程

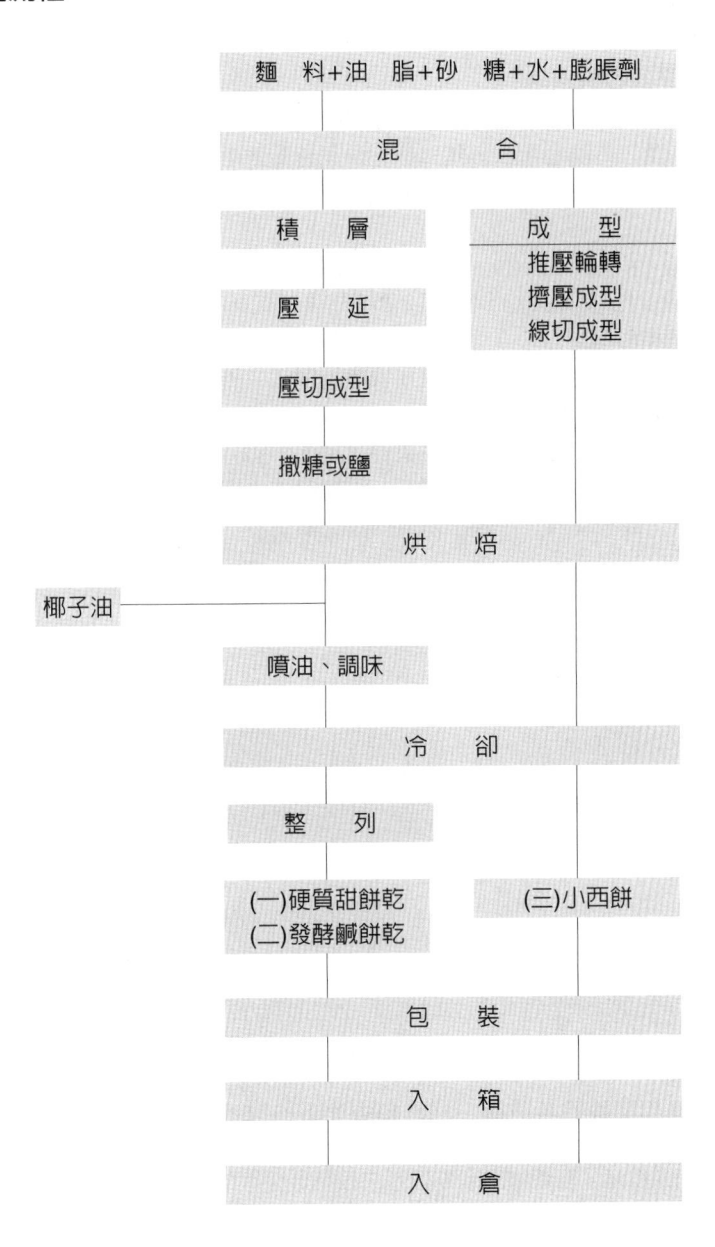

```
麵料+油脂+砂糖+水+膨脹劑
            │
           混合
          ┌──┴──┐
         積層   成型
                推壓輪轉
                擠壓成型
         壓延   線切成型
          │
        壓切成型
          │
        撒糖或鹽
          │
          └──┬──┘
            烘焙
  椰子油──────┤
           噴油、調味
            │
            冷卻
            │
            整列
          ┌──┴──┐
   (一)硬質甜餅乾  (三)小西餅
   (二)發酵鹹餅乾
          └──┬──┘
            包裝
            │
            入箱
            │
            入倉
```

4.5 餅乾（二）

謝壽山

三、小西餅（Cookies）

此類型產品所含的糖分與油脂比例都較前兩者為高，在成型時也沒有固定的花樣、大小或形狀，可隨心所欲，加以變化，同時配方中可添加巧克力碎粒、核果、蜜餞類、或是烤焙後可加以裝飾糖霜，使其更具商品外觀與營養價值。

成型方式：
1. 推壓輪轉機（Rotary Machine）：以機器擠壓出各種花式，產品也較硬。
2. 擠壓成型機（Depositor）：以機器當擠花袋，以鬆軟的小西餅麵糰，擠出各種形狀，產品組織較酥鬆。
3. 線切成型機（Wire Cutter）：以機器操控的鋼絲，將壓出的麵糰切成薄片，置於鋼帶上再進入烤爐。

可經由表面刷蛋水、撒砂糖或填注果醬，再進入200℃的烤爐中烘烤即成。

另一種的成型方法為條狀切割成型類，將麵糰壓成條型，經冷凍凍硬後取出，以刀子切割成條狀、或小塊狀，冰箱小西餅即為此類型。

小博士解說

小麥中含有小麥麵筋蛋白質，約占麵筋乾重的85％以上，其中主要是麥膠蛋白（Gliadin）和麥穀蛋白（Glutenin），麥膠蛋白的含量約比麥穀蛋白少10％。當麵粉加水混成麵糰的時候，麥膠蛋白和麥穀蛋白按一定規律相結合，構成像海綿一樣的網路結構，組成麵筋的骨架，其他成分如脂肪、糖類、澱粉和水都包藏在麵筋骨架的網路之中，這就使得麵筋具有彈性和可塑性。除小西餅外，其他兩類產品皆以麵筋當產品之支撐膨脹。

餅乾屬於高成分之產品，配方中通常以膨脹劑作為膨發的助劑，在製造過程經烤焙後除了小蘇打會殘留外，其他膨脹劑通常會隨水氣蒸發。

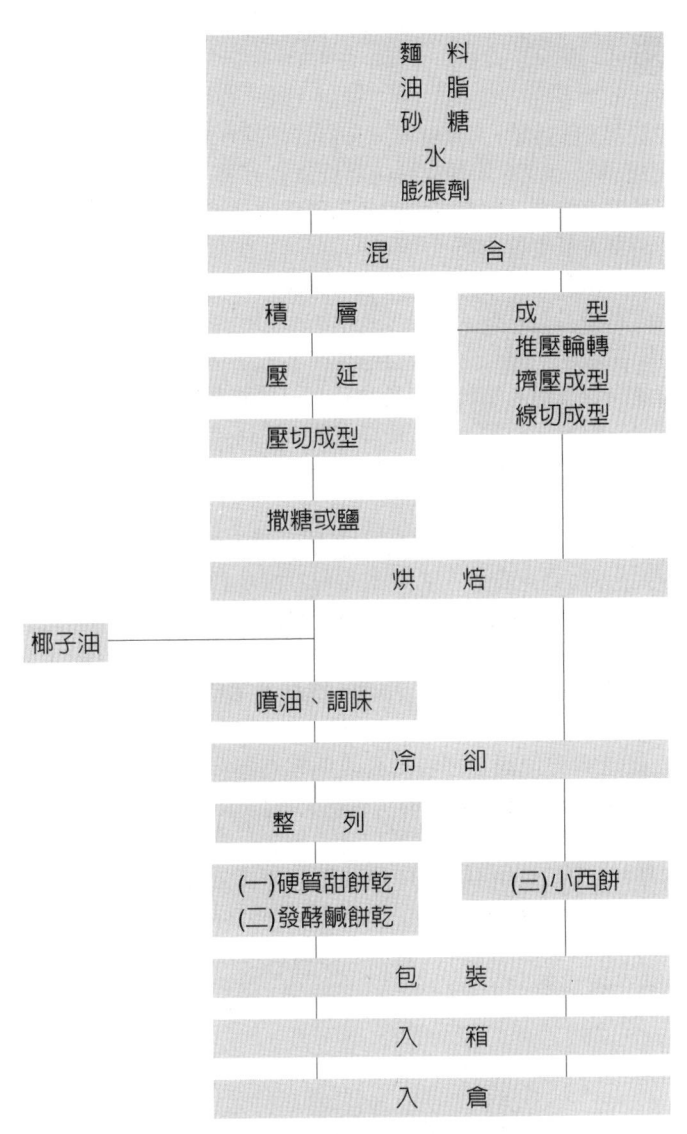

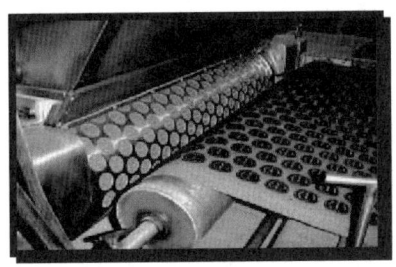

```
┌─────────────────┐
│   麵  料        │
│   油  脂        │
│   砂  糖        │
│     水          │
│   膨脹劑        │
└────────┬────────┘
         │
       混  合
    ┌────┴────┐
   積 層      成  型
    │        推壓輪轉
   壓 延      擠壓成型
    │        線切成型
   壓切成型
    │
   撒糖或鹽
    │         │
    └────烘 焙┘
椰子油───┤
         │
      噴油、調味
         │
       冷  卻
         │
       整  列
    ┌────┴────┐
(一)硬質甜餅乾  (三)小西餅
(二)發酵鹹餅乾
    └────┬────┘
       包  裝
         │
       入  箱
         │
       入  倉
```

推壓輪轉機

4.6 熟麵

李明清

　麵食品的主要原料為麵粉，麵粉可以分為特高筋、特筋、高筋、中筋、低筋等五種，視製作何種產品來決定何種麵粉，麵條以高筋為主，製成的產品比較有彈性好吃，雖然麵粉是大宗原料，但是各地的產品仍然會有差異，如何把握最適當的原料品質，永遠是食品業者最重要的第一門課。

　麵粉攪拌時會產生熱量，因此攪拌時適當的使用冷水會有助於品質的把握，有些廠商會特別在攪拌階段設有小型冰水機，是個不錯的想法，攪拌一般會有高速及低速的設計以符合實際的需求，複合之後進行熟成作業，在熟成室會控制溫度在25℃左右而濕度80%比較會符合需求，壓延機一般會有4～5輪將麵糰從約8.2mm壓到2.5mm，在成條定量時可以用重量來控制，茹煮是為了讓麵成為接近熟的程度以便消費者使用，煮麵控制在98℃×90秒就接近了，一般廠商會根據麵的大小及類別自己試煮來決定條件。

　煮好之後要先冷卻，冷卻水溫一般以常溫水處理即可，冷卻之後就可以計量包裝，一般以一人份150公克為準，正負2%是可以接受的標準，因為是熟麵為了保存期還要經過高溫殺菌，類似罐頭一樣，殺菌溫度95℃×30分鐘左右，可以自行做保存試驗來決定條件，完成之後先冷至45℃保持20分鐘才送至預冷10℃×60分鐘就可以裝箱出貨了，裝箱之後保持在0～7℃冷藏，此時必須留樣100天，成品檢驗大腸桿菌一定要陰性是必要的條件

　熟麵是即食麵或叫方便麵，在台灣有人叫它意麵或泡麵，近代的泡麵是1958年由日籍台灣人安藤百福（原名吳百福）發明的，他後來創立日清公司販賣「雞湯拉麵」，日清公司積極向國外發展，調整口味之後在台灣的暢銷品叫做「生力麵」，目前在台灣的方便麵以統一公司為龍頭，而台灣的頂新公司集團在中國大陸的康師傅品牌是當地的領頭羊，目前的方便麵是以蒸煮過再經油炸的為主流產品，而熟麵已經煮到約9分熟了，只要以熱水沖泡即可食用，因為沒有經過油炸，正以做為健康訴求的產品在市場占有一席之地。

小博士解說

　熟麵殺菌溫度要95℃以上並且保持30分鐘，才保證品質的確實；熟麵很類似速食麵但沒有經過油炸。

熟麵的製作流程

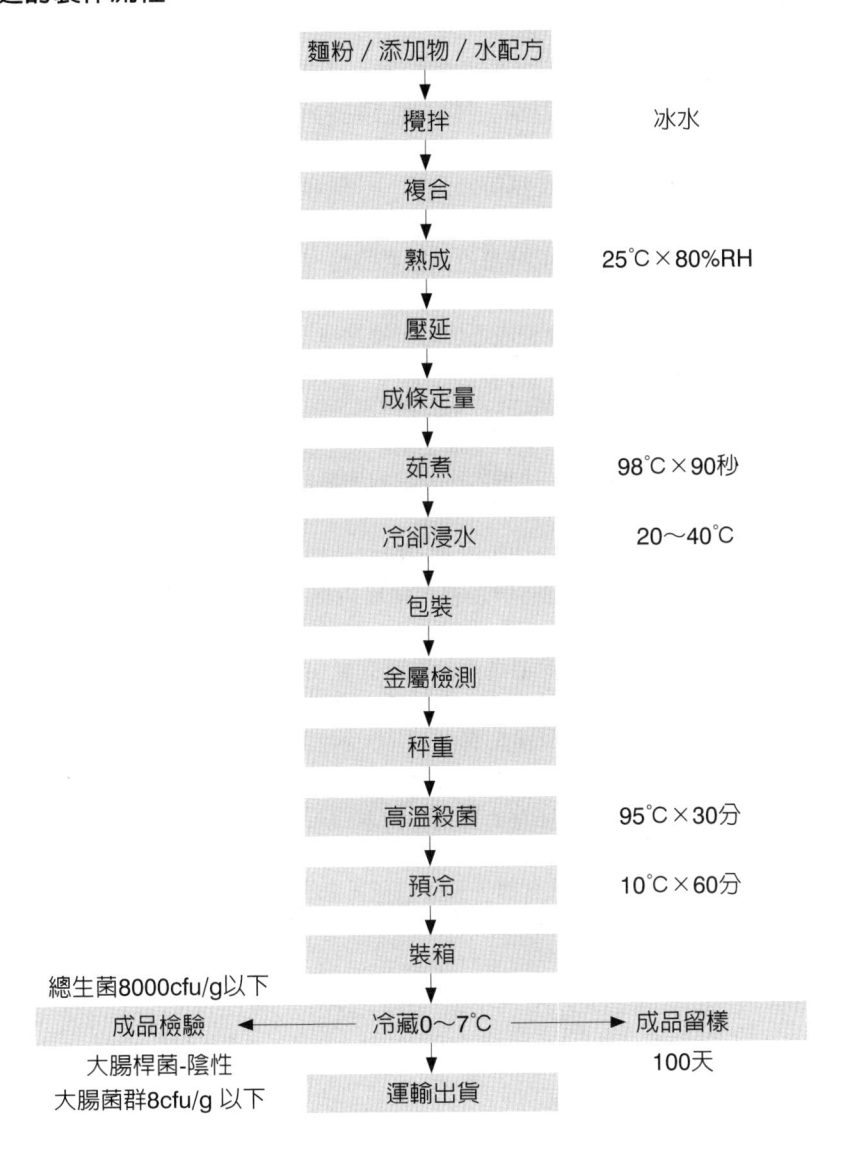

```
麵粉 / 添加物 / 水配方
         ↓
        攪拌              冰水
         ↓
        複合
         ↓
        熟成             25℃×80%RH
         ↓
        壓延
         ↓
       成條定量
         ↓
        茹煮              98℃×90秒
         ↓
       冷卻浸水            20～40℃
         ↓
        包裝
         ↓
       金屬檢測
         ↓
        秤重
         ↓
       高溫殺菌            95℃×30分
         ↓
        預冷              10℃×60分
         ↓
        裝箱
         ↓
總生菌8000cfu/g以下
  成品檢驗  ←—  冷藏0～7℃  —→  成品留樣
 大腸桿菌-陰性                      100天
 大腸菌群8cfu/g 以下
             運輸出貨
```

➕ 知識補充站

殺菌後先以水冷至45℃保持20分鐘，然後送去預冷階段。

4.7 包子

李明清

　　包子是中式食品中僅次於水餃的方便麵食，北方人的順口溜：「好吃不過餃子」，相當傳神的表達了麵食民族的心聲，狗不理包子相對的是一個有趣的傳說，而內餡的變化多端，讓包子不管作為主食或者點心，都是上上之選。

　　麵粉是包子的主要原料，一包麵粉22公斤，一般會以每天做了多少包麵粉來衡量生產量的大小，酵母用量不大，放進量少的預拌粉中比較容易混合均勻，預拌粉是每家廠商的know-how，老麵加入的分量也是廠家的另一項know-how，加入的水其水質必須控制，加冰塊是為了控制攪拌時的溫度不要太高，否則會影響麵糰的品質，攪拌機可以多台使用比較方便，攪拌完成不用時，攪拌機最好馬上清洗擦拭乾淨，以確保清潔衛生。

　　攪拌完成的麵糰，一般會分割成2～3份進行壓麵，經過幾次壓延之後，送入成型機去試生產，並且把成型不良品重新壓延使用，成型機是唯一連續生產的機器，因此整個製程會配合成型機來操作，成型之後的排盤如果量不是太大，一般使用人工來排盤作業。

　　排好盤的包子累積一定數量之後，送入發酵室中乾發酵，發酵室保持46℃，包子發酵約40分鐘讓其體積增加到1.5倍左右，就可以推入發酵室通蒸汽再濕發酵10分鐘。

　　完成發酵之後送去蒸熟，蒸熟溫度與蒸熟時間互相關連，90幾℃可能大約要20分鐘，可以自己試驗決定之，包子大小也有關係，蒸熟之後送入冷卻室以冷空氣冷卻之，空氣中不應有汙染物存在以免影響品質，大約20分鐘表面就可以達到40℃，就可以裝箱送去冷藏，隔天出貨時再按客戶需求進行包裝。

　　整個製程除了原物料、人工之外，費用比較大而可以節省的是冷藏冷凍的用電費用以及蒸包子的蒸汽費用，你如果用心去了解計算，要節省15%不是很困難，有一家中小型公司曾經在仔細計算之後，導入改善只花很少的投資就節省了油電費用每年達100萬台幣。

小博士解說

包子的外皮做的好壞，直接影響外觀及口感，雖然整個成本內餡占大頭，但是決定成敗卻往往是外皮的功勞。

包子的製作流程

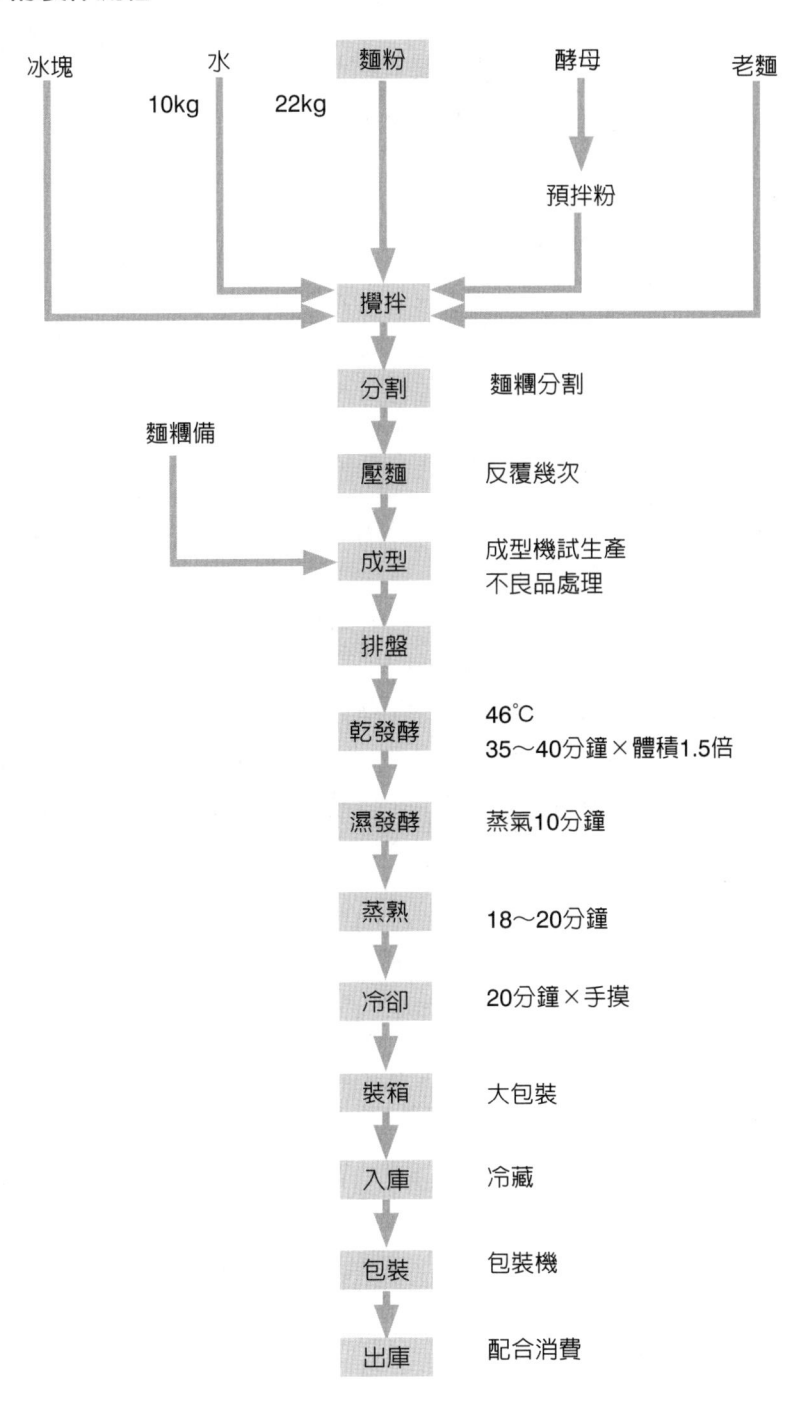

```
冰塊      水         麵粉       酵母      老麵
        10kg  22kg            ↓
                              預拌粉
                    ↓
        → → → →  攪拌  ← ← ← ←
                    ↓
                  分割      麵糰分割
                    ↓
          麵糰備 → 壓麵     反覆幾次
                    ↓
                  成型      成型機試生產
                            不良品處理
                    ↓
                  排盤
                    ↓
                  乾發酵    46°C
                            35～40分鐘×體積1.5倍
                    ↓
                  濕發酵    蒸氣10分鐘
                    ↓
                  蒸熟      18～20分鐘
                    ↓
                  冷卻      20分鐘×手摸
                    ↓
                  裝箱      大包裝
                    ↓
                  入庫      冷藏
                    ↓
                  包裝      包裝機
                    ↓
                  出庫      配合消費
```

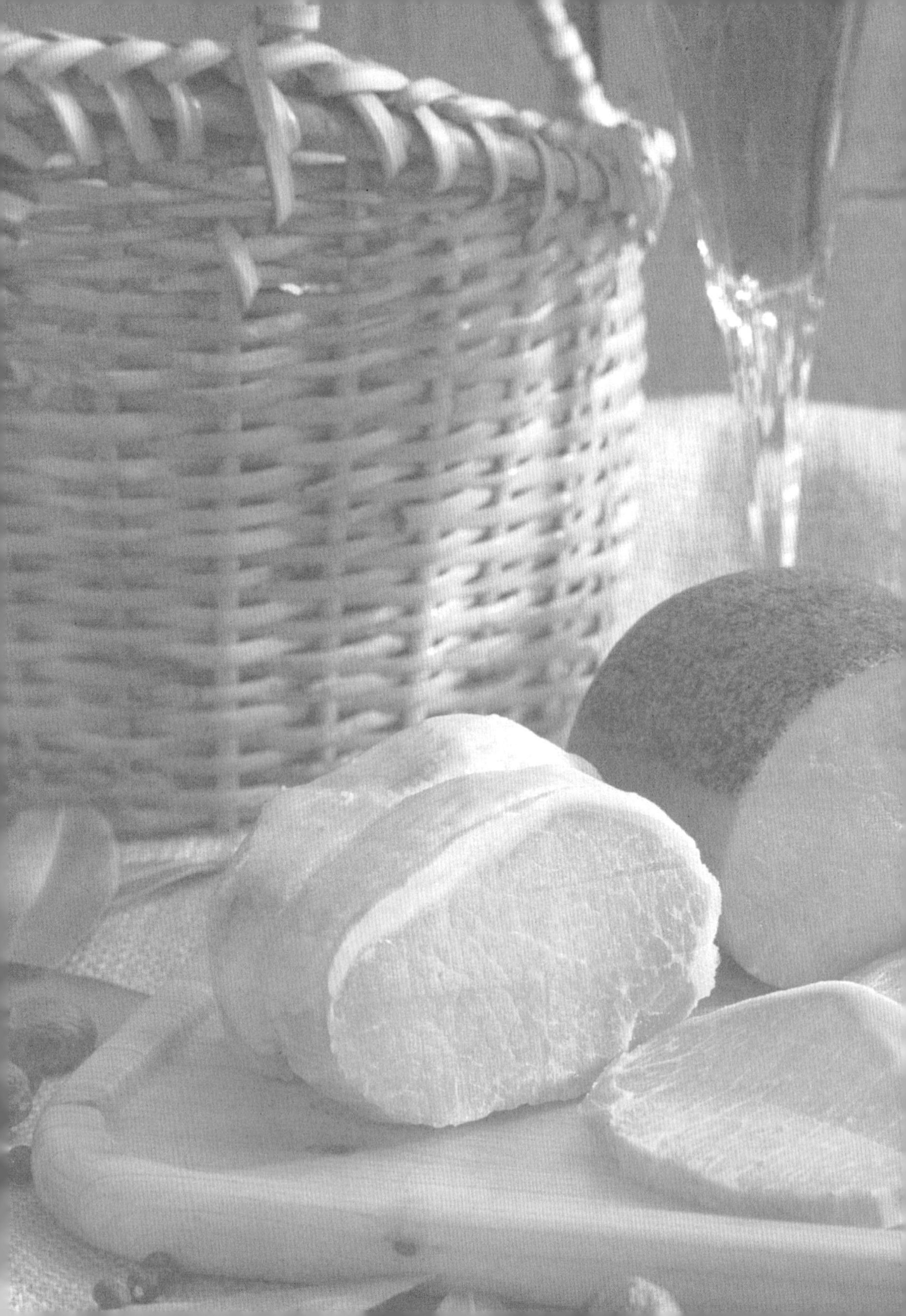

第5章
豆類、種子及油脂的加工

5.1　豆腐

5.2　豆奶

5.3　豆沙（豆餡）

5.4　大豆蛋白（濃縮蛋白及分離蛋白）

5.5　納豆

5.6　油脂類

5.7　油脂的選用

5.8　豆花

5.1 豆腐

林連峯

豆腐是由中國的淮南王劉安在公元前164年發明的,為用大豆做成的高蛋白固體食品,是大豆蛋白凝結形成如凝膠般的即食塊狀物,類似軟質奶酪。豆腐價格便宜,不含膽固醇和乳糖,而且飽和脂肪的含量低,西方人將其視為健康食品。

一、豆腐的組成

豆腐是由約85%的水分、8.1%蛋白質、4.8%油脂、碳水化合物1.9%和鈣鐵等無機物所組成。

二、分類

豆腐根據含水量和質地來分類。

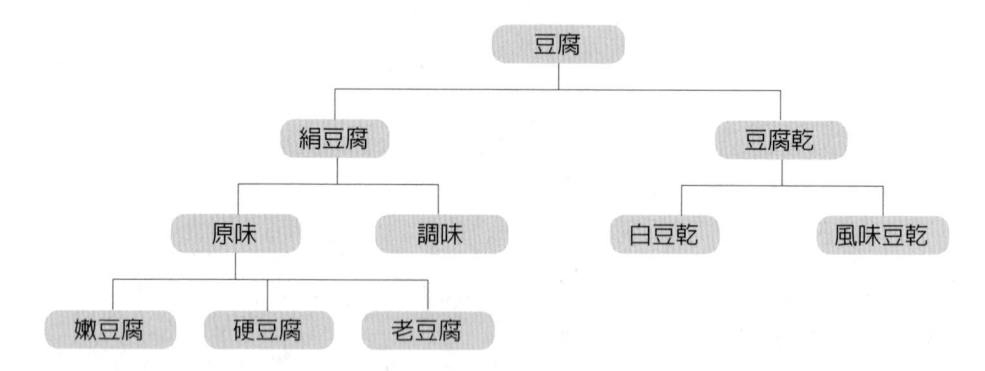

```
                    豆腐
          ┌──────────┴──────────┐
        絹豆腐                 豆腐乾
     ┌────┴────┐            ┌────┴────┐
    原味      調味         白豆乾    風味豆乾
  ┌──┼──┐
嫩豆腐 硬豆腐 老豆腐
```

目前台灣市面上常見的豆腐,可分為傳統的板豆腐及在超市販賣的塑膠盒裝現代豆腐,傳統的板豆腐沿用古法製作,採用滷鹽或石膏當凝結劑,現代化的豆腐製作主要是用葡萄糖酸-δ-內酯(GDL, Glucono-Delta-Lactone)當凝結劑,它是一種酸性凝結劑。GDL是由玉米澱粉發酵製成的。在水中溶解時,它水解成葡萄糖酸。

大豆浸水瀝乾水分後,加入大豆重量2.2倍的水放入圓盤磨中進行粗磨。放入室溫水和消泡液。然後再進行細磨。在製成的豆漿中注入蒸汽進行燒煮。然後將產品置於保溫管中。用臥式分離機分離。冷卻至78°C以下。於儲存桶中與葡萄糖酸-δ-內酯混和靜置、再灌裝至塑膠盒中、密封後浸在65°C至90°C的熱水中、豆腐會在自行冷卻後成形。

小博士解說

1. 大豆磨碎溫度:在0°C至50°C之間,豆腐的硬度會隨著溫度上升而降低。
2. 凝結溫度:低溫會造成不完全凝結。
3. 凝結劑用量:充足的凝結劑用量會形成帶有甜味的琥珀色或淡黃色的透明乳清,而且不會有剩餘不凝結的大豆提取物。但過量的凝結劑會導致豆腐產生苦味、顏色變黃、質地粗糙。

豆腐製造流程

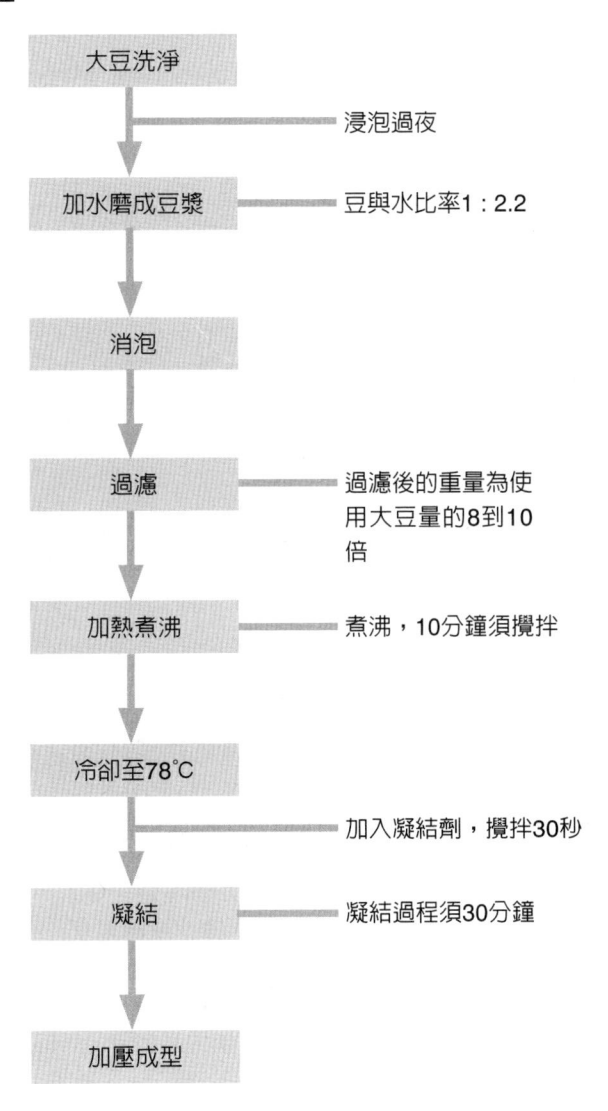

```
大豆洗淨
   ↓ ——— 浸泡過夜
加水磨成豆漿 ——— 豆與水比率 1：2.2
   ↓
消泡
   ↓
過濾 ——— 過濾後的重量為使用大豆量的8到10倍
   ↓
加熱煮沸 ——— 煮沸，10分鐘須攪拌
   ↓
冷卻至78°C
   ↓ ——— 加入凝結劑，攪拌30秒
凝結 ——— 凝結過程須30分鐘
   ↓
加壓成型
```

➕ 知識補充站

1. 可使用重質碳酸鈣當消泡劑。
2. 凝結劑有兩種常見類型：
   石膏（天然的硫酸鈣晶體）。
   鹽滷（主要是氯化鎂）。
   可以將凝結劑與一些熱水混合製成懸浮液，再倒入。

5.2 豆奶

林連峯

對於有乳糖不耐症的東方人，豆奶是一種可以取代牛奶的優質飲品，因大豆不但含有豐富的蛋白質，維生素（維生素A、E、K和維生素B群）礦物質（鉀、鐵、鋅、磷），又含有大量的植物纖維，其油脂中，飽和脂肪酸的含量甚低，不含膽固醇，大大降低罹患心臟病的風險。因此廣受消費者的歡迎。

目前市面上銷售的家用豆漿機，只要將浸泡過一夜後的黃豆放入機器中，即可以自動煮出豆奶，本章節將以現代工廠的製程來解說

首先將黃豆以清水洗淨，去除雜物，再浸泡於冷水中6小時，此過程最主要的目的是要使水分能進入豆心，以便易於碾磨，但不應浸泡過久，否則黃豆會開始發酵，產生二氧化碳。此時水面會有發泡現象，黃豆表皮起皺時，即表示浸泡過時。若以熱水浸泡，則浸泡時間可以縮短，但如此有時會破壞脂肪氧化酶，導致黃豆味道降低。

浸泡後將水瀝乾，加入黃豆本身重量8到10倍的水，進行碾磨。碾磨後產出的豆泥漿，立即加熱煮沸，其目的是

- 去除胰蛋白酶抑製劑的活性，以免影響人體對蛋白質的利用
- 抑制會產生豆腥味的脂肪氧化酶的活性
- 優化營養價值及蛋白質品質
- 增進豆漿的萃取率
- 改變蛋白質的形式，提高出率
- 藉由加熱殺菌，延長大豆澄清液的儲存時間

但也不宜過度加熱，以免破壞其中所含半胱胺酸、離胺酸等胺基酸，降低蛋白質的品質。

加熱後的豆泥漿，以臥式螺旋壓縮機（Decanter）經擠壓及過濾方式將豆渣排除後的豆奶，再經高速分離機（Seperator）分離細微雜質後，進行調味（加糖或香料），為取代牛奶當營養飲料，有時會加入乳酸鈣（Calcium Lactate），以補充鈣質。最後進行殺菌（殺菌溫度為138°C，保持2秒鐘）後冷卻至4°C後包裝。

殺菌過程中也經均質化處哩，以避免儲存期間，產生沉澱現象。

除傳統方式製造豆奶外，歐、美等國也開發出果汁豆奶，其以無豆腥味的豆奶為基礎加水、濃縮果汁（65Brix）、糖、乳酸鈣（Calcium Lactate）、果膠（pectin，當安定劑用）、檸檬酸（citric acid當酸化劑）、維生素C（Ascorbic acid當抗氧化劑用）、色素及香料等製成。使用果汁的種類有蘋果、橘子、百香果、芒果、柳橙、鳳梨、梨及葡萄柚等，其成品的酸度約為pH4.0，蛋白質含量為0.6%。

小博士解說

如何製作低豆腥味的豆奶

- 去除浸泡的過程（乾式磨豆）
- 以熱水先浸泡
- 先以碳酸鈉溶液浸泡及洗滌
- 在85到90°C的高溫下磨豆
- 磨豆後的豆泥，保持高溫
- 磨豆時盡量減少暴露於空氣中（氣密式碾磨）

一般工廠生產冷藏豆奶流程

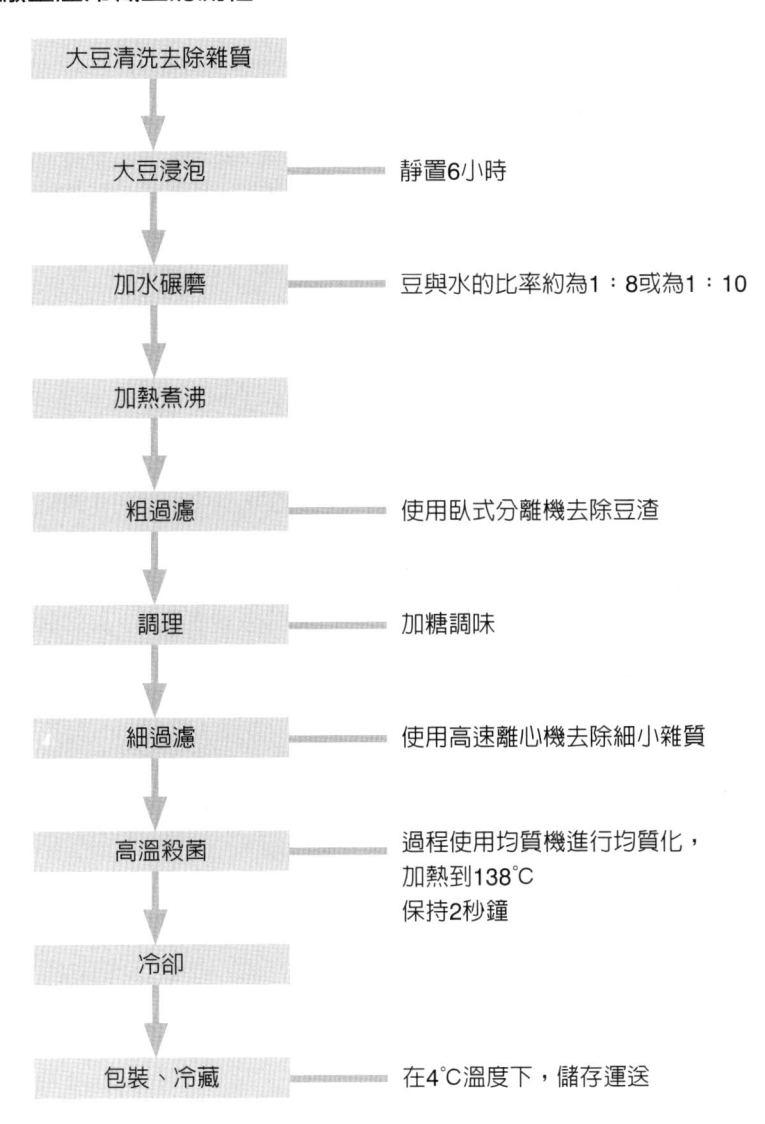

```
大豆清洗去除雜質
     ↓
   大豆浸泡  ────  靜置6小時
     ↓
   加水碾磨  ────  豆與水的比率約為1：8或為1：10
     ↓
   加熱煮沸
     ↓
    粗過濾  ────  使用臥式分離機去除豆渣
     ↓
     調理  ────  加糖調味
     ↓
    細過濾  ────  使用高速離心機去除細小雜質
     ↓
   高溫殺菌  ────  過程使用均質機進行均質化，
                   加熱到138°C
                   保持2秒鐘
     ↓
     冷卻
     ↓
  包裝、冷藏  ────  在4°C溫度下，儲存運送
```

＋知識補充站

若要製造調味豆奶（如雞蛋、果汁等口味），需降低豆腥味，此可以在研磨大豆前，先將大豆作適當的熱處理。

5.3 豆沙（豆餡）

徐能振

一、豆餡

主要用於中秋月餅，中點及麵包等之內餡，依其原料之不同，可分為綠豆餡、白豆餡、紅豆餡、鳳梨餡等，紅豆、綠豆又依使用之不同，可脫殼或不脫殼，為求產品之多樣化，白豆沙餡通常添加咖啡、巧克力、紅酒、桂花、綠茶粉、紅茶粉、蓮蓉泥、酸梅粉、咖哩粉等，紅豆沙餡通常添加核桃、棗泥、紅糖、桂圓、葡萄乾、松子、堅果等，綠豆沙餡通常加肉鬆、肉脯、香菇魯肉等成為可口之餡料。

二、紅豆餡

原料以本省紅豆或紅雲豆、花豆為主，白豆沙餡則以白鳳豆、白豆或白花豆為主，綠豆沙餡則購買脫皮綠豆仁來當原料。

三、紅豆麵包餡

製程較簡單，紅豆清洗、浸泡殺菁後，直接蒸煮，煮熟軟後換鍋添加糖、麥芽糖、奶油、奶粉、鹽等，因蒸煮過程經攪拌皮已破裂，店家為增加其顆粒感，於煮煉快完成階段，可添加蜜豆，增加其口感。

四、芋頭餡、蕃薯餡

也常被拿來當餡料，蕃薯、芋頭先削皮清洗、刨條或切塊蒸熟，用二滾輪延壓，放入二重釜攪拌鍋，添加糖、麥芽糖、油、鹽等加熱精煉即成，養生食品，常使用此餡料。

五、鳳梨酥餡

近年陸客來台觀光，喜歡台灣鳳梨酥、早期的鳳梨餡以冬瓜蓉加鳳梨香精為多，將冬瓜去皮仔後，刨條、殺菁，煮熟裝袋壓榨乾後，倒入二重釜攪拌鍋，添加糖、麥芽糖、鹽、香精煉煮，近年來流行用土鳳梨製作鳳梨餡。

小博士解說

1. 豆餡的糖度，因配方及餡料軟硬要求不同，以60～65Brix為多，太軟易爆餡，太硬不易操作且口感欠佳。
2. 蜜豆的製作：紅豆洗清殺菁後，裝籠、蒸煮、浸泡55Brix糖液12hr後改浸60Brix糖液12hr，浸泡過程，每隔2～3hr給予適度加熱。

豆餡製造流程

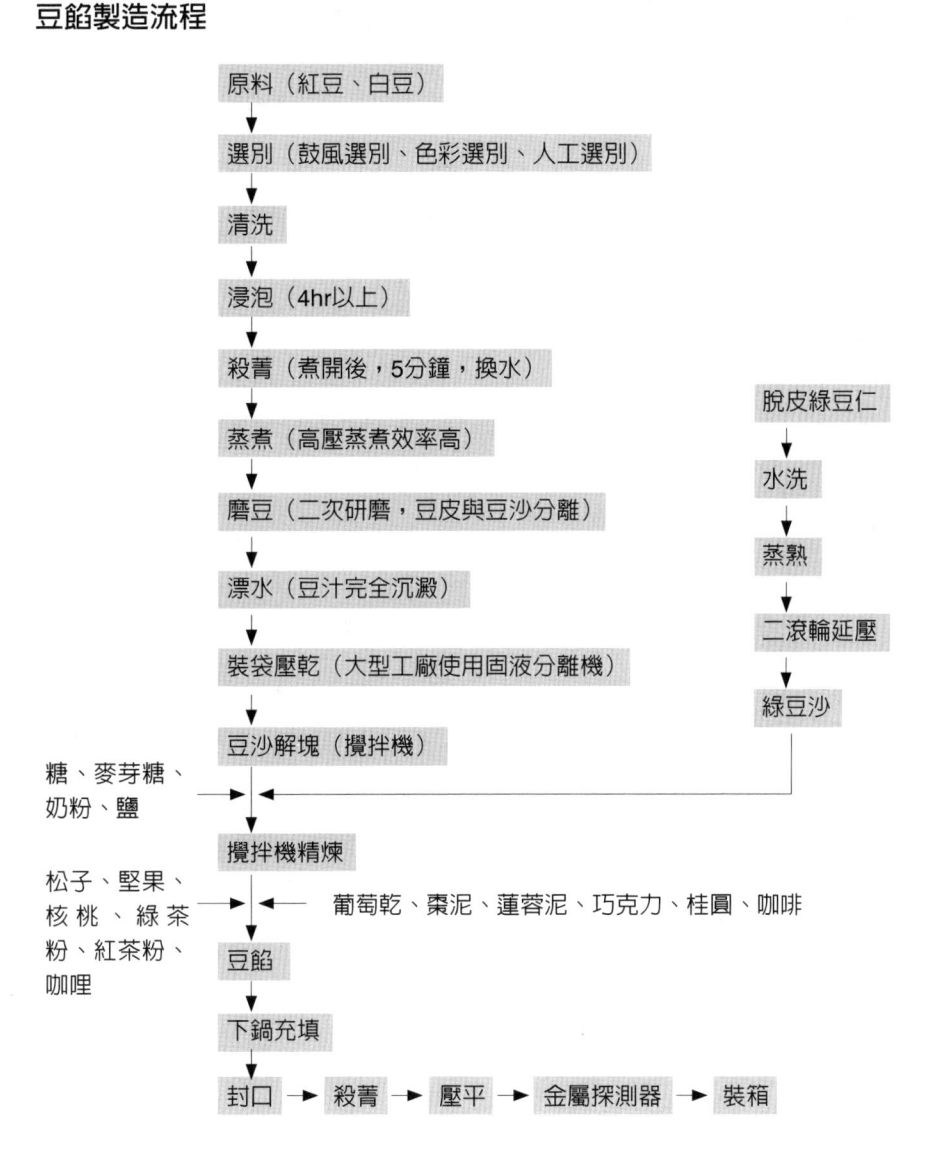

```
原料（紅豆、白豆）
        ↓
選別（鼓風選別、色彩選別、人工選別）
        ↓
      清洗
        ↓
浸泡（4hr以上）
        ↓
殺菁（煮開後，5分鐘，換水）
        ↓                              脫皮綠豆仁
蒸煮（高壓蒸煮效率高）                       ↓
        ↓                              水洗
磨豆（二次研磨，豆皮與豆沙分離）                 ↓
        ↓                              蒸熟
漂水（豆汁完全沉澱）                         ↓
        ↓                            二滾輪延壓
裝袋壓乾（大型工廠使用固液分離機）                ↓
        ↓                            綠豆沙
豆沙解塊（攪拌機）
        ↓
糖、麥芽糖、奶粉、鹽 →
        ↓
      攪拌機精煉
        ↓
松子、堅果、核桃、綠茶粉、紅茶粉、咖哩 →← 葡萄乾、棗泥、蓮蓉泥、巧克力、桂圓、咖啡
        ↓
      豆餡
        ↓
     下鍋充填
        ↓
封口 → 殺菁 → 壓平 → 金屬探測器 → 裝箱
```

✚ 知識補充站

1. 豆皮本身有豆臭味，需經殺菁去除之。
2. 副原料有些可在餡料完成後再拌入。

5.4 大豆蛋白（濃縮蛋白及分離蛋白）

張哲朗

大豆蛋白按蛋白質含量之不同分為豆粉（soy flour），濃縮蛋白（soy protein concentrates），及分離蛋白（soy protein isolates）等三類。

豆粉含有50%蛋白質，有三種產品。第一種稱為普通（或稱全脂）豆粉，含有黃豆原有油脂，因不含麩質（gluten-free），做成的麵包組織緻密；第二種是脫脂豆粉，是在加工過程中除去了油脂者，可用於製造麵包（bread）、斷乳食品（weaning foods）、穀粉（cereals）、餅乾（cookies）、鬆餅（muffins）、蛋糕（cakes）、義大利麵糰（pastas）等產品，為目前用途最廣者；第三種卵磷脂化豆粉，在豆粉中添加卵磷脂者。

濃縮蛋白（簡稱SPC）含有70%蛋白質。是高消化性胺基酸的來源，並含有黃豆膳食纖維。廣用於肉製品、烘焙食品及乳製品。適合小孩、孕婦、哺乳婦、老人、病人及其他需要蛋白質食物者。

分離蛋白（簡稱SPI）含有90%蛋白質，味淡薄，可直接混摻於各種食物中。用於乳製品、營養補充品、肉製品、嬰兒配方食品、營養飲料、湯、醬及點心等各種高蛋白食物。也是牛奶替代品的蛋白來源。適用於成長中的小孩、結核病等慢性病患。

大豆蛋白的製造流程簡單表示如下頁。首先，黃豆經過清洗、篩選、脫殼、蒸氣調質的過程，進入溶劑萃取工程。被萃出的油脂繼續脫膠、脫酸、脫色、脫臭等工程，製成精製黃豆油與卵磷脂。油脂萃取後留下的脫脂豆粕，尚有殘留部分溶劑，送入脫溶劑烘焙乾燥冷卻機，以蒸汽將溶劑蒸發回收，同時藉高溫蒸氣使豆粕中的尿素酶失活。在乾燥冷卻製程中，控制豆粕的含水量在一定範圍，以利豆粕的儲存。豆粕經篩選分離，顆粒較大的豆粕以黃豆片的名稱出售；顆粒較小者經粉碎做成稱為黃豆粉。脫脂豆粕經過移除可溶性碳水化合物的工程，即為濃縮蛋白。濃縮蛋白繼續經過不同的製程可以產出各種不同規格的濃縮蛋白。脫脂豆粕經過調整pH值做等電點沉澱，即可將蛋白質與碳水化合物分離，製得分離蛋白。

小博士心得

大豆蛋白的價格，比動物蛋白便宜。大豆蛋白的營養豐富，口味芬芳，中國人已適應幾千年。利用大豆蛋白開發新產品的商機多多。

大豆蛋白製造流程

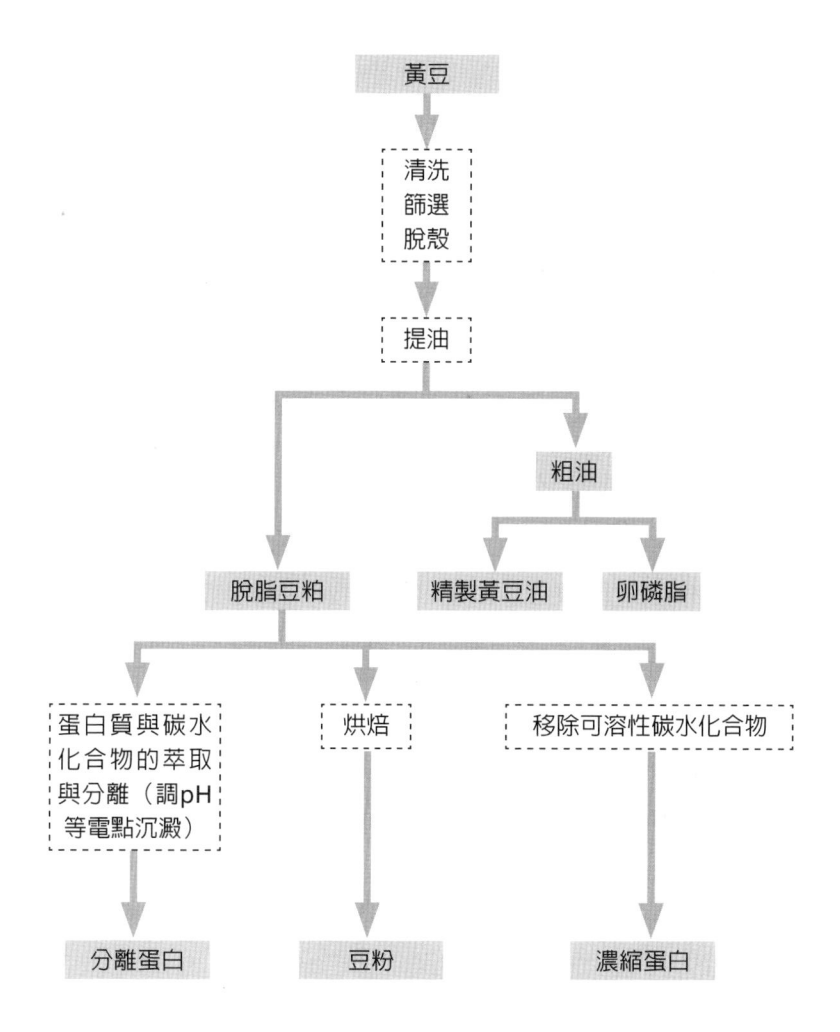

```
黃豆
  ↓
清洗
篩選
脫殼
  ↓
提油
  ├──────────────→ 粗油
  ↓                 ├──→ 精製黃豆油
脫脂豆粕              └──→ 卵磷脂
  ├──────────────┬──────────────┐
  ↓              ↓              ↓
蛋白質與碳水      烘焙           移除可溶性碳水化合物
化合物的萃取
與分離（調pH
等電點沉澱）
  ↓              ↓              ↓
分離蛋白         豆粉           濃縮蛋白
```

＋ 知識補充站

1. 大豆蛋白是很好的植物蛋白來源，廣用於各種食品中。特別是不用動物蛋白的素食產品、避免乳蛋白過敏的配方營養品等。
2. 大豆蛋白雖然好，但是離胺酸（lysine）與蛋胺酸（methionine）的含量不多。這兩種胺基酸富含於動物蛋白中。

5.5 納豆

李明清

　　納豆是一種日本特有的醱酵大豆產品，發源於日本的北部地區，其營養價值經過媒體的大力宣傳，目前在台灣擁有不少愛好者，在日本納豆有兩種類別，一種叫做itohiki納豆，另一種叫做hama納豆。Hama納豆是經由Aspergillus醱酵完成的，其產量不多，只在某些地區才有，市面上販售者大都是itohiki納豆，它是用Bacillus natto醱酵而成的產品，它仍保有大豆的原來形狀，表面覆蓋了一層很黏的物質，由Bacillus natto所產生的麩胺酸聚合物組成的。

　　大豆選用小粒品種，因為吸水率高，有利於菌種利用，大豆水洗去除汙垢之後，送去浸水，夏天12小時，冬天則需約24小時，使它充分吸水，體積會變成大約2倍大，然後送去蒸煮，以NK釜蒸煮時，蒸汽壓力保持1K以上蒸煮30分鐘，完成之後用手可壓碎它，壓力不可高於1.5K，否則糖和胺基酸會被分解，蒸煮之後要快速洩壓，使大豆膨脹有利於醱酵，冷卻至約40℃接種裝入容器中，放在醱酵室醱酵18小時，醱酵室控制在43℃→38℃，濕度RH85%，完成之後緩慢冷卻至常溫，然後包裝出貨，完成的納豆，大約：水分62%，蛋白質19%，脂質8%，醣類6%，粗纖維2.2%，總灰分2%，是現代的健康食品。

　　小型製作時，把蒸煮過的整粒大豆加入菌種，放在小的塑膠罐中（100克左右）加蓋壓緊，在40℃之下讓Bacillus natto菌醱酵，經過16～18小時，然後冷卻至2～7℃就可運到市場販售，納豆是一種非常廉價且富含蛋白質的營養食品，味美且有獨特的黏稠液，不會有強烈氣味，一般均伴著醬油及芥末一起食用，納豆中含有各種酵素，也可幫助其他食物的消化，納豆菌是能形成孢子的好氣性細菌，有耐熱性，因此剛蒸煮後即可接種（65℃以下即可），高溫下接種也可防止雜菌的侵入，納豆菌生長溫度10～60℃，最適當pH 7.0；濕度RH 95%。

小博士解說

　　大豆蒸煮之後，如果能迅速減壓，則可得到膨鬆的大豆，醱酵效果比較好，醱酵時pH值不能低於4.5否則菌種力不好。

納豆製造流程

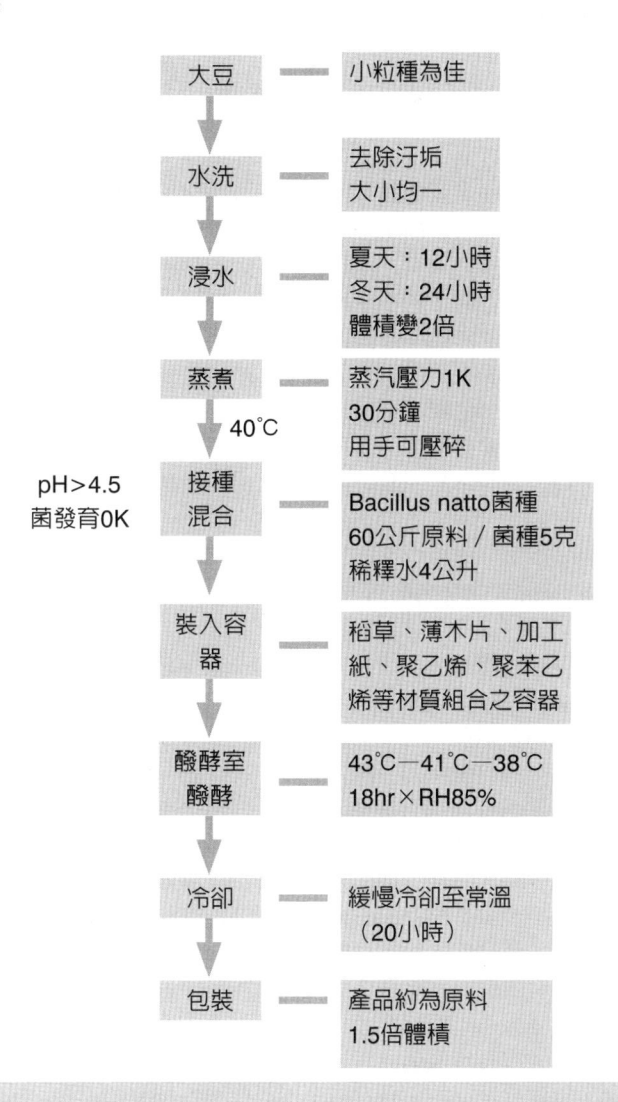

```
大豆 ── 小粒種為佳
 ↓
水洗 ── 去除汙垢
       大小均一
 ↓
浸水 ── 夏天：12小時
       冬天：24小時
       體積變2倍
 ↓
蒸煮 ── 蒸汽壓力1K
       30分鐘
       用手可壓碎
 ↓ 40℃
接種混合 ── Bacillus natto菌種
pH>4.5      60公斤原料／菌種5克
菌發育OK     稀釋水4公升
 ↓
裝入容器 ── 稻草、薄木片、加工紙、聚乙烯、聚苯乙烯等材質組合之容器
 ↓
醱酵室醱酵 ── 43℃─41℃─38℃
             18hr×RH85%
 ↓
冷卻 ── 緩慢冷卻至常溫
       （20小時）
 ↓
包裝 ── 產品約為原料1.5倍體積
```

✚ 知識補充站

成品成分（約）：
水分62%
蛋白質19%
脂質8%
醣類6%
粗纖維2.2%
總灰分2%

5.6 油脂類

李明清

　　早期台灣的消費者以使用動物油脂為主，後來引進黃豆製造的所謂沙拉油，加上政府大力鼓吹民眾使用植物油取代動物油脂，一時之間讓沙拉油成為唯一的主流，而原有小作坊生產的黑芝麻油等被邊緣化，在大家慢慢對油品有了認識之後，尤其是為了健康訴求，而從西班牙、義大利等地中海附近國家引進的橄欖油，讓台灣的油脂市場，一時之間百花齊放，也讓消費者有了更多的選擇。

　　植物油脂的生產有兩大方法，一種為壓榨法，一種為萃取法，年長的消費者，應該依稀還能記得小時候在鄉下的小作坊看到的情形，黑芝麻收成之後，送到小作坊代工，師傅先把芝麻炒香，蒸熟，然後以稻草包起來成為一個個像車輪的形狀，然後放入壓榨機壓緊，壓榨的動力使用人力撞擊法，壓榨機使用木製品，慢慢的小作坊已經使用動力壓榨機取代人力撞擊法，但是仍然可以聞到很香的味道。另一種方法是把壓扁的原料，直接以己烷萃取油脂，然後蒸餾回收己烷再用，得到的原油脂，還要精製脫除雜質就可得到需要的產品，萃取的油粕，脫除溶劑之後乾燥成為脫脂豆粉當副產品。

　　橄欖油，一般分為第一道冷壓，第二道冷壓及第二道熱壓等三級產品，第一道冷壓英文名稱叫Exta virgin，中文名稱為頂級冷壓橄欖油，發煙點185℃，第二道熱壓英文名稱叫Pomace，中文名稱為橄欖粕油，發煙點230℃，第二道冷壓英文名稱叫100% Pure，中文名稱為純橄欖油，發煙點200℃，Extra virgin是橄欖果實以物理方法直接壓榨得到，Pomace是將第一道冷壓之後的果泥加熱加溶劑萃取並經精製而得到，而100% Pure則是精製橄欖油加入第一道冷壓橄欖油混合而成，不同等級的橄欖油，因為發煙點的不同而有各自適合的烹調方式。

　　近來也有把成品油脂在以鎳當觸媒的情形下（添加油脂量0.08%的鎳），以氫氣來氫化（約在185℃×7公斤壓力×停留2小時）而得到在常溫之下保持固態的氫化油，氫化之後要把觸媒去除，然後添加活性白土當做助濾劑，把微量觸媒也濾除，最後經脫臭的製程（在200℃×真空度5Torr之下）則可以得到商品硬化油脂，因為在氫化時得到的是反式脂肪，與自然界的順式脂肪構造上有點不同，反式脂肪在人體內之代謝比較不完整，因此有限制反式脂肪之攝取量之規定（3克／人、天）。

　　台灣的沙拉油仍屬大宗，彰化有家專門生產麻油的廠商，以小搏大，在家族年輕經營者介入之後，打破貿易商採購原料的方法，深入全球芝麻產區，從根做起，甚至到非洲契作芝麻，以建立自己的供應系統，從而解決每批原料壓榨之後口感香氣不同的根本品質問題，建立了自己的第一個優勢，接著建立自己的聞香團隊，解決香味無法數據化的最大困擾，建立自己的第二個優勢，然後在兩個優勢結合之下，發展出全方位為客戶量身訂製的產品，建立了國際芝麻業界的霸業。

小博士解說

不同烹調方式、使用不同種類的油：

煮100℃　　炒120～160℃　　煎150～220℃

低溫油炸150～170℃　　油炸185～240℃

油脂製造流程

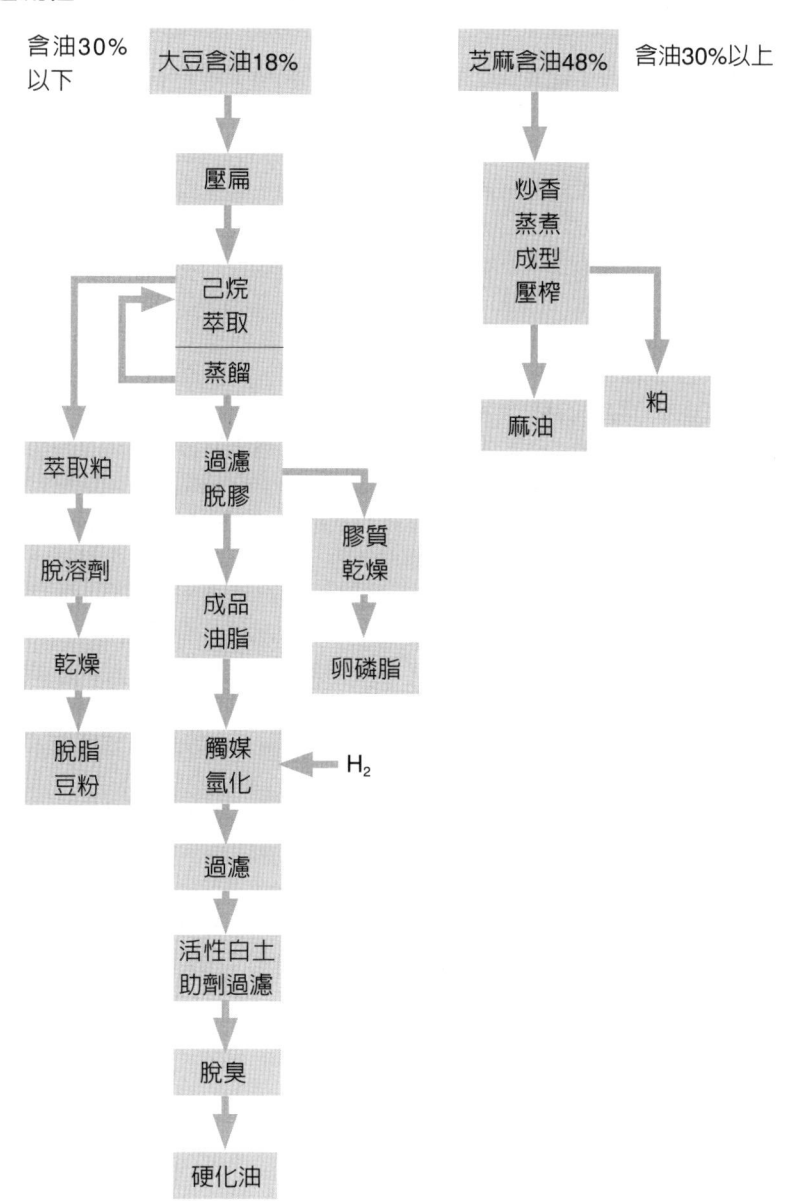

```
含油30%以下         大豆含油18%              芝麻含油48%    含油30%以上
                        ↓                         ↓
                       壓扁                    炒香
                        ↓                     蒸煮
              ┌──→ 己烷萃取                    成型
              │        蒸餾                   壓榨
              │         ↓                  ┌───┴───┐
              │                            ↓       ↓
           萃取粕    過濾脫膠                麻油      粕
              ↓         ↓──────→ 膠質乾燥
           脫溶劑    成品油脂         ↓
              ↓         ↓          卵磷脂
            乾燥     觸媒氫化  ←── H₂
              ↓         ↓
           脫脂豆粉    過濾
                        ↓
                   活性白土
                   助劑過濾
                        ↓
                      脫臭
                        ↓
                      硬化油
```

+ 知識補充站

己烷萃取之後，利用蒸餾把己烷抽出並回收使用，蒸餾要設計分段操作，如何把己烷回收，是萃取法的最重要秘訣所在。

5.7 油脂的選用

李明清

　　中華民國飲食手冊中建議攝取油脂中，飽和脂肪酸、單元不飽和脂肪酸及多元不飽和脂肪酸之比例以1：1：1之比例最適合人體之需求，世界衛生組織建議每天攝取的熱量中，油脂應占有15～30%為佳，其中飽和脂肪占10%以下，不飽和脂肪占3～7%為佳，油脂是人體三大營養源之一，如何選用油脂，除了價格考慮之外營養考慮也是重要因素。

　　必需脂肪酸是人體不會或不足以自己合成而必須由外界攝取的脂肪酸，人體中之脂肪大部分以三酸甘油脂之形式在血液中運送、三酸甘油脂也叫中性脂肪大概占有95%的比例，其餘5%則以複合脂質的形式存在。

　　肪肪酸中的飽和脂肪酸，其碳數在4～24個之間，其中以棕櫚酸或叫做軟脂酸（含16個碳，$C_{16:0}$）和硬脂酸（含18個碳$C_{18:0}$）為主，不飽和脂肪酸就是含有雙鍵的碳，單元不飽和脂肪酸含有一組雙鍵，例如，油酸含有18個碳其中有一個雙鍵，多元不飽和脂肪酸含有兩組以上的雙鍵，例如亞麻油酸含有18個碳及兩組雙鍵，次亞油酸含有18個碳及3組雙鍵、花生四烯酸含有20個碳及4組雙鍵，EPA含有20個碳及5組雙鍵，DHA含有22個碳及6個雙鍵，雙鍵愈多愈不飽和、愈容易氧化變質，因此含飽和脂肪酸比較多的豬油、棕櫚油等適合用來油炸處理，而含不飽和脂肪酸比較多的植物油，適合用來做沙拉及低溫炒煮，大豆油含有7～8%的次亞麻油酸（三個雙鍵），安定性較差，玉米油、芝麻油及花生油，祇含微量的次亞麻油酸，比大豆油安定，棉籽油，與大豆油、玉米油所含飽和、不飽和脂肪酸比例略同，但含有棉酚、棉酚對人體不好，必須去除後才可食用，荣籽油含有芥酸高達45～50%，有害健康、芥酸要降至10%以下否則不可食用。

　　含油量30%以下，不宜使用壓榨取油，而必須利用正己烷來抽油，抽出之後必須經蒸餾把正己烷分離再使用，好在正己烷在60℃即會揮發，容易去除，精煉之後的油中，正己烷含量相當低可符合食用，為了改善不飽和脂肪酸，利用鎳做催化劑，以氫氣來氫化可以得到穩定的氫化油，但是氫化之後會得到反式脂肪與天然存在順式脂肪有點不同，反式脂肪影響心血管，比飽和脂肪還嚴重，因此有限制每日攝取量。

小博士 解說

　　購油時，小瓶裝比大瓶裝好，玻璃瓶裝比塑瓶裝好，最好使用三種油輪流使用，使飽和脂肪酸、單元及多元不飽和脂肪酸之比例接近1：1：1而油的發煙點降低，泡沫變多及變得黑濃稠都是油品質劣化的表徵。

油脂與營養關係圖

- **熱量** — 世衛組織
  - 油脂占15-30%熱量
  - 飽和脂肪占10%以下
  - 多元不飽和占3～7%

- **油脂與營養**
  （中華民國飲食手冊
  飽和：單元：多元＝1：1：1）

- **必需脂肪酸**
  - 亞麻油酸
  - 次亞麻油酸

- **脂質**
  - 單純脂類 ─ 三酸甘油脂占95%
             ─ 蠟
  - 複合脂類 ─ 磷脂質、醣脂質、脂蛋白

- **脂肪酸**
  - 飽和脂肪酸 ─ 軟脂酸 $C_{16:0}$
              ─ 硬脂酸 $C_{18:0}$
  - 不飽和脂肪酸 ─ 單元 ─ 油酸 $C_{18:1}$
                ─ 多元 ─ 亞麻油酸 $C_{18:2}$
                       ─ 次亞麻油酸 $C_{18:3}$
                       ─ 花生四烯酸 $C_{20:4}$
                       ─ EPA $C_{20:5}$
                       ─ DHA $C_{22:6}$

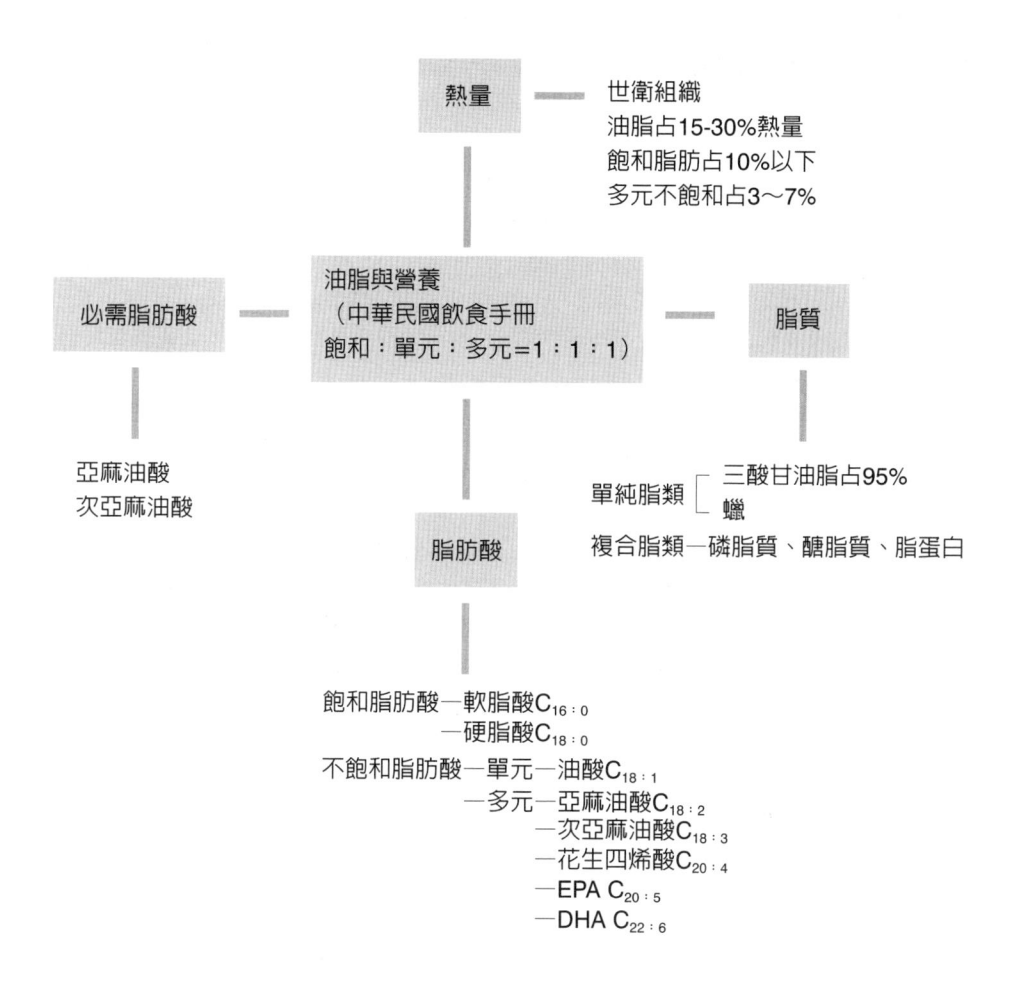

➕ 知識補充站　　大約比例

	飽和	單元	多元
豬脂、牛脂、棕櫚油脂	4.5：	4.5：	1
大豆、玉米、棉籽	2：	2：	6
米糠、芝麻、花生	2：	4：	4
橄欖、苦茶	1：	8：	1
葵花、菜籽	1：	2：	7

5.8 豆花及醱酵豆花

李明清

　　黃豆製品中豆漿、豆腐、豆花可以稱做三大相關產品，把黃豆磨成漿，以水萃取即成為豆漿，豆漿使用石膏或者氯化鎂等凝集劑就會成為豆花，再把豆花壓榨除水之後就成為豆腐，經過處理之後，無論是豆漿、豆花、或者豆腐，在人體內的消化效率都會比黃豆來的好，如果想把豆渣中的纖維也一併食用，則只要把浸過的大豆蒸熟之後，以果汁機打成細的粉末溶液即可，它也是一道很好的健康食品。

　　豆花是一個老少咸宜的食品，對於老年人，尤其是吞嚥有困難的人，豆花實在是個便宜又好用的產品。

　　黃豆半斤（300g）洗淨之後，浸泡一夜，將水掩蓋過黃豆就可以，更精確的是：夏天浸泡4小時以上，冬天浸泡6小時以上，而300公克的黃豆總水量以2200cc（約10碗水）為準，浸泡之量以蓋過豆子即可，浸泡之後，以果汁機打碎的時候，不必全部2200cc的水都倒入，保留一部分清水，先煮沸，然後把打好的生漿，慢慢倒進去沸水當中，並且一面攪拌之，此時溫度會下降，而不會有溢出的困擾，然後當溫度慢慢上升到85～90℃的時候，就可以關火。煮好之後倒入濾網中，過濾時以手壓或者重壓過濾均可以，就得到豆漿。

　　把6公克的豆腐石膏以及40公克的地瓜粉，先以半碗冷水溶解之，然後倒入大的圓形鍋當中，然後把熱的豆漿一口氣衝入，這時候不可以攪拌，靜置10分鐘，可以把泡沫撈出，就成為傳統的豆花了。

　　發酵乳是很多人喜歡的食品，市面上的優酪乳很多人認為太甜，對於年紀大的人，食用豆奶是個好的選擇，把豆漿2000cc倒入鍋中加入市面上銷售的原味優酪乳200cc（有效期要7天以上）攪拌之，然後放到保溫電鍋中（切到保溫，外鍋不必放水）去發酵，因為保溫電鍋的溫度大約是42℃，是乳酸菌最適當的發酵溫度，經過5～6小時，當凝固不流動時，一鍋溫熱好吃的發酵豆花就完成了。

　　使用市售牛奶為原料，成品就是市售的價格，牛奶的蛋白質與豆漿的蛋白質不同，實務上醱酵8小時才會凝固不流動。

　　醱酵豆花或優格，其凝結原理是透過乳酸菌繁殖，當pH降至4.2時，蛋白質凝結而成，其鍵結力不如豆花添加的凝固劑的鍵結力強，因此整鍋分食時會出現離水現象，但不影響品質，如果要與客人分享，先分裝小瓶再送電鍋醱酵，則會是客人讚美很棒的成品。

　　第一次試作建議使用甜味豆漿，比較不會酸味太重，喜食乳酸菌者則可試無糖豆漿，品嘗乳酸菌的酸味。

小博士解說

由豆漿到發酵豆花實際人為操作時間只要5分鐘真的很方便，小孩子都容易上手。

豆花製造流程

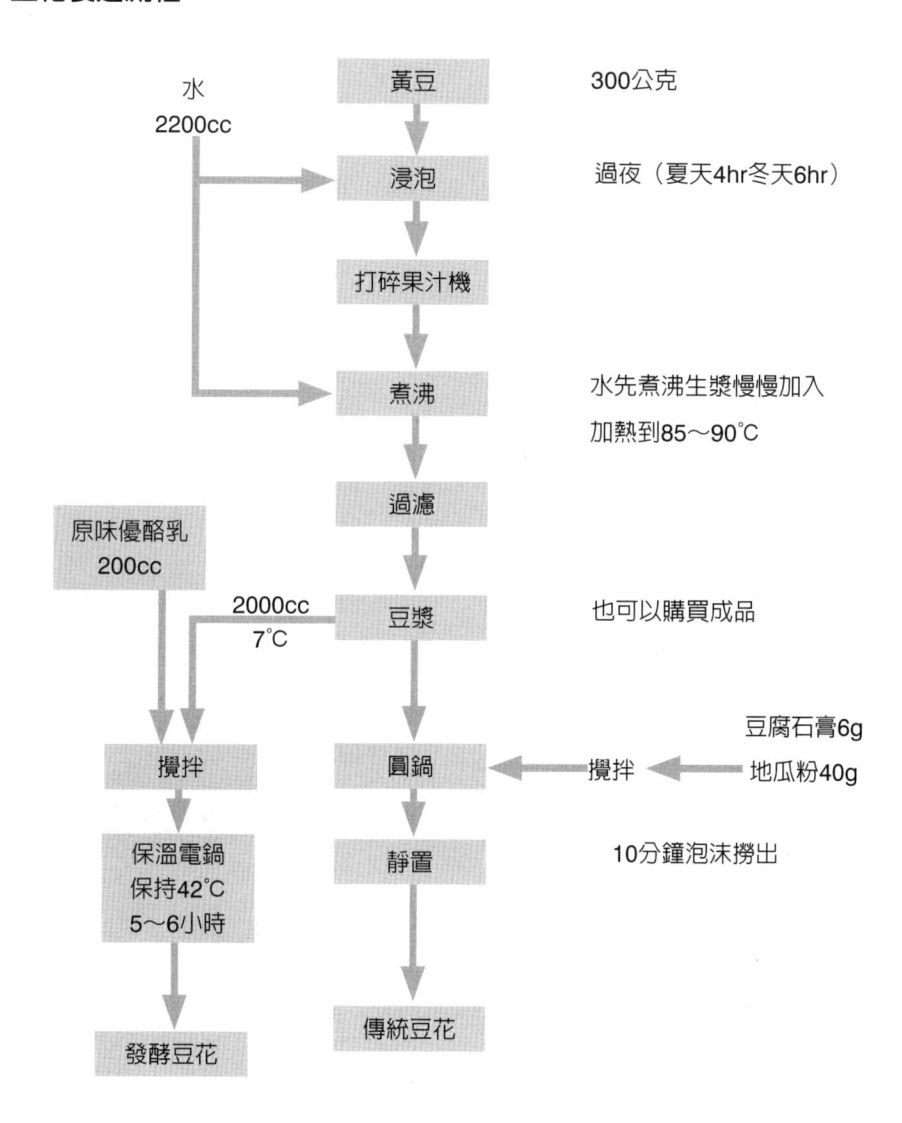

```
水                      黃豆 ── 300公克
2200cc                   │
  │                      ▼
  ├──────────────▶ 浸泡 ── 過夜（夏天4hr冬天6hr）
  │                      │
  │                      ▼
  │                   打碎果汁機
  │                      │
  │                      ▼
  └──────────────▶ 煮沸 ── 水先煮沸生漿慢慢加入
                         │       加熱到85～90℃
                         ▼
                        過濾
                         │
原味優酪乳                ▼
  200cc      2000cc    豆漿 ── 也可以購買成品
    │         7℃        │
    │          │        ▼                     豆腐石膏6g
    ▼          ▼       圓鍋 ◀── 攪拌 ◀── 地瓜粉40g
        攪拌             │
          │             ▼
          ▼            靜置 ── 10分鐘泡沫撈出
     保溫電鍋             │
     保持42℃             ▼
     5～6小時          傳統豆花
          │
          ▼
       發酵豆花
```

➕ 知識補充站

發酵豆花兼有乳酸菌功效。

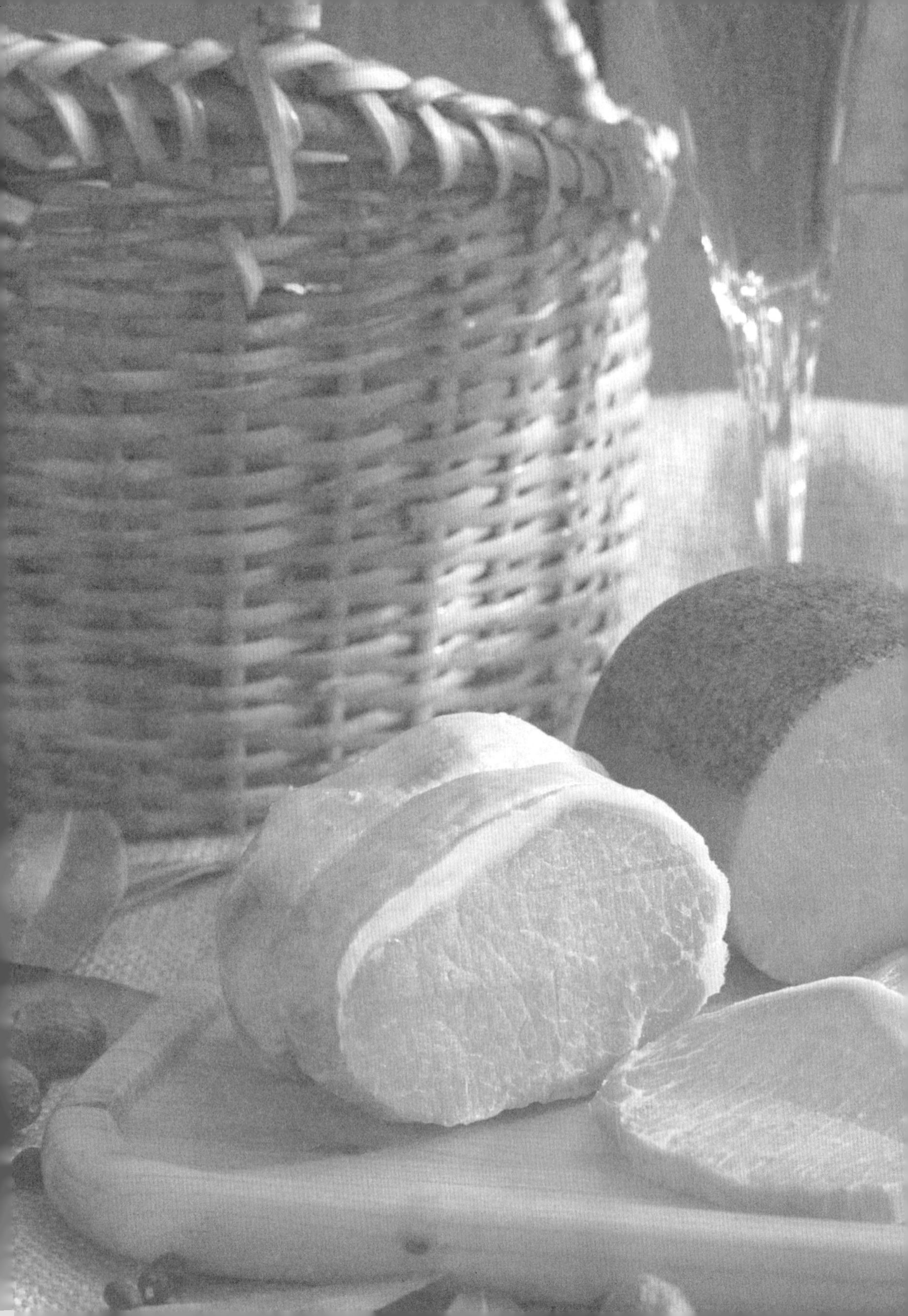

第6章
蔬菜及水果的加工

6.1 柳橙汁
6.2 芒果乾
6.3 梅乾及糖漬梅
6.4 醃製白蘿蔔（蘿蔔乾）

6.1 柳橙汁

林連峯

　　柳橙原產於東南亞地區，如今普遍栽植於世界各地，年產量近七千萬公噸，其中約60%被加工製成果汁，40%被當成鮮果消費。由於其結果時間有一定的季節，所以多加工成果汁，不管是柳橙原汁（NFC, not from concentrate）或經濃縮處理後的濃縮的柳橙果汁，都以大型無菌軟袋或以裝於鐵桶用冷凍方式來儲存，才能供應全年的消費所需。

　　一般的果汁工廠皆由美國的佛羅里達州及巴西進口濃縮柳橙果汁進行加工，相較於傳統採用一段式真空濃縮罐外，現代的果汁濃縮方式，皆採用連續式的濃縮方式如：

管式薄膜真空濃縮：將果汁加熱至95℃到98℃，靜置約15到20秒，使細菌及酵素非活化後，經一連串的垂直管路，進行真空濃縮，直到果汁糖度到66Brix為止，整個過程約5到7分鐘，此時的產品溫度約為40℃。

板式及卡夾式濃縮：為加強熱傳導效能，結合板片式加熱及真空濃縮兩種系統的濃縮裝置。

　　非還原柳橙果汁（NFC），因濃縮過程長時間加熱，會破壞維他命C及損失香味（Essence），故有些會強調其為非還原柳橙果汁，但價格較貴。

　　因柳橙為季節性產品，採收時間不同而有不同的酸度及甜度，若要生產出品質相同的100%柳橙果汁，則需要選擇相同批號的原汁，或撮合不同批號以取得最類似標準酸甜度的方法。唯一般稀釋果汁的製造，皆以添加酸味劑及甜味劑的方式為之。有時會添加維他命C及Bete-Carotene類胡蘿蔔素來加強顏色。

　　再加工的方式，因儲存、配銷方式及包裝的不同，須有不同的加工條件，唯有科學報導證實，塑膠材質對柳橙類等產品的香味，會有吸附作用。

小博士解說

當濃縮至40到42 Brix時，此時果汁中的果膠（Pectin），會使果汁的黏度增高，熱導效應隨之降低，隨著產品溫度降低，黏度會升高，此時若經均質化（Homogenization）處理，破壞果膠的結構，將可改善此情形。

柳橙汁製造流程

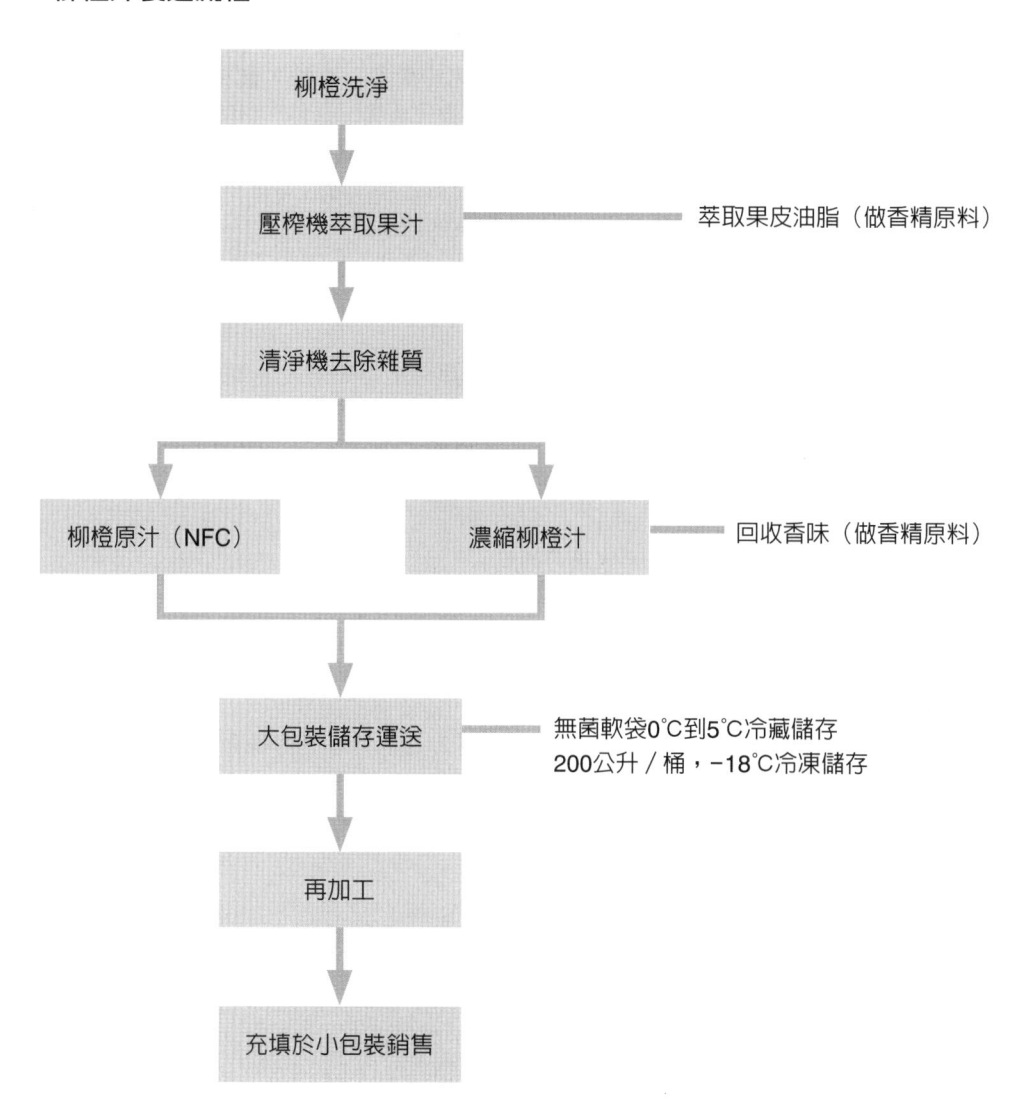

```
柳橙洗淨
   ↓
壓榨機萃取果汁 ──→ 萃取果皮油脂（做香精原料）
   ↓
清淨機去除雜質
   ↓
   ├──────────────┐
   ↓              ↓
柳橙原汁（NFC）   濃縮柳橙汁 ──→ 回收香味（做香精原料）
   └──────┬───────┘
          ↓
      大包裝儲存運送 ──→ 無菌軟袋0°C到5°C冷藏儲存
          ↓              200公升／桶，-18°C冷凍儲存
        再加工
          ↓
      充填於小包裝銷售
```

＋ 知識補充站

冷藏果汁殺菌：85°C到95°C，保持15到20秒。

6.2 芒果乾

林志芳

　　台灣農民所栽種的芒果種類繁多，有土芒果、愛文、金煌、凱特、四季芒；其它：玉文、聖心、晚愛文、紅龍、金蜜、台農1號、金興、黑香、杉林1號等。

　　愛文於民國43年自美國佛州引進之後，在民國50年正式在玉井區開始種植，民國53年，愛文芒果在玉井區種植成功之後，玉井便有芒果故鄉的美譽。盛產芒果的台南市玉井區，果樹約三分之二是芒果，是名符其實的芒果鄉，芒果也成為主要的經濟作物。由於日照充足，土壤肥沃，又有豐沛的雨水，玉井區出產的芒果品質良好、甜度高，含肉率比土芒果高、香氣足，製作成芒果乾，甜中帶酸，風味獨特，大受好評，成為相當受到歡迎的零嘴。

　　經選新鮮芒果去皮，削切片、經過24小時的烘烤，每隔一段時間的翻面，烘培完成，純手工製作烘焙，不添加人工色素，香料及防腐劑，成熟芒果新鮮製作，保留住自然果香甜。其製作程序如下：

1. 芒果選擇不要太軟熟的。
2. 清洗。
3. 削皮：清洗後的芒果，立刻用水果刀削皮。
4. 切片：將果肉切片，切成約0.3公分厚的薄片。
5. 殺菁：以滾水燙幾秒鐘，馬上撈起。
6. 然後灑上少量的砂糖與檸檬汁混合均勻，果肉上一顆顆透明的結晶，是灑上一層薄薄的砂糖。調和糖酸比，提高之後烘烤時可能流失的甜度。
7. 加糖：先加入芒果重量約1/10～1/20的糖，等糖全部溶解後將糖漬倒掉，再加入適量的糖（視個人口味而定）。
8. 將糖漬後材料濾乾，使用烤箱50～60℃低溫烘烤到乾燥。
9. 芒果乾不要烘的太乾，不然口感不好。

小博士解說

有些業者在殺菁後會加入少許的亞硫酸鹽類，以免烘烤後的成品會有褐變現象。但不可添加過多，才不會違反食品添加物法規。

芒果乾製造流程

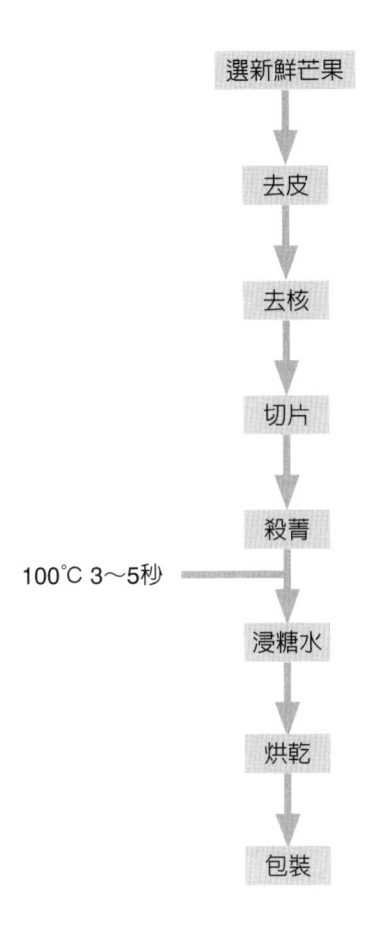

```
選新鮮芒果
    ↓
   去皮
    ↓
   去核
    ↓
   切片
    ↓
   殺菁  ← 100℃ 3～5秒
    ↓
  浸糖水
    ↓
   烘乾
    ↓
   包裝
```

✚ 知識補充站

　　芒果品種非常多，但土芒果肉少、金煌種太甜經烘乾不具香氣，經實驗結果以台南生產的愛文種，其核不大，果肉含量比例高，收率高，以愛文種來製作芒果乾最受消費者青睞。

6.3 梅乾及糖漬梅

李明清

　　台灣的梅子，是明朝末年由大陸來台人士帶來梅花種子，在大甲溪、大肚溪及濁水溪上游遍植而來，俗話說「芒種」後收穫的梅子具有最好的的功效。梅子含有大約85%水分，10%的糖分和5%有機酸，無機物中的鈣、鐵含量豐富，有機酸和鈣結合之後有利於人體吸收，中醫認為梅子具有生津止渴、斂肺之效，「望梅止渴」的典故，是出自於曹操的故事，常說梅子可除三毒之效，即除食物的毒、水的毒、血的毒。所謂血之毒是指能淨化體質的血液，因為梅子是強力的鹼性食品之故，日本人每天一粒梅可保健康，梅子是有益的食品，已獲大多數人認可，如果歸納梅子的功效：1.預防及消除疲勞；2.殺菌、抗菌效果；3.促進肝機能恢復；4.預防癌症與毒化；5.促進消化；6.增進鈣質吸收；7.整腸作用；8.淨化血液等。

　　台灣每年4月梅子即可採收、採買以8分熟的梅子為佳，一包10斤裝（6公斤），拆開之後放入桶中清洗，除了把雜物去除，最重要的是把蒂頭去除，一般在換水洗滌3次之後，就可達到清潔需求，滴水之後，倒入1斤（600公克）食鹽充分攪拌，同時加水到淹蓋梅子放置48小時，以充分去除梅子的苦澀味，兩天之後將鹽水去除並以清水漂洗3次，把表面的鹽分洗淨，然後以600公克（1斤）的砂糖醃漬，應以一層糖一層梅子之次序，最後把剩下的糖平舖在最上面，經過一天之後會產生糖水並把一部分鹽溶出，把糖水倒掉，重新以600公克砂糖，進行第二次糖漬處理，方法與第一次糖漬相同，第二次糖漬之後，仍然把糖水倒掉，並進行本漬。本漬也是使用1斤的砂糖，此時要使用一個有蓋玻璃廣口瓶，先放一層糖然後放進梅子，也是一層一層，完成之後將蓋子蓋好，放置室內陰暗處，開始時2天一次，把瓶子搖動，讓梅子與糖水混均勻，大約靜置6個月就可食用，放愈久風味愈佳。

　　如果要製造鹹梅，則在梅子洗淨滴水之後，加入食鹽浸漬，並且以梅子重量的2～3倍石頭或重物壓在梅子上讓其入味，經6天浸漬之後，把鹽水倒掉，同時以清水漂洗2次，把表面鹽分去除，然後晒乾到梅子反白則水分已達需求，則可裝罐待用，鹹梅可當做煮湯時之調味，只要一顆則可讓一鍋湯非常有味道，非常實用。

小博士解說

每天一粒梅子，對身體有益。鹹梅儲存中，如果天氣良好，可以再晒乾有利長期儲存。

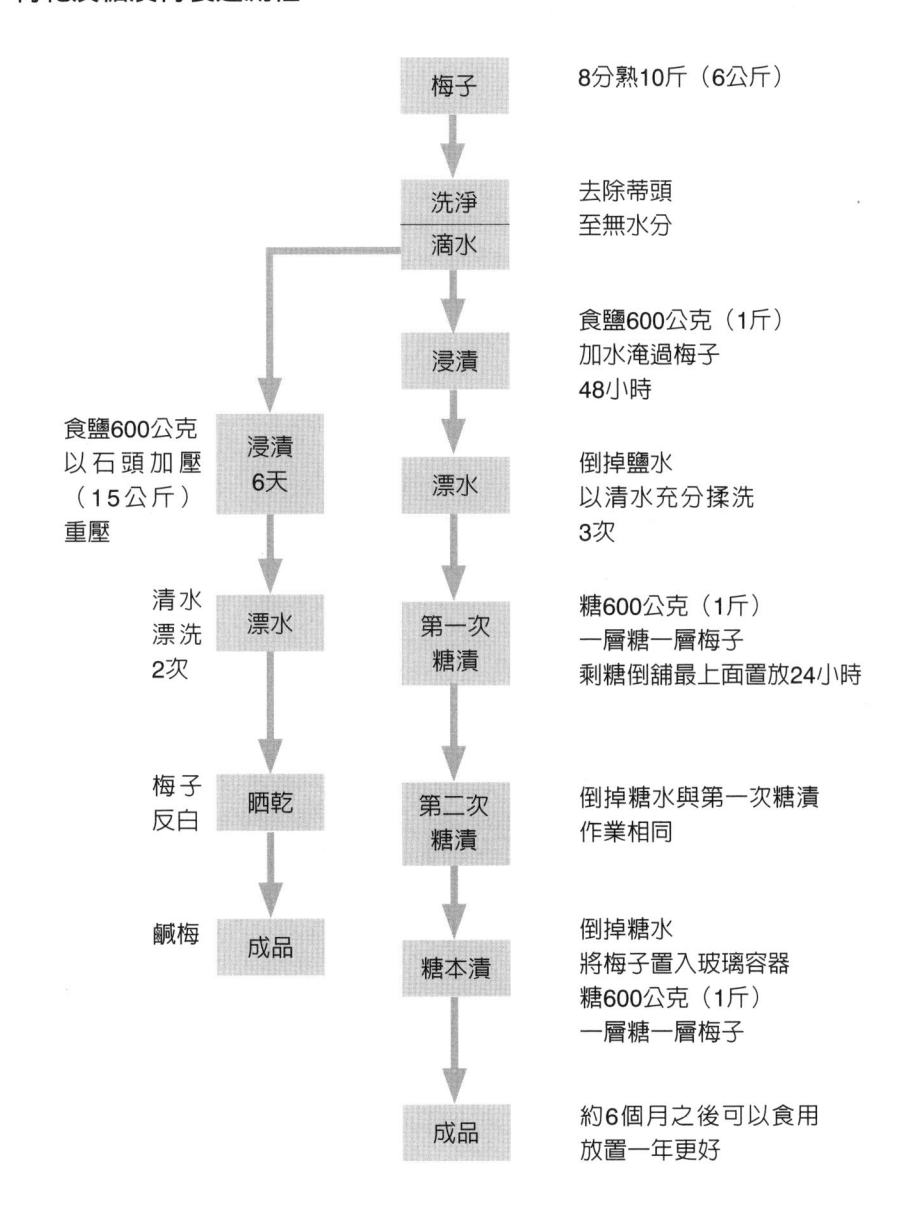

梅乾及糖漬梅製造流程

```
                          ┌─────┐
                          │ 梅子 │   8分熟10斤（6公斤）
                          └──┬──┘
                             ▼
                          ┌─────┐
                          │ 洗淨 │   去除蒂頭
                          │ 滴水 │   至無水分
                          └──┬──┘
            ┌────────────────┤
            │                ▼
            │             ┌─────┐   食鹽600公克（1斤）
            │             │ 浸漬 │   加水淹過梅子
            │             └──┬──┘   48小時
            │                ▼
            │             ┌─────┐   倒掉鹽水
            │             │ 漂水 │   以清水充分揉洗
            │             └──┬──┘   3次
            ▼                ▼
食鹽600公克  ┌─────┐      ┌─────┐   糖600公克（1斤）
以石頭加壓  │浸漬 │      │第一次│   一層糖一層梅子
（15公斤）  │ 6天 │      │糖漬 │   剩糖倒舖最上面置放24小時
重壓       └──┬──┘      └──┬──┘
              ▼             ▼
清水漂洗    ┌─────┐      ┌─────┐   倒掉糖水與第一次糖漬
2次        │ 漂水 │      │第二次│   作業相同
           └──┬──┘      │糖漬 │
              ▼          └──┬──┘
梅子        ┌─────┐         ▼
反白        │ 晒乾 │      ┌─────┐   倒掉糖水
           └──┬──┘      │糖本漬│   將梅子置入玻璃容器
              ▼          └──┬──┘   糖600公克（1斤）
鹹梅        ┌─────┐         ▼      一層糖一層梅子
           │ 成品 │      ┌─────┐
           └─────┘      │ 成品 │   約6個月之後可以食用
                         └─────┘   放置一年更好
```

6.4 醃製白蘿蔔（蘿蔔乾）

林志芳

　　蘿蔔乾，就是醃製過的鹹白蘿蔔乾，在臺灣、福建、廣東潮汕、香港和澳門地區稱為菜脯，而閩南語習慣稱蘿蔔為「菜頭」，因此把醃蘿蔔乾稱為「菜脯」，以前的客家人說它是窮人的人參；是將新鮮蘿蔔切成小段後，經過醃製、陰乾、晒乾等步驟製成，具有保存期限長、物美價廉、鹹香開胃等優點，還有幫助消化的作用，而且經過日晒後更增風味的蘿蔔乾，可以作出許多不同滋味的菜餚，是傳統飯糰的必備餡料，亦常出現在減肥食譜裡。晒成半乾的蘿蔔乾還可以加以變化，加入不同的調味料，作成豆醬蘿蔔、糖醋蘿蔔、辣油蘿蔔等等好吃的開胃小菜。蘿蔔經過鹽醃、陽光晒和重壓之後，水分減少之餘，使得蘿蔔乾中所含的鈣和鐵的比例，反而比新鮮的要多十倍，它的營養價值倍受肯定。

　　蘿蔔乾製法是將新鮮蘿蔔切成小段後，經過醃製、陰乾、晒乾等過程製作而成。醃製蘿蔔乾，100公斤的蘿蔔條，大約要用6公斤的鹽。醃製蘿蔔乾的加工廠，用大如小游泳池的池子醃製蔬菜。裝滿9000公斤蘿蔔條的池子，上鋪塑膠布、木板後，要壓上4000公斤的水泥塊。鹽的強力脫水和水泥塊的重壓，會使蘿蔔不斷冒出水分。醃過一夜的蘿蔔乾，次日要取出晒太陽；曝晒一日後，體積比原來的蘿蔔條已經小了一半，但是仍是濕軟白色的蘿蔔條，會被重新倒入醃池中，加入3%的鹽，同樣再壓上石塊。相同的醃漬過程，再次重複，經過三天兩夜後，再以鹽搓揉，經日晒5～6天後，就可包裝為成品。

　　現在很少人自己醃蘿蔔乾了。不過，過去的客家人，幾乎都是自己醃蘿蔔乾的。將蘿蔔洗淨、切塊、抓醃、晾晒後，裝罈陳醃。蘿蔔乾還會因為醃製的年分，成為愈醃愈黑，愈黑愈香也愈罕見的老蘿蔔乾。

　　這愈陳愈香的老蘿蔔乾，是蘿蔔乾放進罈子裡之後，在每年秋冬的蘿蔔量產季節，將它從罈子裡拿出來晾晒幾天，再放回去繼續陳醃，可應用在日後料理中。

小博士解說

反覆曝晒後，就會聞到一股香味，待自然風乾即變成脆脆鹹鹹，咬起來會響的蘿蔔乾便醃好了。成品存放時一定要找乾燥又乾淨的地方儲存。

蘿蔔乾製造流程

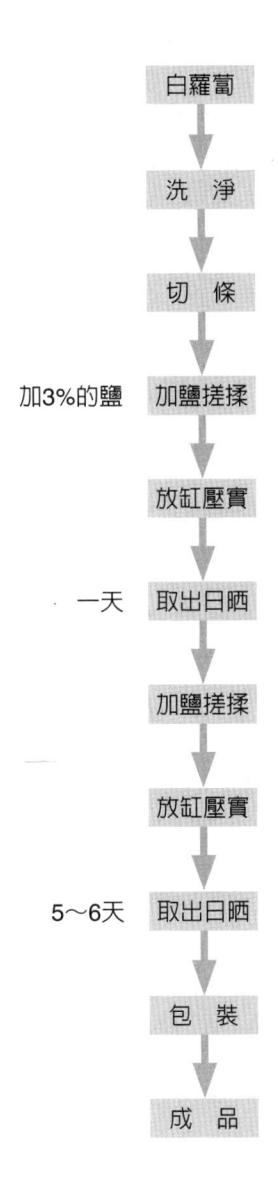

```
           白蘿蔔
            ↓
           洗　淨
            ↓
           切　條
            ↓
加3%的鹽   加鹽搓揉
            ↓
           放缸壓實
            ↓
  一天     取出日晒
            ↓
           加鹽搓揉
            ↓
           放缸壓實
            ↓
 5～6天    取出日晒
            ↓
           包　裝
            ↓
           成　品
```

+ 知識補充站

客家老蘿蔔乾一開罈，芳香撲鼻，它還有治咳化痰、降血壓、治傷口久爛不癒等中醫療效。陳年老蘿蔔乾稍加清洗（勿泡水），與雞肉同時下鍋燉煮，此道菜餚美味可口又具有護嗓功效，年代愈久愈難買到。選購時，以聞起來具有香氣的品質較佳。

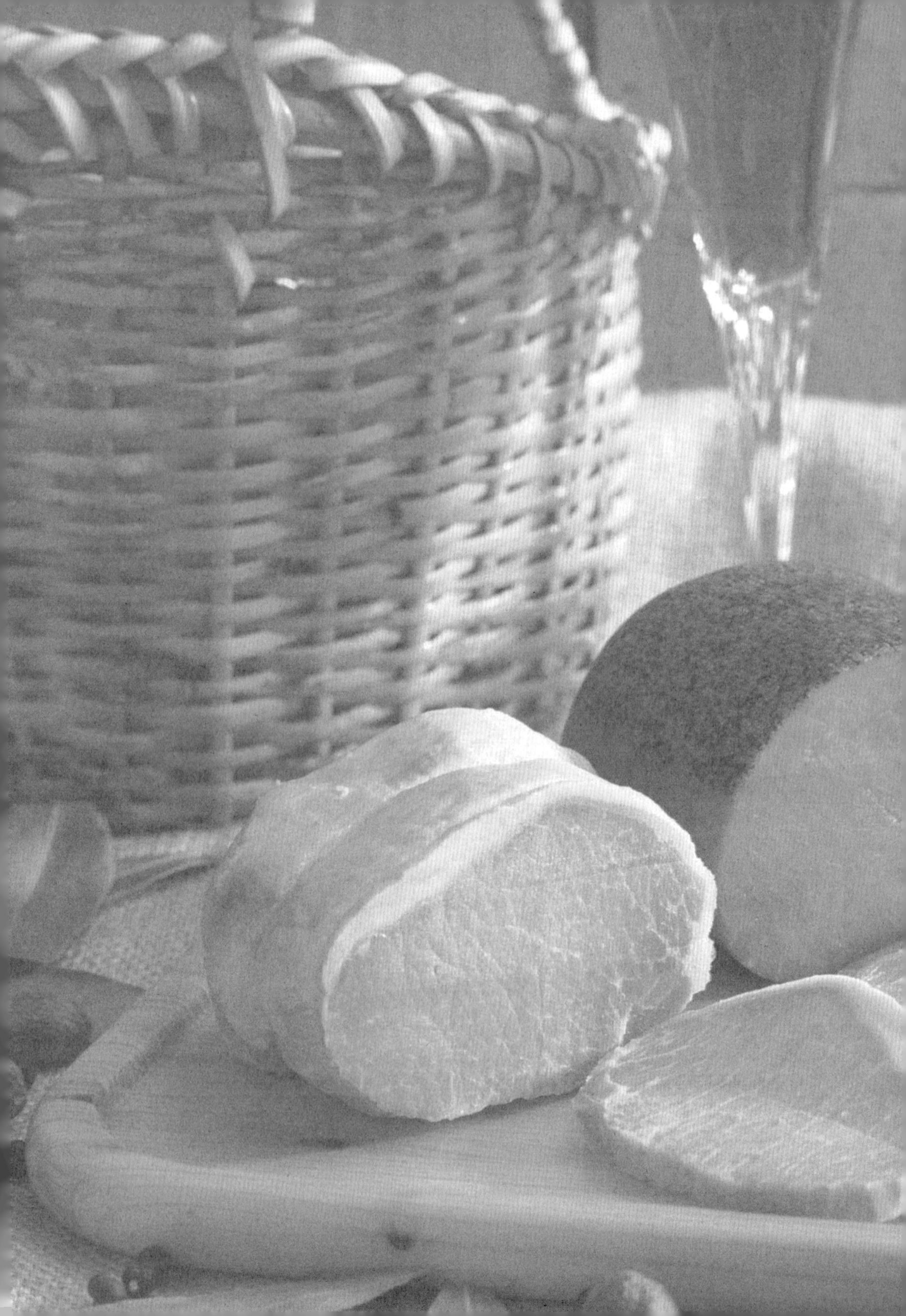

第7章
乳品的加工

7.1 鮮奶

7.2 鮮奶油

7.3 乾酪

7.4 奶粉

7.5 加糖煉乳

7.6 冰淇淋

7.7 優格

7.8 優酪乳及發酵乳飲料

7.1 鮮奶

林連峯

牛奶是營養最充足的食品，它幾乎包含所有人體組織及營養所需的重要成分。一杯189 cc 的脫脂牛奶，可以供應一個六歲兒童，每天所需維生素及礦物質的百分比：

Calcium（鈣質）：52%	Protein（蛋白質）：32%	Vitamin A：9%
Vitamin B1：11%	Vitamin B2：44%	Vitamin B6：13%
Vitamin B12：98%	Niacin（菸鹼酸）：16%	Folate（葉酸）：12%
Vitamin C：7%	Iodine（碘）：29%	Magnesium（鎂）：18%
Phosphorus（磷）：53%	Potassium（鉀）：27%	Zinc（鋅）：12%

牛奶很容易成為微生物成長的溫床。牛奶在榨奶出來接觸到空氣後，即受到微生物污染，牛奶的熱處理加工就是要處理一些致病的微生物，如大腸桿菌、斑疹傷寒菌和結核桿菌等，生乳中也含有能夠破壞不同乳品風味和縮短其保存期限的其他物質和其他類微生物，微生物會因時間延長而繁殖並發展其酶系統。使乳中的成分被分解，pH值下降等等。所以當生乳送達乳品廠後，必須盡可能快地對其進行熱處理。

從微生物的觀點看，牛乳的熱處理強度是愈強愈好。但是強烈的熱處理對牛乳的外觀、味道和營養價值會產生不良的後果。因此，時間和溫度的組合選擇必須考慮到微生物和產品品質兩個方面，以實現最佳效果。

19世紀時，法國人路易斯‧巴斯德發現在70℃下保持20秒或在60℃下保持2分鐘，能有效破壞結核桿菌Tubercle bacillus（TB），但對牛乳的物理和化學性質無明顯影響的一種牛乳熱處理方法。後來稱此為「巴氏殺菌法」，亦即大家所通稱的 HTST（High Temperature Short Time）。

傳統的巴氏殺菌產品的保存期限為2～16天，但有些產品要行銷到更遠的地區，就必須要有更長的保存期限即30～40天，此產品稱為延壽產品ESL（Extented Shelf Life）。此時的牛乳需以超巴氏殺菌法（Ultra Pasteurisation）處理，牛乳會被加熱至125～138℃，保持2～4秒，並冷卻至7℃以下充填包裝。在分送和零售貯存時，一定仍要保持在冷卻條件下。才能達到延長貨架壽命的效果。

UHT（Ultra High Temperature Treatment）超高溫滅菌。牛奶要達到無菌長期保存的效果，需要經過超高溫技術，通常是將牛乳加熱至135～140℃，並保持2～4秒，這可以殺死會引起腐敗的微生物。超高溫處理須配合連續的無菌管線及充填包裝系統，才可以達到最大效果。

通常有兩種超高溫方法可供採用：
- 在熱交換器中間接加熱和冷卻。
- 直接加熱即蒸汽噴入牛乳或牛乳噴入蒸汽，在真空條件下蒸發冷卻。

滅菌（Sterilisation）

採用裝瓶後的滅菌，通常是加熱到115～120℃保持20～30 分鐘。

鮮奶製造流程

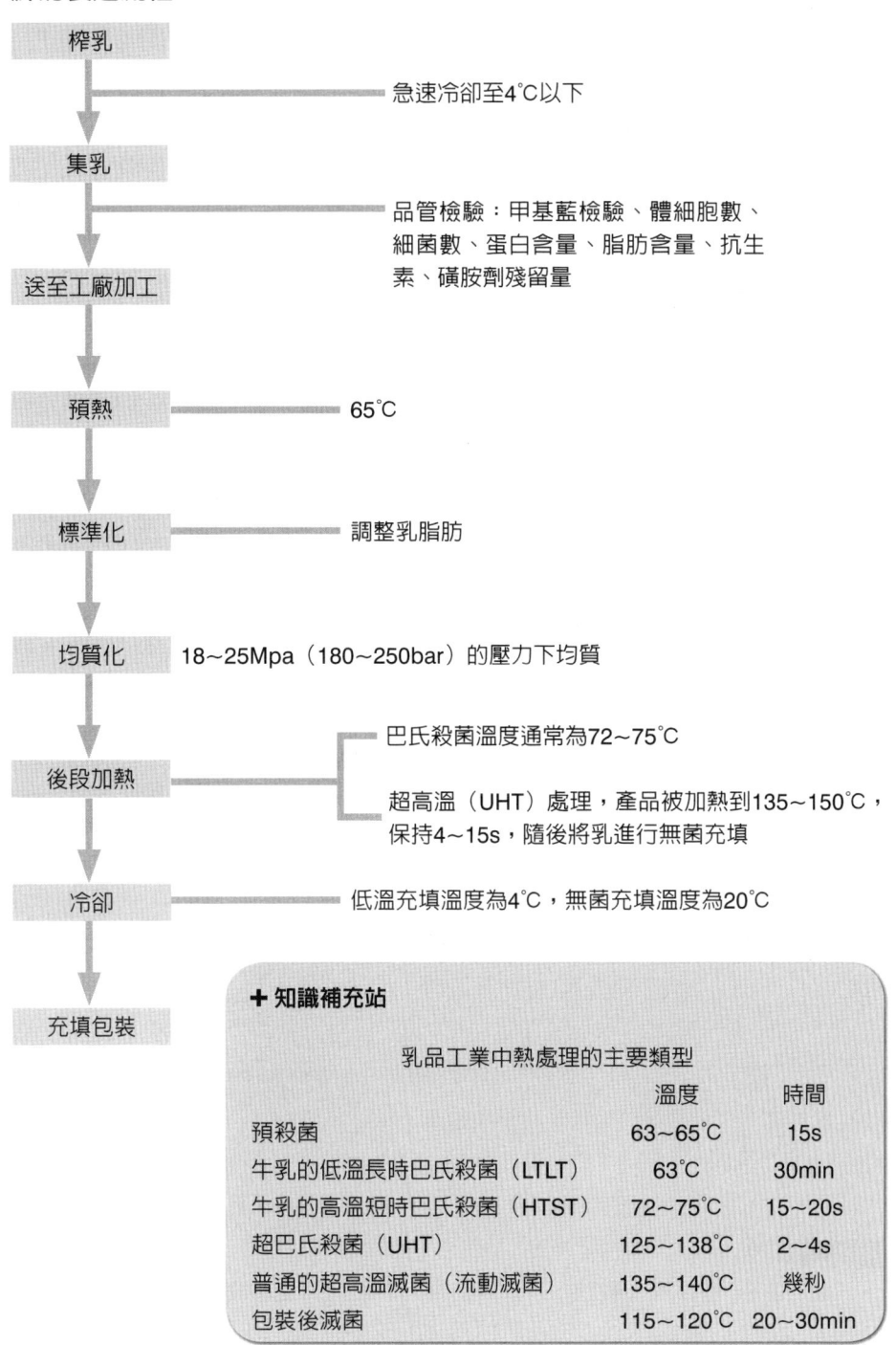

- 榨乳 → 急速冷卻至4°C以下
- 集乳 → 品管檢驗：甲基藍檢驗、體細胞數、細菌數、蛋白含量、脂肪含量、抗生素、磺胺劑殘留量
- 送至工廠加工
- 預熱 → 65°C
- 標準化 → 調整乳脂肪
- 均質化 → 18~25Mpa（180~250bar）的壓力下均質
- 後段加熱 →
  - 巴氏殺菌溫度通常為72~75°C
  - 超高溫（UHT）處理，產品被加熱到135~150°C，保持4~15s，隨後將乳進行無菌充填
- 冷卻 → 低溫充填溫度為4°C，無菌充填溫度為20°C
- 充填包裝

✚ 知識補充站

乳品工業中熱處理的主要類型

	溫度	時間
預殺菌	63~65°C	15s
牛乳的低溫長時巴氏殺菌（LTLT）	63°C	30min
牛乳的高溫短時巴氏殺菌（HTST）	72~75°C	15~20s
超巴氏殺菌（UHT）	125~138°C	2~4s
普通的超高溫滅菌（流動滅菌）	135~140°C	幾秒
包裝後滅菌	115~120°C	20~30min

7.2 鮮奶油

張哲朗

在台灣，鮮奶油就是whipping cream（或稱whipped cream）的俗稱，是西點糕餅製作的必備素材之一，常用於製作蛋糕上的一層白色泡沫狀霜飾。市面上，有動物性鮮奶油與植物性鮮奶油兩種。

一、動物性鮮奶油

指由未經均質的生牛乳提煉出來的天然鮮奶油，含有牛奶脂肪約35%。動物性鮮奶油風味清香，口感清爽，打發的鮮奶油體積約為原來未打發的1.5～1.8倍，保存期限較短，保存時不能冷凍，冷凍後再解凍呈油水分離狀況。

動物性鮮奶油的製造法如下頁左圖，新鮮生乳經過預熱到40～50℃，以離心分離機在品溫50℃下，分離出含脂量約35%的奶油，經過含脂量等品質標準化，以85℃、30分鐘殺菌處理，繼續冷卻至4℃後進行包裝，然後置於4℃的冷藏庫24小時進行熟化。產品之保存、輸送皆需在4℃的環境下完成。

二、植物性鮮奶油

就是人造鮮奶油，以水、植物油、酪蛋白鈉、玉米糖漿、乳化劑、安定劑、香料等溶製而成，有加糖的與不加糖的產品，是天然鮮奶油的仿製品。植物性鮮奶油打發的鮮奶油體積約為原來未打發鮮奶油的2～3倍，用來擠花線條明顯，保存期限較長，可放冷凍庫保存，解凍使用。

植物性鮮奶油的製造法如下頁右圖，先將小部分水、植物油及乳化劑等脂溶性原料混合備用，混合時品溫維持在60～70℃之間；另將剩餘大部分的水、酪蛋白鈉、玉米糖漿、安定劑等水溶性原料混合，同樣維持品溫在60～70℃之間攪拌至少15分鐘；將脂溶性原料液倒入水溶性原料液中，繼續攪拌至少15分鐘後，以均質機在65℃品溫下均質（以兩階段均質機為例，第一段壓力30kg/cm^2，第二段壓力5kg/cm^{2}為宜），均質後的混合液與動物性鮮奶油一樣的，以85℃、30分鐘殺菌處理，繼續冷卻至4℃後進行包裝，然後置於4℃的冷藏庫24小時進行熟化。產品之保存、輸送皆需在4℃的環境下完成。

小博士解說

市面上還有一種以壓力罐包裝的人造鮮奶油，使用方便，膨發體積可超過三倍。

鮮奶油製造流程

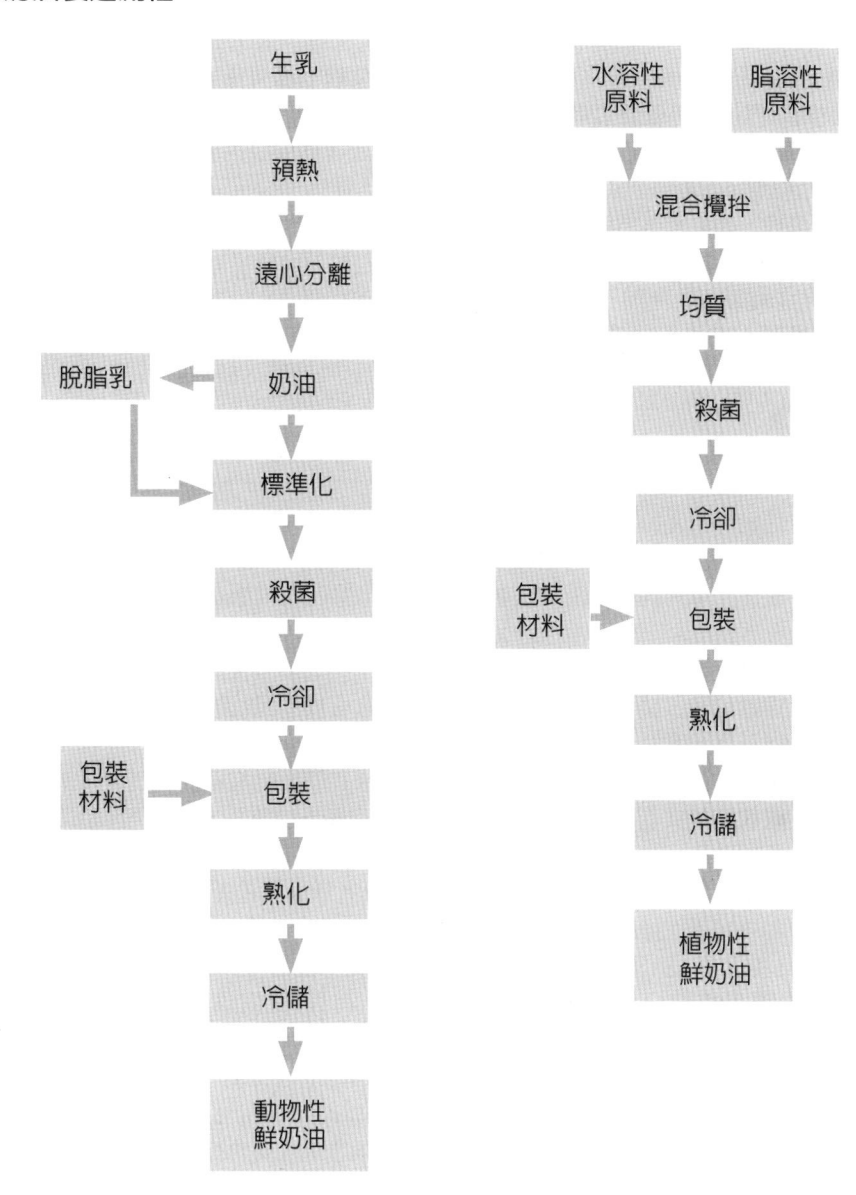

動物性鮮奶油流程：
生乳 → 預熱 → 遠心分離 → 奶油（→ 脫脂乳）→ 標準化 → 殺菌 → 冷卻 → 包裝（包裝材料）→ 熟化 → 冷儲 → 動物性鮮奶油

植物性鮮奶油流程：
水溶性原料 + 脂溶性原料 → 混合攪拌 → 均質 → 殺菌 → 冷卻 → 包裝（包裝材料）→ 熟化 → 冷儲 → 植物性鮮奶油

✚ 知識補充站
動物性鮮奶油與植物性鮮奶油混合，可獲品質互補作用。

7.3 乾酪

邵隆志

　　CHEESE為國際通用名稱，在國家食品科技詞彙稱為起司或乾酪（Cheese），食品學科技的學界則使用乾酪名稱，食譜則使用起司或起士。乾酪的製程，如下頁流程圖，是乾酪的共同製程，在流程中或有不同的操作，而形成各地各種不同的乾酪。現依下頁流程進行討論：

1. **原料處理**：原料乳較常使用牛乳及羊乳，為了不使乳中成分尤其是乳清蛋白的加熱變性，而使用低溫殺菌HTST（63℃ / 30分鐘或75℃ / 15秒），將溫度降低到40℃左右，目的是為了使菌酛（各種不同的乳酸菌）進行發酵及加快凝乳酶的作用。
2. **添加菌酛**：乾酪菌使用乳酸菌，使用不同菌種類及不同的發酵程度，會造成不同的乾酪風味。菌酛添加量約2～3%添加經培養1～2小時，酸度設定在0.18～0.22%（乳酸%）。
3. **凝乳酶添加及凝乳**：凝乳酶有動物的牛羊皺胃的凝乳酶，乾酪加凝乳酶約30～40分鐘產生凝固。
4. **截切**：開始將凝乳截切2～3公分。
5. **加溫、攪拌、排除乳清、收集凝乳、排除乳清**：一邊緩緩加熱攪拌，防止凝乳塊再凝集，每1分鐘升高1℃加熱到38℃，將凝乳塊堆疊於乾酪槽兩側，排除乳清。
6. **裝模、擠壓**：收集凝乳塊將凝乳裝填於模具，不同乾酪使用不同模具，進行擠壓進一步排除乳清。擠壓程度影響乾酪硬度及含水量，因乾酪不同擠壓程度不同。軟質乾酪不進行擠壓。
7. **熟成**：熟成前一般乾酪會抹上鹽或浸泡在鹽水以防止異常菌的生長、增加風味。但也有些乾酪會在定型前的攪拌加入鹽（如Cheddar Cheese）。熟成時間一般為1～6個月或更長，軟質乾酪有的不進行熟成，包裝後販售。
8. **黴菌的使用**：以上四種乾酪都有使用白黴或青黴菌的乾酪，添加方法有些定型後直接抹在乾酪的表面，也有些在攪拌定型前添加。常看到的藍紋乾酪（Blue Cheese）是定型後，以接種棒塗抹青黴菌插入乾酪後進行熟成。
9. **乾酪依含水量做分別，乾酪種類區分為**：(1)軟質乾酪含水分48%以上；如Mozzarella（莫札瑞拉）、Cottage、Cream、Ricotta；上白黴的Camembert。(2)半硬質乾酪水分38～45%；如荷蘭Gouda、Limburger、brick、provolone、Monterey Jack。(3)硬質乾酪水分30～40%；如Cheddar、Edam；其中大家最熟悉的是Parmigiano（英譯Parmesan）的帕瑪森乾酪，原始產地義大利。

小博士解說

　　Mozzarella（莫札瑞拉），用在披薩上會有絲狀，是因為乾酪在攪拌後定型前經過揉製，使酪蛋白成絲狀結構。

乾酪製造流程

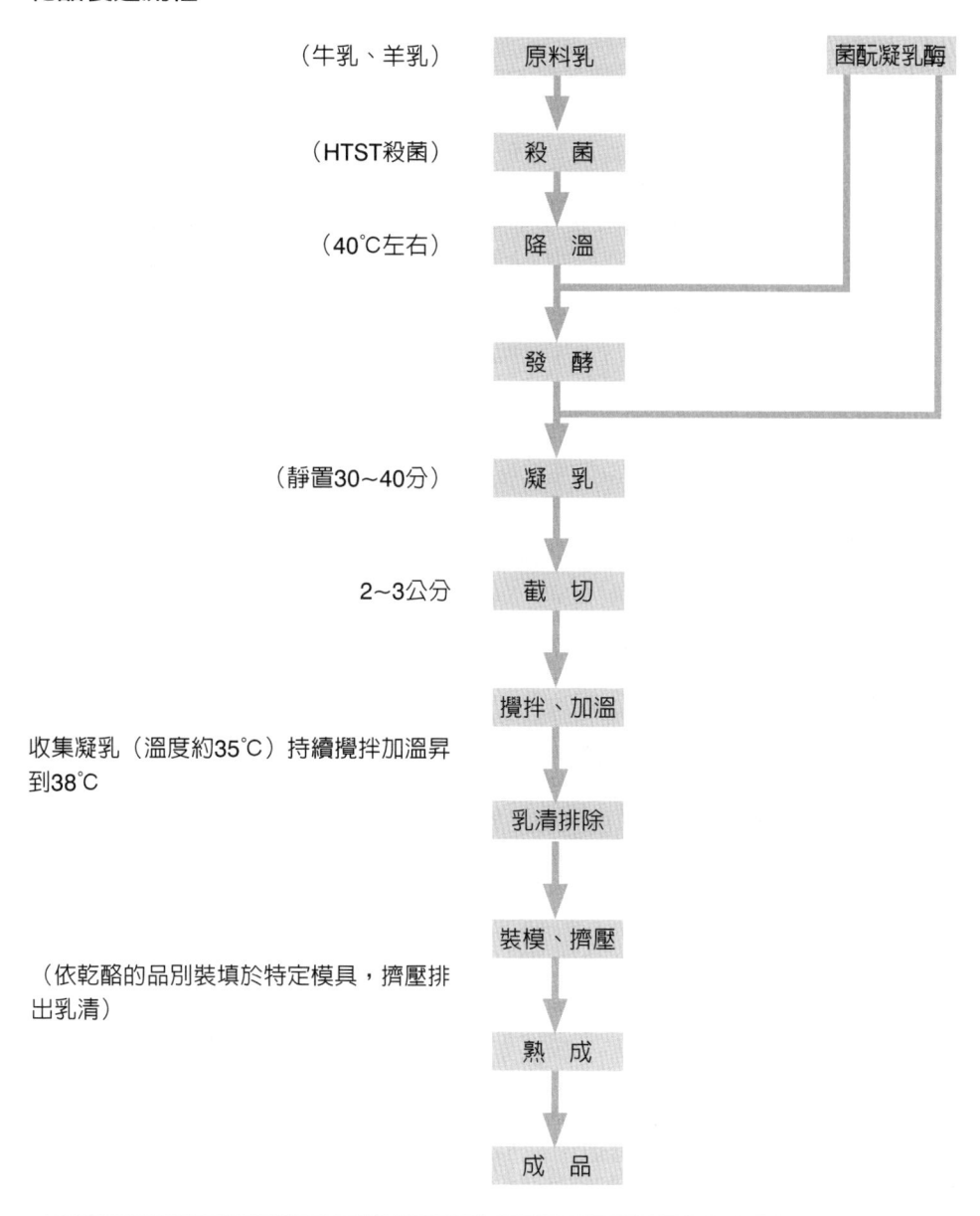

```
(牛乳、羊乳)      原料乳            菌酛凝乳酶
                    ↓
(HTST殺菌)        殺 菌
                    ↓
(40°C左右)        降 溫
                    ↓
                   發 酵
                    ↓
(靜置30~40分)     凝 乳
                    ↓
  2~3公分          截 切
                    ↓
                攪拌、加溫
                    ↓
收集凝乳(溫度約35°C)持續攪拌加溫昇
到38°C              乳清排除
                    ↓
                 裝模、擠壓
(依乾酪的品別裝填於特定模具,擠壓排
出乳清)              ↓
                   熟 成
                    ↓
                   成 品
```

> **➕ 知識補充站**
> 　　再製乾酪最常見的是薄片乾酪,用在三明治。它是以半硬質或硬質乾酪經粉碎、融化、壓成薄片而成。

7.4 奶粉

吳伯穗

奶粉,係以生奶為主原料,或依配方的設計,添加各種營養素、風味成分等副原料,以及製造的條件等,經濃縮、噴霧乾燥等製程,所製成各種粉末狀之系列產品,如全脂(即溶)奶粉、脫脂(即溶)奶粉、調製奶粉、調味奶粉等。

於是整個製程中,主要包括:
1. 溫度、時間、壓力、濃度(以總固形物,T.S.%,表示)等製造條件之控制。
2. 濃縮罐的濃縮比例為3~4:1,即將生奶的濃度由12%濃縮成48%,成為濃縮奶。
3. 副原料之添加係依照設計配方,將副原料先經調配、溶解、過濾、殺菌後,復與濃縮奶相混合。
   副原料之調配應注意:
   (1) 液狀原料先行倒入調配槽,加熱(50~60℃)、攪拌、溶解、混合。
   (2) 不易溶解或量少之添加劑,如安定劑等,先行與砂糖等混合成預混物(Premix),使之容易分散溶解,再行添加。
4. 噴霧乾燥的主要原理:
   (1) 濃縮奶經噴霧乾燥機的噴頭噴出後,成微細之液滴狀於乾燥室由上灑下。
   (2) 經淨化後之熱(風)空氣(180~190℃)吹入乾燥室。
   (3) 液滴狀之濃縮奶接觸熱(風)空氣後,所含之水分即被蒸發,乾燥成奶粉顆粒(2~3%水分、80~95℃),掉落至乾燥室之底部。
5. 乾燥的熱奶粉顆粒藉由振動流床下方吹入之冷風,以跳躍之方式輸送、冷卻,使溫度降至25℃。依產品及製程之需要,可銜接數台振動流床以進行連續性噴灑與冷卻。
6. 以20~30 Mesh之篩網加以過篩,去除大顆粒之奶粉,重新回溶與噴霧。

註:為使奶粉即溶化,可於振動流床之前端噴灑乳化劑(<0.2%卵磷脂),再行熱風乾燥及冷風冷卻;或以水蒸氣將脫脂奶粉濕潤,使水分含量約8~16%,再經110~140℃熱風乾燥至含水分3~4%,及冷風冷卻。

小博士解說

唯有良質的原料,才能做出優良品質的產品。
1. 全脂(即溶)奶粉係由生奶直接經濃縮、噴霧乾燥製成,或僅營養強化添加微量之維生素與礦物質,並不經調配添加各種副原料,因此其營養品質(成分):乳脂肪含量約28克/100克、乳蛋白質含量約24克/100克。
2. 而脫脂(即溶)奶粉則多一道製程,經奶油分離機移除生奶的脂肪,其營養品質(成分):乳脂肪含量約1.0克/100克、乳蛋白質含量約37克/100克。
3. 鑒於脫脂(即溶)奶粉沖泡後喝起來口味淡如水,缺乏乳脂肪的奶香,乃有低脂(即溶)奶粉。即將奶油分離後再適當回填添加,產品的乳脂肪含量約11克/100克。
4. 至於市售如全家人奶粉、果汁奶粉、巧克力奶粉等則依產品訴求,經配方設計添加其他營養素、風味成分等副原料,其乳脂肪及乳蛋白質含量有較大的不同,係屬調製奶粉。

奶粉製造之濃縮、噴霧流程（奶粉產能600公斤／時）

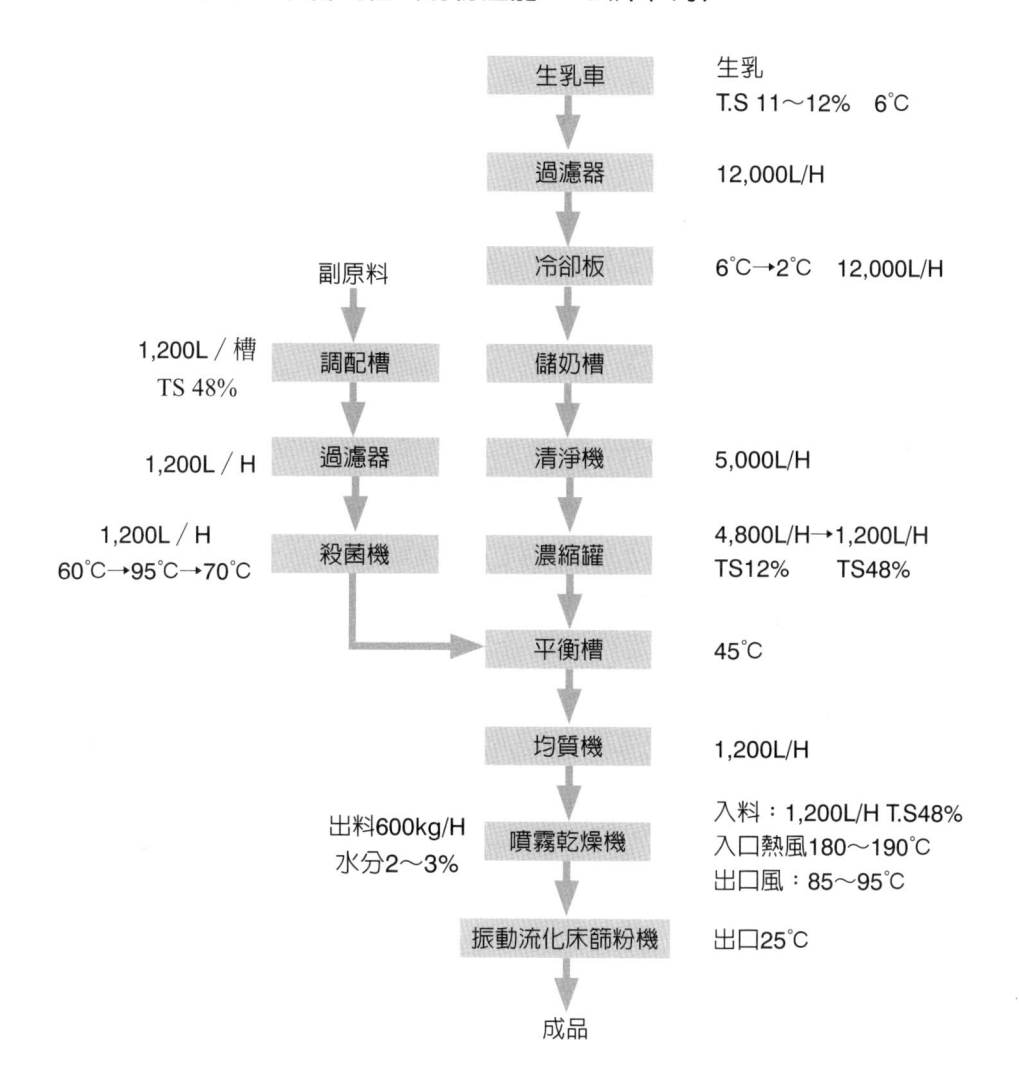

```
                                        生乳車          生乳
                                          ↓            T.S 11～12%   6°C
                                        過濾器          12,000L/H
                                          ↓
                                        冷卻板          6°C→2°C   12,000L/H
                        副原料             ↓
                          ↓              儲奶槽
     1,200L／槽         調配槽              ↓
      TS 48%             ↓              清淨機          5,000L/H
     1,200L／H          過濾器              ↓
                          ↓              濃縮罐          4,800L/H→1,200L/H
     1,200L／H          殺菌機                           TS12%      TS48%
   60°C→95°C→70°C        ↓
                          └──────────→  平衡槽          45°C
                                          ↓
                                        均質機          1,200L/H
                                          ↓
                                                      入料：1,200L/H T.S48%
      出料600kg/H                        噴霧乾燥機      入口熱風180～190°C
      水分2～3%                            ↓            出口風：85～95°C
                                     振動流化床篩粉機    出口25°C
                                          ↓
                                         成品
```

✚ 知識補充站

流程設計時，各項單元設備之間應考量：
1. 原料流量之動態平衡：為預防擠奶，需安裝平衡槽及其數量。
2. 為有效輸送原料，需安裝奶泵以便揚升輸送。

7.5 加糖煉乳

邵隆志

1. 原料生乳檢收
生乳入廠後要依生乳的檢驗標準檢收，經過濾、冷卻、貯存於貯乳槽，原料生乳的品質會關係到煉乳的品質。

2. 標準化
（計算例）生乳標準化使脂肪3.2%、SNF8%並加入糖18%，濃縮成配方成品成分，脂肪為8%、SNF20%、糖含量45%，在濃縮後成品之單一糖對水含量以100g計算45g/（100g-8g-20g）比值為62.5%，糖扮演滲透壓的功能，當糖對水含量低於62%時無抑制微生物的功能，糖對水含量高於65%時會造成蔗糖的結晶析出，有砂質感。

3. 預熱
加糖煉乳82℃/10～30分，預熱目的在殺滅細菌及破壞乳製品的酶、以長時間加熱使蔗糖完全溶解及排出製品中的空氣，並使蛋白質變性遲緩而增加濃厚感，另可將製品入濃縮罐之前的溫度提高。

4. 濃縮
預熱後吸入濃縮罐，濃縮罐利用降低壓力而使沸點降低，進而排出製品中的水分到低溫濃縮的效果。此濃縮罐之真空度以25～26吋/溫度51～57℃為佳，27吋以上真空度增加，因而壓加降低，沸點降低，使蒸發變慢，製品品質變壞。真空度24吋以下時沸點提高，品質不良。

5. 冷卻、結晶工程
冷卻是生產過程中最重要的關鍵。煉乳中含有乳糖，30℃乳糖因過飽和，而成結晶型態，冷卻太慢會使乳糖結晶，若讓乳糖自由沉澱，晶體會於30μm以上會有砂質感，因此要連續強烈攪拌冷卻（但不可混入空氣），使成品盡快冷卻到15～18℃。

為使煉乳乳糖形成小的結晶體，避免產生晶體太大，可在30～33℃加入乳糖種晶（1μm的乳糖結晶）0.05～0.10%，混合後經連續強烈攪拌1小時，再盡快地冷卻到15～18℃，使乳糖結晶控制在10μm左右。

6. 裝罐
加糖煉乳因滲透壓的維持使煉乳不至於因微生物繁殖，充填後不再以高溫滅菌，因此加糖煉乳充填容器要經清洗滅菌。

7. 成品及品管
成品需進行檢測，使成品符合品管規格及確認封罐完整。

小博士解說

煉乳中所含的水分只能溶解成品中一半的乳糖，另一半乳糖將成結晶態，製品在30℃因過飽和，會開始結晶，若讓乳糖自由沉澱，晶體大於30μm而有砂質感。又製品中乳糖在12～25℃下能保持乳糖晶體型態分散，為控制晶體在10μm左右，必須在冷卻過程，冷卻到30℃後，要盡快冷卻到15～18℃。

加糖煉乳製造流程

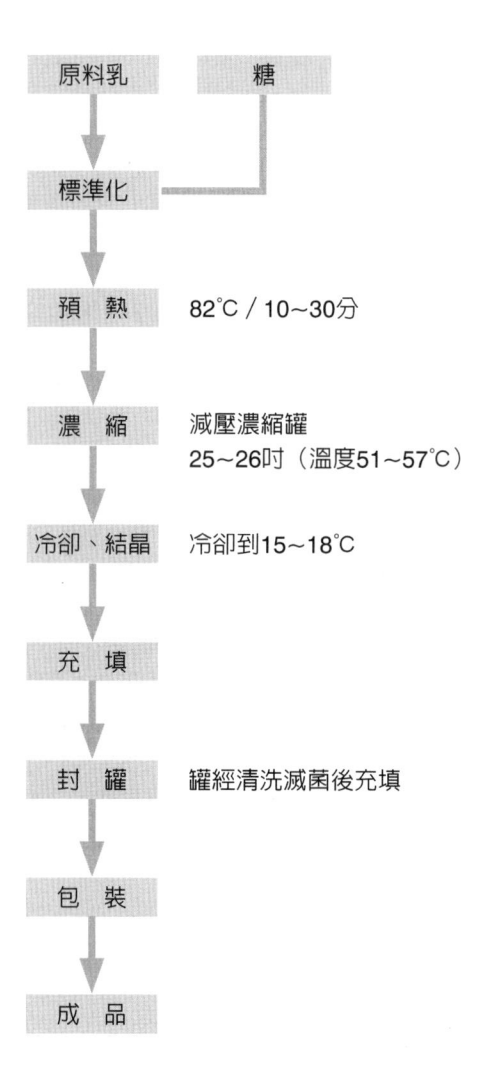

```
原料乳      糖
  │         │
  ▼         │
標準化 ◄────┘
  │
  ▼
預熱        82°C／10～30分
  │
  ▼
濃縮        減壓濃縮罐
            25～26吋（溫度51～57°C）
  │
  ▼
冷卻、結晶  冷卻到15～18°C
  │
  ▼
充填
  │
  ▼
封罐        罐經清洗滅菌後充填
  │
  ▼
包裝
  │
  ▼
成品
```

➕ 知識補充站

　　無糖煉乳（淡煉乳）是以上製造流程中原料乳標準化中不加糖，經濃縮、均質（150～250kg/cm^2）、冷卻、裝罐再以轉式滅菌釜115°C/15分滅菌，流程中管制數值或有所不同。其中無糖煉乳因不另外加糖，所以要高溫115°C/15分鐘滅菌。

7.6 冰淇淋

謝壽山

　　冰淇淋是以乳脂肪為主體，加入乳製品、醣類、安定劑、乳化劑、風味原料等經均質、乳化、殺菌、凍結而成；種類繁多，通常以乳脂肪含量作為分類基礎：冰淇淋、低脂冰淇淋、非乳脂冰淇淋。主要內容物含量規定如下：全固形物（乳脂肪）：冰淇淋30%（8%）以上；低脂冰淇淋（ice milk）28%以上（2～8%）。

　　非乳脂冰淇淋（Mellorine）是以動、植物性油脂取代全部或部分乳脂，並依冰淇淋製造方法加工之食品。脂肪含量2%以上。

　　製造方法：

1. **混合、過濾**：水先預熱至50℃，依序加入液狀原料、粉料，加熱至65～68℃，再投入乳化安定劑，充分攪拌、保溫至70℃，10分鐘以上，以40～60網目金屬濾網過濾。
2. **均質化**：目的在於粉碎脂肪球，使乳油黏性增大、起泡性增加而使製品滑潤；均質溫度70～75℃、壓力約150kg/cm²。
3. **殺菌、冷卻**：配方原料中含有砂糖及安定劑，細菌之抗熱性及黏稠性皆增大，殺菌之條件較一般之市乳稍高；殺菌與冷卻用板式熱交換器，殺菌溫度控制在80～85℃，保持20秒以上；冷卻須使用冷卻水，使殺菌後之混料充分迅速冷卻至5℃以下。
4. **熟成**：熟成桶保持在2～5℃約一天，使安定劑吸收水分呈水和以增加混料黏性及增大膨脹率；在此階段添加香料、色素、果汁等風味原料，緩慢加入、充分攪拌、避免不均勻、與局部變性。混料在熟成桶中避免超過72小時之貯存，以避免微生物汙染，以保持冰淇淋料之新鮮品質。
5. **凍結、充填**：熟成後將混料經凍結機攪動呈半固體狀，以利充填及後續之急速凍結；空氣為冰淇淋主體之主要結構，成品才不至於過度硬化而能保持一定程度之硬度；凍結過程須注意品溫及膨脹率（overrun），品溫保持在–9～–4℃，由於容器之差異，充填過程中也須監控單位重量。
6. **硬化**：此階段決定產品之冰晶，冰晶愈小、產品化潤感愈佳、品質也佳；各種充填於容器，應迅速送入急速冷凍硬化室中使成品充分硬化，並確認成品中心溫度在–26℃以下。
7. **包裝**：含冰棒類已硬化之產品須加以包裝、裝箱作業，以保護產品。
8. **貯藏、出貨**：確保品溫在–25℃以下，出貨的品溫亦須控制，以防止產品軟化溶解。

小博士解說

　　細膩可口冰淇淋的製作，除要有高乳脂量外，無脂乳固形物需足夠、膨脹率不可過高、要經過急速冷凍，而且在貯藏、出貨運輸溫度須嚴格控制，如此即有品質優良的冰淇淋產品。

冰淇淋製造流程

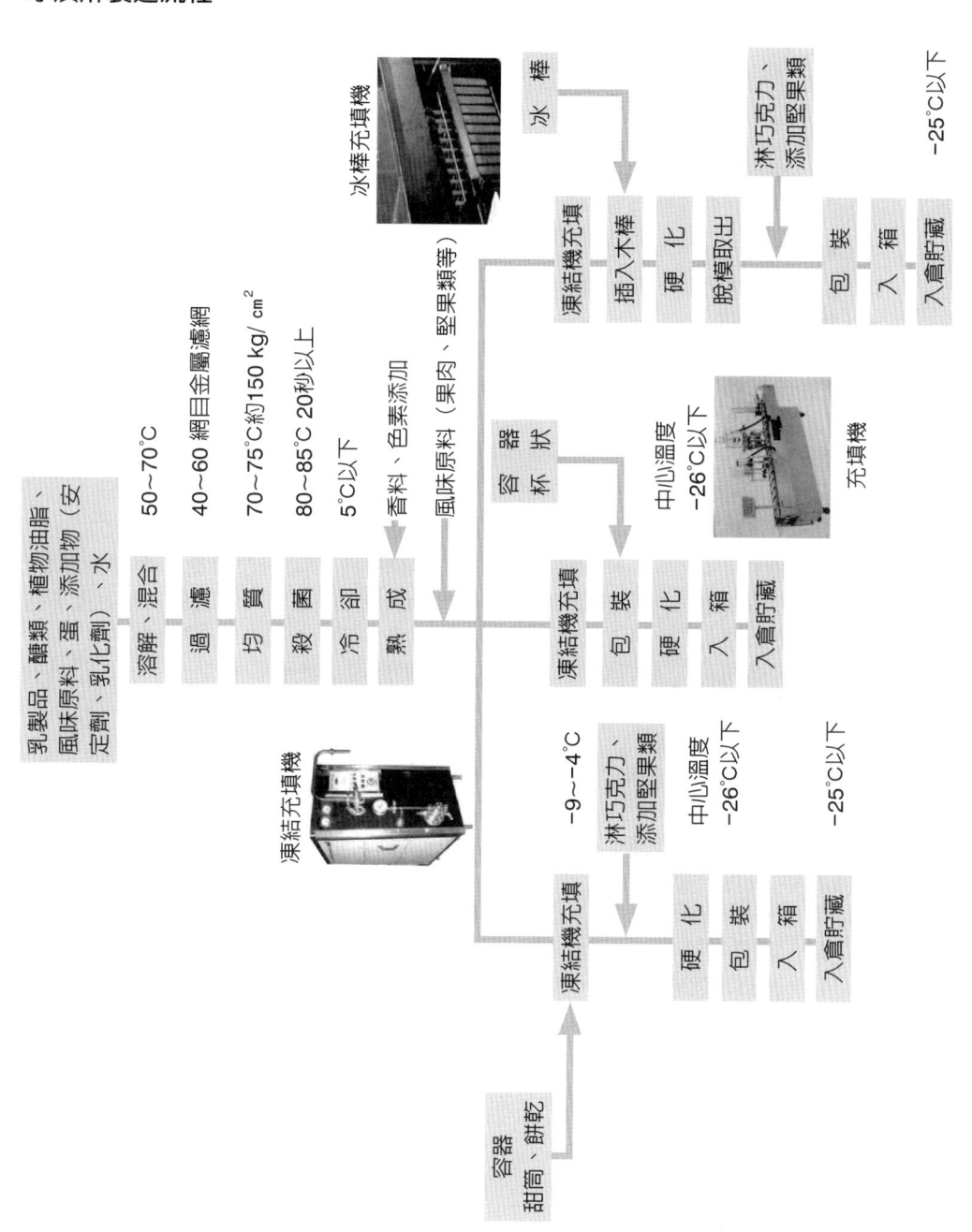

原料：乳製品、醣類、植物油脂、風味原料、蛋、添加物（安定劑、乳化劑）、水

製程流程：

溶解、混合（50～70°C）
→ 過濾（40～60網目金屬濾網）
→ 均質（70～75°C 約150 kg/cm²）
→ 殺菌（80～85°C 20秒以上）
→ 冷卻（5°C以下）
→ 熟成（加入香料、色素）
→ 加入風味原料（果肉、堅果類等）

三種充填路線：

1. 凍結機充填（冰淇淋）
→ 容器：杯狀
→ 凍結機充填（中心溫度 -26°C以下，充填機）
→ 包裝
→ 硬化
→ 入箱
→ 入倉貯藏（-25°C以下）

2. 冰棒充填機
→ 凍結機充填（插入木棒）
→ 硬化
→ 脫模取出
→ 淋巧克力、添加堅果類
→ 包裝
→ 入箱
→ 入倉貯藏（-25°C以下）

3. 凍結充填機
→ 容器：甜筒、餅乾
→ 凍結機充填（-9～-4°C）
→ 淋巧克力、添加堅果類
→ 硬化（中心溫度 -26°C以下）
→ 包裝
→ 入箱
→ 入倉貯藏（-25°C以下）

7.7 優格

邵隆志

　　優格是常在家庭自行製作的發酵乳。牛乳先倒於容器中加菌種入培養室發酵培養，發酵完成未經攪拌稱為：凝固型優格（Set Yogurt）。發酵完成後食用時有經攪拌，一般拌入蜂蜜或水果的稱為：攪拌型優格（Stirred Yogurt）。

　　以上兩種優格未經調味稱為：原味優格。有添加水果調味的優格稱為：調味優格。

　　工廠生產流程之不同分為：(1)凝固型優格（Set Yogurt）製程；(2)攪拌型優格製程；(3)調味優格製程，製程表示如優格製程說明：

一、接種前預備：

1. 糖（6Kg/100Kg）、安定劑與牛乳（SNF8%以上）混合溶解，殺菌：UHT：120°C/2～4秒或批次90～92°C/5～10分，冷卻到培養溫度38～42°C，依菌種特性選用38°C或42°C。
2. 菌種：目前工廠已大都使用菌種公司的粉末菌種，較少用試管接種之菌種。接種時要注意發酵桶及接種時於無菌狀態，避免發酵失敗。

二、調製

1. 凝固型優格（Set Youurt）製程：優格因未經過攪拌，所以一般都做成原味優格菌種混合槽完全殺菌，原料殺菌冷卻38～42°C後於無菌狀態下添加菌種，混合後，各別充填於優格杯內，再於發酵室38～42°C培養，發酵完成經冷水槽冷卻7°C以下。醱酵後不經攪拌，成凝固狀，成品表面光滑輕微離水為正常。
2. 攪拌型優格（Stirred Yogurt）製程（適合工廠大量製造）
   (1)攪拌型優格（原味）：
   　　原料殺菌後於發酵桶（38～42°C）培養，發酵完成輕度攪拌，再由成品桶入充填機，充填於優格杯內，發酵桶因攪拌會分散組織，所以配方中需適當添加膠體，經冷水槽冷卻至7°C以下，成為固態或半固態。
   (2)攪拌型優格（調味）
   　　如上，使用發酵桶（38～42°C）培養，發酵完成，經輕度攪拌，入混合槽與果粒、草莓果粒等一起攪拌混合，再充填於優格杯內，，經冷水槽冷卻至7°C以下，成為固態或半固態。製成含果粒之攪拌型優格。

小博士解說

全球目前在工業生產上習慣使用：
保加利亞乳酸桿菌（Lactobacillus delbrueckii subsp. bulgaricus）。
嗜熱鏈球菌（Streptococcus thermophilus）。
另也有使用混用比菲德氏菌-雙歧桿菌屬（Bifidobacterium sp）。

1. 凝固型優格（Set Yogurt）製程

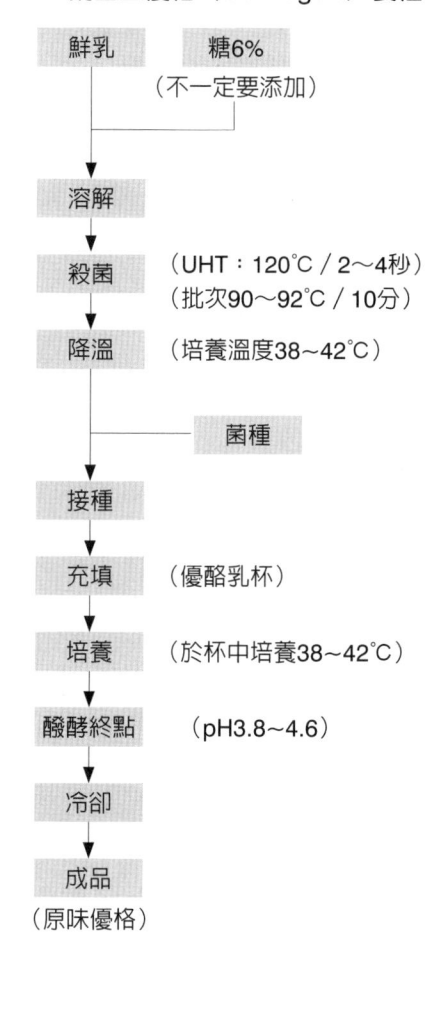

```
鮮乳        糖6%
            （不一定要添加）
   ↓
  溶解
   ↓
  殺菌     （UHT：120°C／2～4秒）
           （批次90～92°C／10分）
   ↓
  降溫     （培養溫度38～42°C）
   ↓         菌種
   ↓←───────┘
  接種
   ↓
  充填     （優酪乳杯）
   ↓
  培養     （於杯中培養38～42°C）
   ↓
 酸酵終點  （pH3.8～4.6）
   ↓
  冷卻
   ↓
  成品
（原味優格）
```

2. 攪拌型優格（Stirred Yogurt）製程

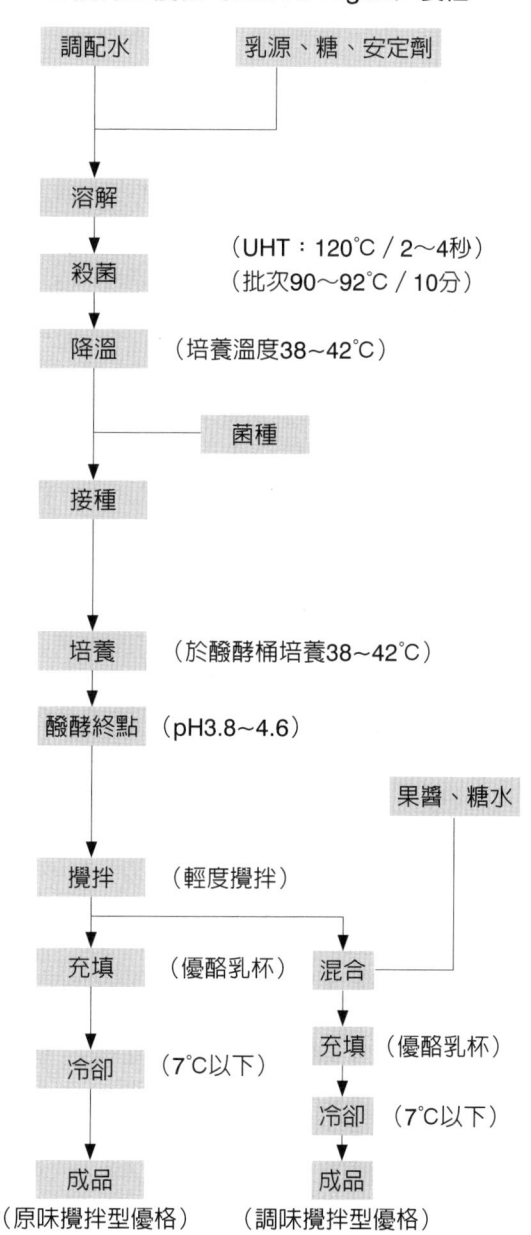

```
調配水       乳源、糖、安定劑
   ↓
  溶解
   ↓
  殺菌     （UHT：120°C／2～4秒）
           （批次90～92°C／10分）
   ↓
  降溫     （培養溫度38～42°C）
   ↓         菌種
   ↓←───────┘
  接種
   ↓
  培養     （於酸酵桶培養38～42°C）
   ↓
 酸酵終點  （pH3.8～4.6）
   ↓                         果醬、糖水
  攪拌     （輕度攪拌）
   ↓──────────────┐
  充填（優酪乳杯）  混合
                    ↓
                   充填（優酪乳杯）
   ↓                ↓
  冷卻（7°C以下）   冷卻（7°C以下）
   ↓                ↓
  成品             成品
（原味攪拌型優格）（調味攪拌型優格）
```

✚ 知識補充站

DIY優格：

發酵終點判定：
(1) 發酵乳風味為所熟悉的微酸及香氣。
(2) 發酵乳凝固，表面輕微離水。

7.8 優酪乳及發酵乳飲料

邵隆志

一、發酵乳

在市面上的優格、優酪乳同屬於國家標準CNS3058。這兩種發酵乳產品，國際定義為YOGURT。在台灣依市售的型態分為優格、優酪乳。前者優格充填於優格杯內，呈凝固或半凝固狀以湯匙食用。後者優酪乳則充填於塑膠瓶或紙盒內，是一種喝的飲料。

1. **製程分類**：優酪乳（drinking yogurt），它與攪拌型（Stirred）優格相似。
   (1)優格原味：於發酵桶發酵完成，經均質分散組織成為液體狀後，進入充填機充填於容器內。
   (2)優酪乳調味：於發酵桶發酵完成，一定要先經均質分散組織成為液體狀後，再於混合槽與果粒混合，進入充填機充填。
2. **CNS3058發酵乳分類**：
   (1)原味優酪乳與原味優格同樣分類在第一類發酵乳或第二類發酵乳（SNF8.0%以上）。
   (2)調味優酪乳與調味優格同樣分類在調味發酵乳（SNF4.0%以上）。

二、發酵乳飲料（Yakult）

Yakult在市面上通稱養樂多，國際通用名稱為Yakult，這一品項規類在CNS3058中的發酵乳飲料，其SNF含量3.0%以上。

製程上與優格和優酪乳不同。發酵乳飲料Yakult，使用SNF13%的發酵培養液。

1. 乳源使用脫脂乳及部分脫脂乳粉，溶解後，滅菌、冷卻到接種培養溫度（38～40℃）。發酵乳飲料使用菌種的培養溫度約38～42℃，冷卻時若低於37℃，必需回溫。
2. 接種使用菌種為*Lactobacillus casei*培養時間約為96小時。也有混合使用*Lactobacillus helveticus*，使用發酵時間縮短為36～48小時。
3. 發酵時間長，所以使用桶槽、使用器具及培養液都必要充分殺菌及滅菌防止汙染。
4. 發酵乳發酵完成後使用培養液3倍的糖水稀釋。
5. 糖水經過殺菌，與發酵液混合後經均質，製成成品。

三、優格、優酪乳及發酵乳飲料製程使用菌種

應用在發酵乳的每一株發酵乳菌種都有它獨特的風味及特性，在製造發酵乳時必需選用適合的菌株進行發酵。

1. 優格及優酪乳，為同一形態，同一種風味，在工業生產上習慣使用保加利亞乳酸桿菌（Lactobacillus delbrueckii subsp. bulgaricus）和嗜熱鏈球菌（Streptococcus thermophilus），另也有使用混用比菲德氏菌-雙歧桿菌屬（Bifidobacterium sp）。CNS3058規定最低活性可食用發酵菌含量（CFU/g）為10^7以上。
2. 發酵乳飲料要製成Yakult型態，菌種則使用酪蛋白乳酸桿菌Lactobacillus casei，也有混合使用瑞士乳酸桿菌（Lactobacillus helveticus）。CNS3058規定最低活性可食用發酵菌含量（CFU/g）為10^6以上。

1. 優酪乳（drinking yogurt）製程

調配水　乳源（糖、安定劑）
↓
溶解
↓
殺菌　（UHT：120℃/2~4秒）
　　　（批次90~92℃/10分）
↓　　（培養溫度38~42℃）
降溫
↓←── 菌種
接種
↓
培養　　發酵槽培養（38~42℃）
↓
發酵終點　（pH3.8~4.2）
↓
冷卻　（10℃）　果粒或果醬及糖水
↓
均質　（約50kg/cm²）
↓　　　↓
　　　混合
↓　　　↓
充填　　充填
↓（瓶或紙盒）↓（瓶或紙盒）
成品　　　成品
（原味優酪乳）（調味優酪乳）

2. 發酵乳飲料製程

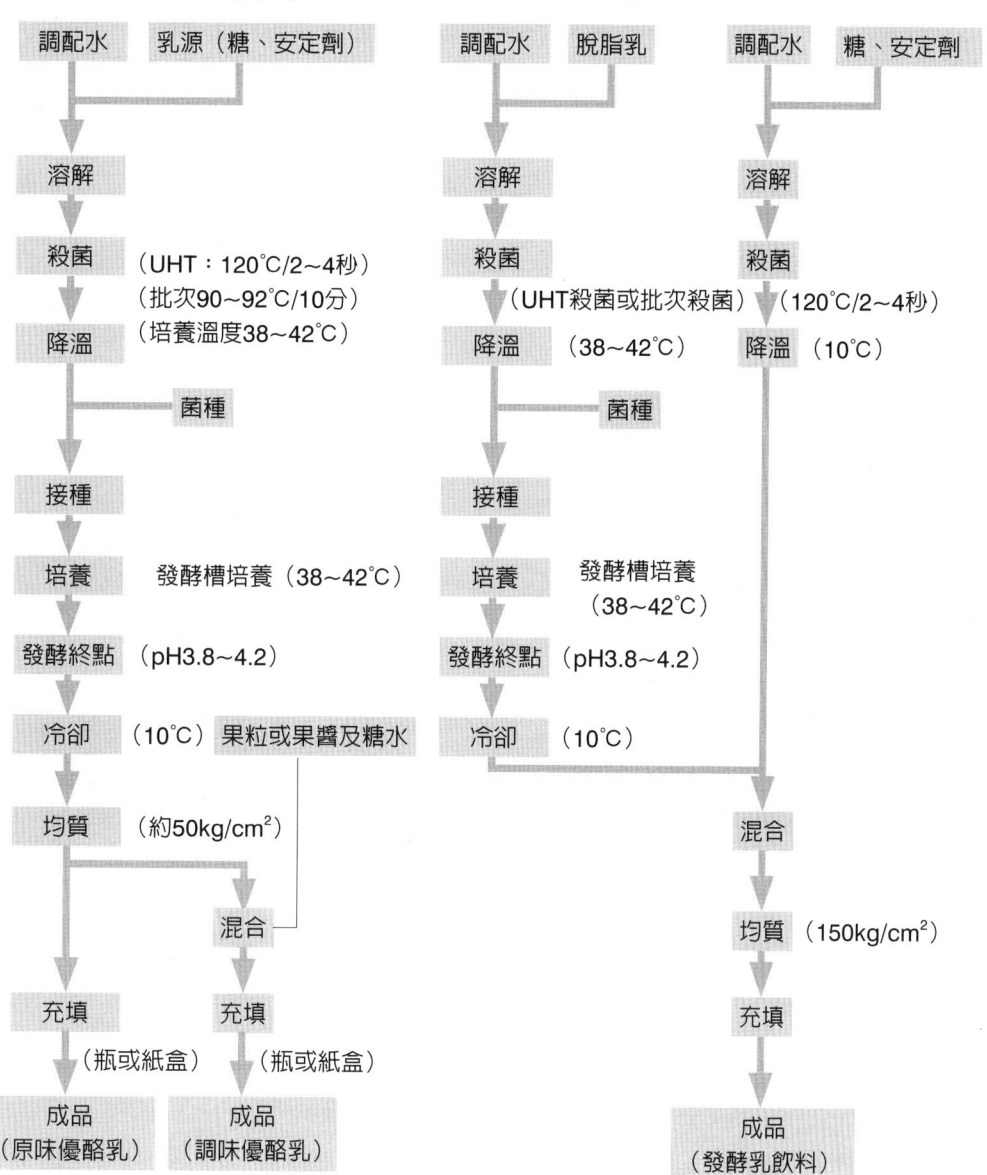

調配水　脫脂乳　　　調配水　糖、安定劑
↓　　　　　　　　　↓
溶解　　　　　　　　溶解
↓　　　　　　　　　↓
殺菌　　　　　　　　殺菌
↓（UHT殺菌或批次殺菌）↓（120℃/2~4秒）
降溫　（38~42℃）　降溫　（10℃）
↓←── 菌種　　　　　↓
接種　　　　　　　　│
↓　　　　　　　　　│
培養　發酵槽培養　　│
　　　（38~42℃）　　│
↓　　　　　　　　　│
發酵終點（pH3.8~4.2）│
↓　　　　　　　　　│
冷卻　（10℃）　　　│
↓←─────────────────┘
混合
↓
均質　（150kg/cm²）
↓
充填
↓
成品
（發酵乳飲料）

> **＋知識補充站**
>
> 台灣的口味不要濃稠感，所以優酪乳（飲用型）會比杯狀的優格接受性高，也因為如此，發酵乳飲料（養樂多）市面接受性最高。

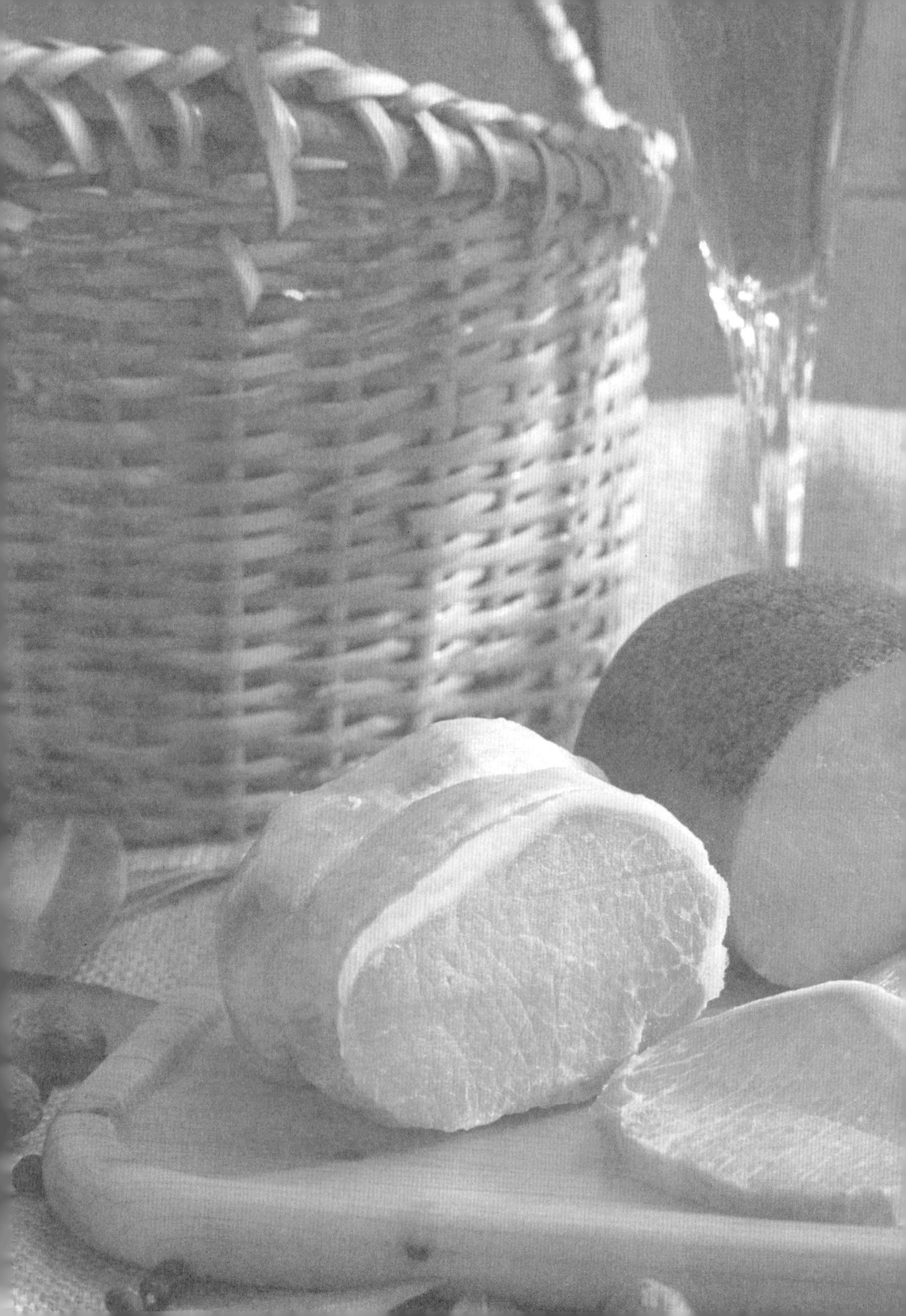

第8章
肉、蛋類的加工

8.1 液態蛋
8.2 濃縮蛋
8.3 蛋粉
8.4 美乃滋
8.5 鹹蛋
8.6 皮蛋
8.7 香腸
8.8 臘肉
8.9 火腿

8.1 液態蛋

張哲朗

　　雞蛋是以完整的全殼狀態在市面上銷售的畜產品。隨著食品產業的發展，業務用與工業用需求日增。在餐廳、烘焙店或工廠，打蛋去殼是一件費工、不衛生的事，去掉的殼更是又臭又髒的廢棄物處理問題。為保管、使用方便，集中打蛋去殼，經過分離、冷藏、冷凍、濃縮、乾燥等加工過程製成的，所謂一次加工蛋品乃應運而生。一次加工蛋品有液態蛋、濃縮蛋及蛋粉等。

　　液態蛋（liquid egg）是新鮮雞蛋經過打蛋去殼，蛋液經過濾、殺菌、冷卻、包裝、冷藏（或冷凍）的產品。可分為液態蛋白、冷凍液態蛋白、液態蛋黃、加糖（鹽）液態蛋黃、液態全蛋、冷凍液態全蛋及加糖（鹽）液態全蛋等。可供家庭、餐廳、烘焙業等直接使用或做為食品加工廠的生產配料。

　　液態蛋的製造流程如下頁圖，新鮮殼蛋經過利用現代化設備，先篩除破裂蛋、軟殼蛋等，再清洗蛋殼上之汙物，經風乾、照蛋檢查合格後，打蛋去殼進入下一工程。

1. 生產全蛋產品時，去殼後的全蛋，直接過濾除去小片蛋殼、繫帶（chalaza）、卵黃膜（Vitelline membrane）等，繼續殺菌、冷卻工程。殺菌的目的在於使最終產品符合相關規格標準（生菌數、大腸菌群、沙門氏菌）；殺菌溫度與時間苛酷，產品微生物品質固然好，但產品物性會被犧牲；相反的，雖然能保持良好的物性，微生物品質可能不及格，因此求其平衡最重要。全蛋產品以58°C×4分鐘至66°C×3分鐘為宜。殺菌過後冷卻至15°C（不能即刻充填包裝者宜冷卻至2°C以下），即刻進行充填包裝。
   (1) 充填包裝後的產品，直接儲於冷藏庫中者，稱為液態全蛋。
   (2) 充填包裝後的產品，加以凍結保存才出庫者，稱為冷凍液態全蛋。
   (3) 殺菌後充填前添加蔗糖或食鹽，充填後冷藏保存者稱為加糖（鹽）液態全蛋。
2. 生產蛋黃產品時，去殼分離後的蛋黃，直接過濾除去小片蛋殼、繫帶、卵黃膜等，繼續殺菌、冷卻工程。蛋黃的殺菌溫度與時間同全蛋，以58°C×4分鐘至66°C×3分鐘為宜。殺菌過後冷卻至15°C（不能即刻充填包裝者宜冷卻至2°C以下），即刻進行充填包裝。
   (1) 充填包裝後的產品，直接儲於冷藏庫中者，稱為液態蛋黃。
   (2) 殺菌後充填前添加蔗糖或食鹽，充填後冷藏保存者稱為加糖（鹽）液態蛋黃。
3. 生產蛋白產品時，去殼分離後的蛋白，直接過濾除去小片蛋殼、繫帶（chalaza）、卵黃膜（Vitelline membrane）等，繼續殺菌、冷卻工程。蛋白的殺菌溫度與時間較低，以55.5°C×3分鐘至57.2°C×2.5分鐘為宜。殺菌過後冷卻至15°C（不能即刻充填包裝者宜冷卻至2°C以下），即刻進行充填包裝。
   (1) 充填包裝後的產品，直接儲於冷藏庫中者，稱為液態蛋白。
   (2) 充填包裝後的產品，加以凍結保存才出庫者，稱為冷凍液態蛋白。

小博士解說

蛋黃凍結將使其物性低劣、可加糖或食鹽以延長其保存性。

液態蛋製造流程

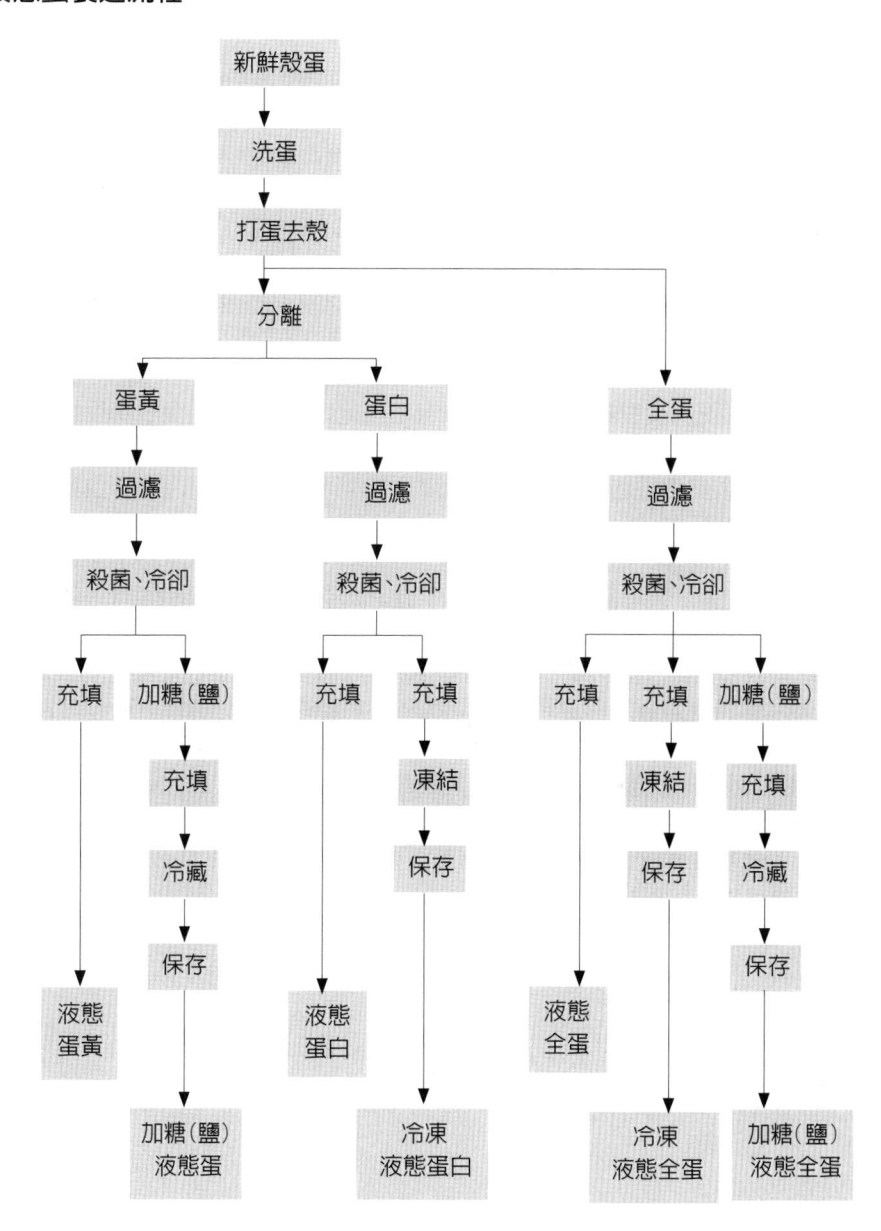

```
                    新鮮殼蛋
                       ↓
                      洗蛋
                       ↓
                    打蛋去殼
                       ↓
                      分離
         ┌─────────────┼─────────────────────┐
        蛋黃           蛋白                  全蛋
         ↓             ↓                     ↓
        過濾           過濾                  過濾
         ↓             ↓                     ↓
      殺菌、冷卻      殺菌、冷卻            殺菌、冷卻
       ┌─┴─┐         ┌─┴─┐              ┌───┼───┐
      充填 加糖(鹽)  充填 充填           充填 充填 加糖(鹽)
       ↓    ↓         ↓    ↓              ↓    ↓    ↓
      液態  充填      液態  凍結           液態 凍結  充填
      蛋黃   ↓        蛋白   ↓            全蛋   ↓    ↓
            冷藏            保存                保存  冷藏
             ↓               ↓                   ↓    ↓
            保存            冷凍                冷凍  保存
             ↓            液態蛋白            液態全蛋  ↓
         加糖(鹽)                                    加糖(鹽)
          液態蛋                                    液態全蛋
```

➕ 知識補充站

蛋殼可以製成優質的鈣製品，是一良好的食用鈣質材料。

8.2 濃縮蛋

張哲朗

　整顆雞蛋含有75%的水，如果把蛋黃與蛋白分開來測試，蛋黃含有水分51%，蛋白含水88%。這些水分，如果從經濟面或使用面來看的話，是有些不妥。19世紀末起，人們就試著把水分去除，以延長雞蛋的保存性。如今，已有多種去除雞蛋水分的方法與多種相關產品。

1. **蛋白濃縮**：蛋白含水88%，去除這些水分，可以節省加工、包裝、儲存、運輸等的成本。水分的去除方法有減壓濃縮法與加溫濃縮法，雖然蛋白容易起泡、遇熱凝固，這些方法並不很適用，但是研究指出使用減壓濃縮法，在蛋白濃縮過程中加入磷酸鹽可以抑制蛋白的變化。通常蛋白的濃縮採用逆滲透法（Reverse osmosis）或超過濾法（Ultra filtration）。濃縮蛋白的成分將因濃縮方法的不同會有些許的差異，蛋白粉的起泡性也會有不同程度的低落。在蛋白粉復水時添加0.85%的食鹽水，可以回復其起泡性能。

2. **全蛋濃縮**：全蛋濃縮通常採用加溫減壓法。全蛋濃縮也可以採用與蛋白濃縮相同的膜過濾法。不過膜過濾法需要較長時間，同時全蛋含有蛋黃，在濃縮過程中微生物比較容易增殖，引起濃縮效率的低落等問題。採用加溫減壓法濃縮時，須先做預備加熱殺菌，將全蛋加溫至60°C。不論全蛋或是蛋白，濃縮2倍皆未能延長保存性，如欲長期保存則需冷藏。

3. 為防止蛋白的蛋白質因熱變性，可加全蛋量之一半的蔗糖進行濃縮至加糖率50%（全蛋因熱凝固的溫度將提升至85°C以上）。製成的加糖濃縮全蛋可以常溫保存、常溫流通，適用於布丁、蛋糕等的生產。

4. **加糖濃縮全蛋製造流程如下頁圖**，新鮮殼蛋經過利用現代化設備，先篩除破裂蛋、軟殼蛋等，再清洗蛋殼上之汙物，經風乾、照蛋檢查合格後，進入打蛋去殼，蛋液直接過濾除去小片蛋殼、繫帶、卵黃膜等雜質，在混合槽中每100容積的全蛋液，加入50容積的蔗糖，攪拌溶解（品溫維持在60～65°C），經過濾後以60～65°C的溫度條件下，進行減壓濃縮至全量為100容積，最後以70～75°C加熱殺菌、裝罐。

小博士解說

　全蛋進行減壓濃縮時，不會像蛋白一樣的起泡沫，所以無需用到逆滲透或超過濾等設備。

加糖濃縮全蛋製造流程

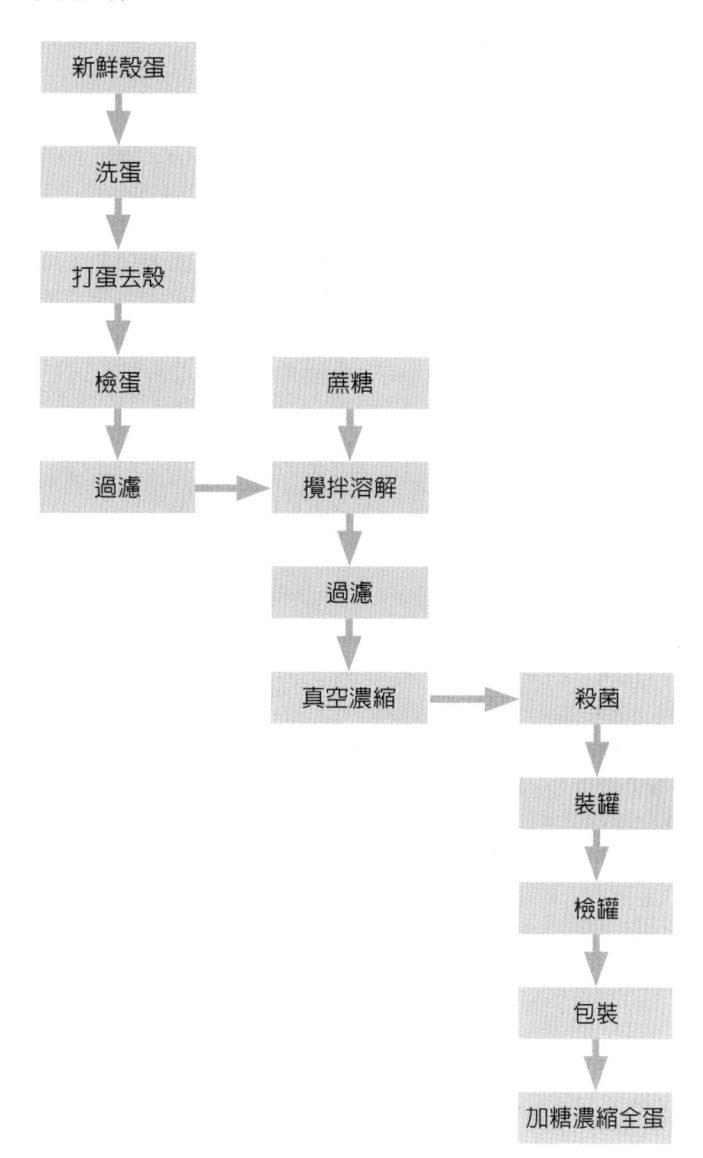

```
新鮮殼蛋
   ↓
  洗蛋
   ↓
 打蛋去殼
   ↓
  檢蛋
   ↓
  過濾  →  攪拌溶解  ←  蔗糖
             ↓
            過濾
             ↓
           真空濃縮  →  殺菌
                        ↓
                       裝罐
                        ↓
                       檢罐
                        ↓
                       包裝
                        ↓
                    加糖濃縮全蛋
```

➕ 知識補充站

日本有加糖濃縮蛋黃,廣用於糕餅、烘焙業。

8.3 蛋粉

張哲朗

蛋粉是將液態蛋經過乾燥製成。乾燥的方法有噴霧乾燥法（Spray dry）、平皿乾燥法（Pan dry）及冷凍乾燥法（Freeze dry）。產品有全蛋粉、蛋黃粉、蛋白粉等。

1. **全蛋粉與蛋黃粉的品質**：全蛋粉與蛋黃粉皆因含有葡萄糖，品質劣化快速。經過脫糖處理的稱為Stabilized，沒有經過脫糖處理的稱為Standard。沒有經過脫糖處理的蛋粉可能因蛋粉中葡萄糖與蛋白質的反應引起褐色化或風味劣化，或因葡萄糖與蛋黃中的磷脂質反應，或因脂肪氧化產生魚臭味或雞舍臭，此等現象在高溫長期保存的蛋粉時有發現。全蛋粉與蛋黃粉含有的脂肪以乳化狀態存在，生產過程中乾燥過程將破壞乳化結構，產生游離脂肪。產生的游離脂肪會引起蛋粉結塊，同時游離脂肪受到氧化蛋粉風味發生變化，可利用氮氣（或二氧化碳等惰性氣體）充填，延長保存。

2. **蛋白粉的品質**：蛋白粉因具有起泡性與熱凝固性的機能特性而被重視。蛋白粉用7倍重量的水將之溶解，即可得與液態蛋白相同的蛋白液，起泡性與液態蛋白同，泡沫安定性則較差。熱凝固性則有顯著的變化，凝膠強度比液態蛋白少三分之一至三分之二。

3. **蛋白中含有游離葡萄糖**，乾燥保存時會與蛋的蛋白質胺基起反應，產生褐變或不良臭。因此，生產蛋白粉時，通常在乾燥前經細菌、酵母或酵素處理，將葡萄糖轉化為乳酸、酒精等物質。經過細菌、酵母或酵素處理的產品，需經熱處理室55～60°C×7～21日的殺菌，始可出庫。

4. **蛋粉製造流程如右圖**，新鮮殼蛋經過利用現代化設備，先篩除破裂蛋、軟殼蛋等，再清洗蛋殼上之污物，經風乾、照蛋檢查合格後，打蛋去殼進入下一工程。
   (1) 生產全蛋粉時，去殼後的全蛋，直接過濾除去小片蛋殼、繫帶、卵黃膜等，繼續殺菌、冷卻、噴霧乾燥、篩濾、包裝。
   (2) 生產蛋黃粉的製程與生產條件全部與全蛋粉相同。
   (3) 生產蛋白粉時，在噴霧乾燥前需經脫糖工程，包裝完成後需經熱藏殺菌工程，其餘的與全蛋粉的生產相同。

小博士解說

蛋白在液狀攪動時容易產生泡沫；生產蛋白粉時，應先去除所含游離葡萄糖。

蛋粉製造流程

```
                      新鮮殼蛋
                         ↓
                        洗蛋
                         ↓
                       打蛋去殼
                         ↓─────────────────┐
                         ↓                 │
                        分離                │
              ┌──────────┼──────────┐     │
              ↓          ↓          ↓     │
             蛋黃        蛋白        全蛋 ←┘
              ↓          ↓          ↓
             過濾      未過濾蛋白    過濾
              ↓          ↓          ↓
            過濾蛋黃   脫糖（細菌）  過濾全蛋
              ↓          ↓          ↓
           殺菌、冷卻   噴霧乾燥   殺菌、冷卻
              ↓          ↓          ↓
            噴霧乾燥     篩濾      噴霧乾燥
              ↓          ↓          ↓
             篩濾        包裝        篩濾
              ↓          ↓          ↓
             包裝      熱藏殺菌      包裝
              ↓          ↓          ↓
            蛋黃粉      蛋白粉      全蛋粉
```

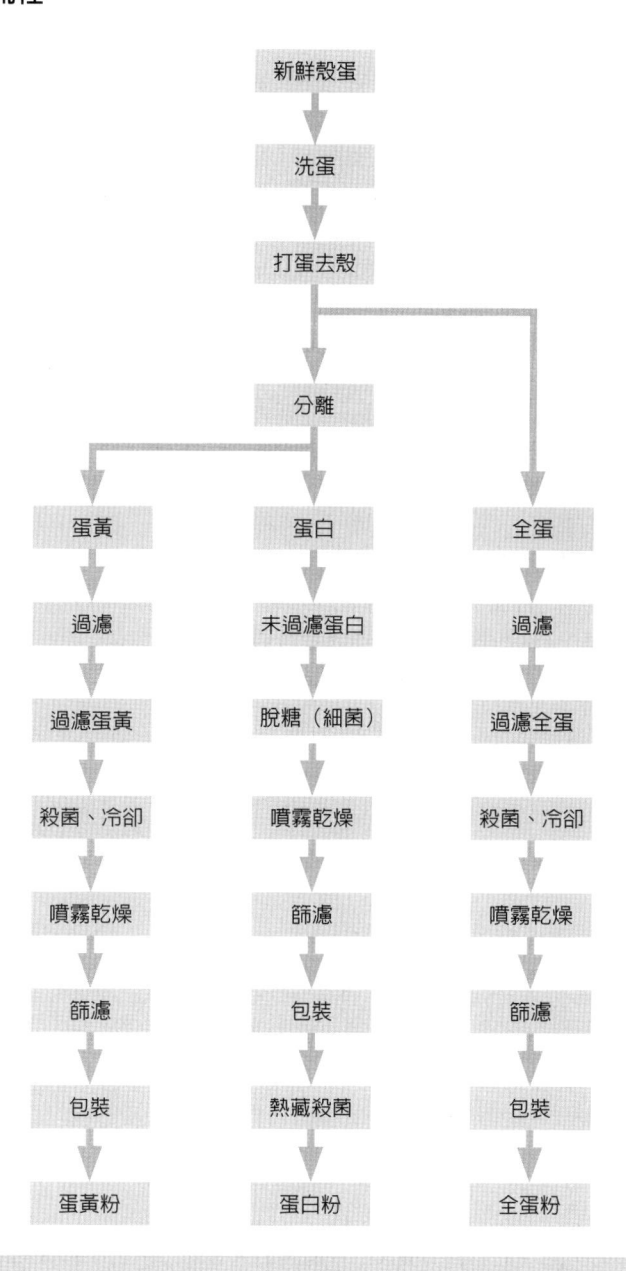

＋ 知識補充站

蛋粉的微生物控制是生產關鍵。

8.4 美乃滋

吳伯穗

美乃滋（Mayonnaise）係英翻中之譯名，正式的名稱應為蛋黃醬，顧名思義係以蛋黃加工製成的產品。蛋黃醬的基本原料包括：蛋黃、植物油、食醋及食鹽，依需要可添加各種調味料（如砂糖）、香料等添加物。

蛋黃醬據悉係1642年源自西歐，或云西班牙，1756年傳入法國而以廣為熟悉的法文 Mayonnaise 命名，意即「雞蛋的蛋黃」。

蛋黃醬製造的主要原料包括：植物油、蛋黃、食醋、食鹽，依口味添加調味料（砂糖）、香辛料等各種副原料：

1. 植物油原使用橄欖油為原料，用量約70～80%。為降低成本，現多改採大豆油。
2. 蛋黃的用量約5～10%，具有下列各項功能：
   (1) 蛋黃中含有約7%卵磷脂（Lecithin），係天然食品中含量最高者。卵磷脂具有強烈的乳化功能，可將植物油乳化成親水性之分散微細粒子，形成水中油滴型（Oil in Water, O/W）之安定乳濁液。
   (2) 使蛋黃醬具有雞蛋之特殊風味及顏色。蛋黃用量增加，蛋香及黃色隨之增加。
   (3) 可降低蛋黃醬之黏度。
3. 食醋包括蘋果醋等之各種水果醋，用量以5%濃度計，約為10%。
4. 食鹽的用量約1.5～2%，用量過多將降低蛋黃醬的黏度及太鹹。

小博士解說

1. 當考量成本時，除了上述將橄欖油改採價廉的大豆油外，在不影響乳化安定性下，於蛋黃中可適量添加水量可以乳化較多的植物油，以增加蛋黃醬的產量。
2. 眾所周知的另一項產品——沙拉醬，亦為蛋黃醬之一。其原料組成係將植物油減少約一半，改以澱粉與食醋調和而成的糊化澱粉。其他之製程均相同。

美乃滋製造流程

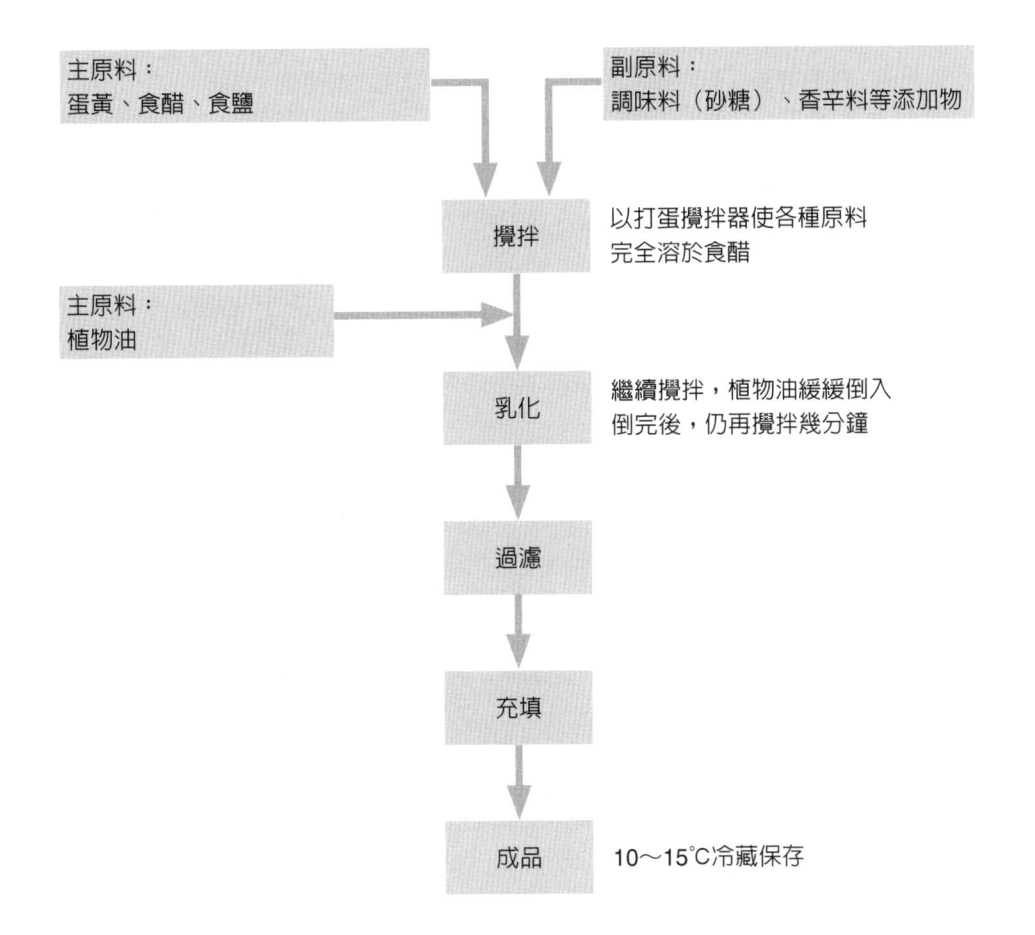

```
主原料：                      副原料：
蛋黃、食醋、食鹽              調味料（砂糖）、香辛料等添加物
        │                         │
        └──────────┬──────────────┘
                   ▼
                 攪拌  ──  以打蛋攪拌器使各種原料
                          完全溶於食醋
主原料：            │
植物油  ──────────▶│
                   ▼
                 乳化  ──  繼續攪拌，植物油緩緩倒入
                          倒完後，仍再攪拌幾分鐘
                   │
                   ▼
                 過濾
                   │
                   ▼
                 充填
                   │
                   ▼
                 成品  ──  10～15℃冷藏保存
```

➕ 知識補充站

1. 為減少製程中微生物之汙染：
   (1) 應注意各項製造設備需洗淨與殺菌。
   (2) 雞蛋經充分洗淨、分離蛋黃、攪拌均勻、過濾去除蛋黃膜、繫帶及殘留蛋殼後，60℃、約4分鐘之殺菌處理，可殺滅耐酸性之病原微生物。
   (3) 蛋黃醬屬高酸性食品，所含之食醋與食鹽等原料具有抑制微生物之效果。
2. 原料攪拌時，因空氣的混入易致產品酸敗，儲存期限短，因此商業化生產宜採用真空攪拌機。為增加產品品質安定性，復經真空膠質粉碎機將油脂乳化成微細粒子，直徑約2微米，均勻分散而不致分離。

8.5 鹹蛋

吳伯穗

　　鹹蛋（Salted egg）又稱醃蛋，係我國傳統蛋類加工品之一。其原理主要是將生蛋加以鹽漬，使食鹽滲入蛋內調理之，且使蛋黃黏度增加逐漸硬化。以達：

1. **延長保存期限，以調節市場之供需**：當產量過剩，蛋價低廉時，將生蛋加工製成鹹蛋，製程約需1個月，又可儲存約1個月，當可紓緩市場之供需。
2. **口味多樣化，以增加產品多元化**：原味的鹹蛋係僅添加食鹽，隨著各生產廠家製造配方之變化與調理，可製成各具獨特風味之鹹蛋。

　　鹹蛋的製造方法概可分為塗敷法（Coating Method）及浸漬法（Immersion Method）兩種，如製程所示。一般而言：

1. 一般多是以鴨蛋來製造鹹蛋。亦可改以雞蛋，惟：
   (1) 鴨蛋黃之脂肪率37%，較雞蛋黃者32%為高，所製成的鹹蛋黃較「出油」，油潤而不乾澀。
   (2) 鴨蛋殼表面的氣孔較雞蛋者為大，所以鹽入鴨蛋的速度較快，鹽分容易入味。
2. 食鹽濃度及鹽漬時間為影響鹹蛋品質之主要因素：
   (1) 食鹽濃度愈高，密封鹽漬時間愈長，所製成鹹蛋的鹽度愈高。若縮短時間，則蛋白容易入味，而蛋黃則較緩慢。
   (2) 食鹽濃度降低，雖可節省成本，惟鹽漬時間需延長，蛋易致腐敗，而蛋黃顏色較淡而無出油之品質。
3. 塗敷法選用紅土係鑑於黏性較佳，易塗敷；紅土較酸，約pH=4，有機物含量少，微生物不易增殖。
4. 鹹蛋的製造配方山頭林立，各具獨特風味。清朝才子袁枚曾云：「醃蛋以高郵為佳」，致使江蘇高郵的鹹鴨蛋一夕知名。常見之調理，如添加：紅茶茶汁以增添茶香與著色、酒類使具有酒香及幫助消化、各種調味料或香辛料以為調味，尤有甚者，更可研發出新口味之「調味蛋」，例如：糖漬的「甜蛋」、醋漬的「醋蛋」、混合鹽、糖、醋的「多味蛋」等。
5. 添加鹹淡的口味因個人喜好而異，市售的鹹蛋或言偏鹹，較沒有選擇。若能自己DIY製造鹹蛋，更能符合衛生安全及健康訴求，在繁忙中增添些許生活情趣。

小博士解說

1. 蛋品一向為一般大眾所喜愛，既價廉物美且營養價值極高，素為餐桌必備的美味佳餚。為調節生鮮蛋品的市場供需、提高產品的附加價值、增加產品品項多元化以及滿足消費者口腹之欲等因素，鹹蛋產品乃因應而生。
2. 蛋品加工製成鹹蛋，其營養成分基本上並無明顯的變化，因此亦和生鮮蛋品一樣，均為美味可口的營養食品。

鹹蛋製造流程

一、塗敷法（Coating Method）：

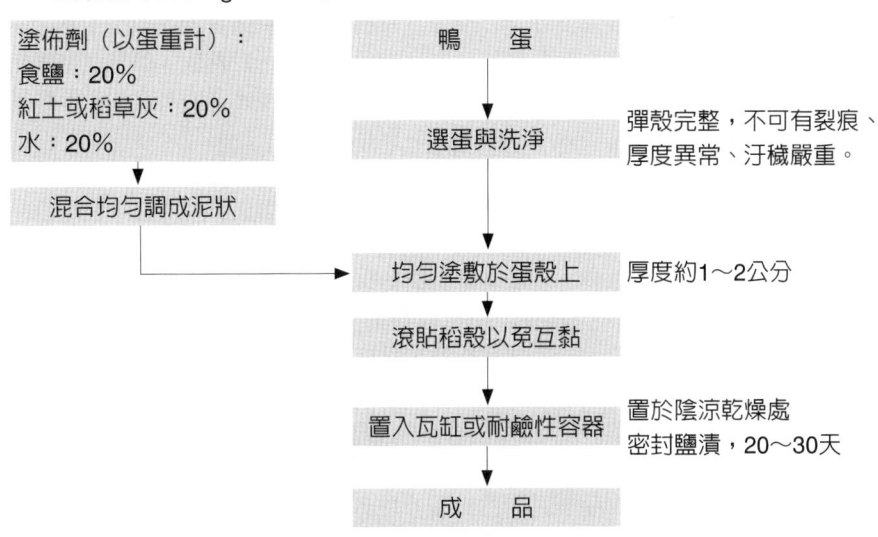

塗佈劑（以蛋重計）：
食鹽：20%
紅土或稻草灰：20%
水：20%

↓

混合均勻調成泥狀

鴨蛋
↓
選蛋與洗淨　　彈殼完整，不可有裂痕、厚度異常、汙穢嚴重。
↓
均勻塗敷於蛋殼上　　厚度約1～2公分
↓
滾貼稻殼以免互黏
↓
置入瓦缸或耐鹼性容器　　置於陰涼乾燥處 密封鹽漬，20～30天
↓
成品

二、浸漬法（Immersion Method）：

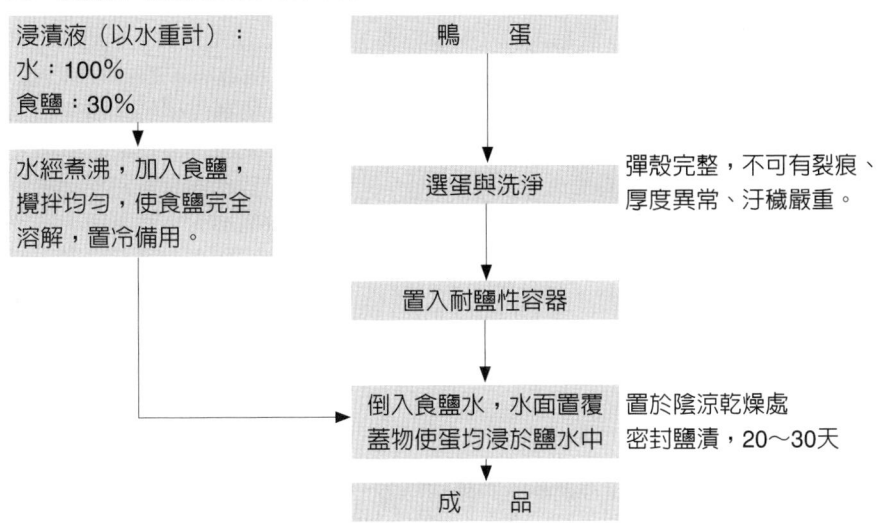

浸漬液（以水重計）：
水：100%
食鹽：30%

↓

水經煮沸，加入食鹽，攪拌均勻，使食鹽完全溶解，置冷備用。

鴨蛋
↓
選蛋與洗淨　　彈殼完整，不可有裂痕、厚度異常、汙穢嚴重。
↓
置入耐鹽性容器
↓
倒入食鹽水，水面置覆蓋物使蛋均浸於鹽水中　　置於陰涼乾燥處 密封鹽漬，20～30天
↓
成品

➕ 知識補充站

1. 鹹蛋密封鹽漬時間的長短，因氣溫、鹽漬方式、食鹽濃度及口味嗜好等而有所影響，宜適當調整。可於鹽漬過程（約20天）中，挑選1～2顆鹹蛋蒸熟品嚐試吃，依需要延長鹽漬時間。
2. 蒸熟的鹹蛋宜盡快食用，或於冰箱冷藏保存，保存期限最好不要超過1個月。
3. 為迎合消費者口味多樣化的需求，鹹蛋的製造配方亦可添加各種特殊風味之調理，包括：紅茶茶汁、酒、各種調味料與香辛料等，以滿足消費者之嗜好。

8.6 皮蛋

吳伯穗

　　皮蛋（Pidan、Preserved egg）亦是以鴨蛋為原料，為我國傳統的蛋類加工品之一。皮蛋的發現（明），據云早在明朝初年，湖南省益陽縣的一戶農家，偶然在家裡的一個石灰鹵裡發現鴨蛋，剝開一看，蛋白蛋黃皆已凝固，不需蒸煮即可食用，風味獨具特色。

　　皮蛋明代稱為「混沌子」，又稱松花皮蛋、糖心皮蛋、泥蛋、彩蛋、鹼蛋、變蛋、灰包蛋等。松花皮蛋係因蛋白部分的蛋白質成分經分解成胺基酸後，在水分少、溫度低的環境下，形成了據臆測係酪胺酸（Tyrosine）之白色結晶，似針狀松葉而名之。松花紋路愈多，品質愈好。而糖心皮蛋則係蛋黃部分糖化、稀軟金黃之故。

　　外國人不知皮蛋為何物，以為係因鴨蛋儲存很長時間才使得蛋變黑，稱它為「百年蛋（Century egg）」；又因烏龜壽命很長，以為係千年的烏龜蛋，故亦稱它為「千年蛋（Thousand years egg）」。甚至2011年6月美國CNN還報導：因為皮蛋「外型怪異，味道嚇人」，將皮蛋評為「世界最噁心的食物」第一名。後經抗議，CNN終於7月6日刊登聲明，表示「無意造成的任何冒犯」及「誠摯的歉意」。

　　我們平常膳食的動物性食品多為酸性食品，然皮蛋卻為鹼性食品，有益於平衡日常膳食調理。皮蛋的特殊風味，常作為前菜，有助於刺激食慾、開胃的美味佳餚。中醫認為皮蛋性寒，因此食用上最好加些食醋和薑末。例如北方人的皮蛋縱切多瓣、撒薑絲或薑末、淋醋涼拌食用；廣東人的皮蛋瘦肉粥；上海人的皮蛋豆腐；臺灣人亦喜食皮蛋豆腐再灑柴魚片，爽味可口。

　　皮蛋製作係將鴨蛋以鹼性物質（如生石灰、碳酸鈉、氫氧化鈉等，pH=11.5～12.5）、食鹽、紅茶等鹽漬之，經蛋殼表面氣孔的滲透，使蛋內容物之自家消化酵素活動旺盛以及抑制雜菌繁殖。惟鹼性太高，亦易使蛋白質水解，蛋白再溶解、硫化氫流失而變質，因此皮蛋製造的配方比例及鹽漬條件極為重要。其製造方法概可分為塗敷法（Coating Method）、浸漬法（Immersion Method）及浸漬與塗敷混合法（Combined Method）三種，如製程所示，惟各有獨特之配方與製法，多憑經驗為之。

小博士解說

1. 塗敷法須同時以生石灰及碳酸鈉為鹼性物質，若單獨使用則鹼性不夠，其化學變化：

    生石灰（CaO）＋水（H_2O）⇌ 氫氧化鈣（$Ca(OH)_2$）

    氫氧化鈣（$Ca(OH)_2$）＋碳酸鈉（Na_2CO_3）⇌ 2氫氧化鈉（NaOH）＋碳酸鈣（$CaCO_3$）

2. 浸漬法：以氫氧化鈉為鹼性物質。
3. 食鹽：使皮蛋具有鹹味，惟亦不宜過量，以免太鹹導致影響皮蛋風味。
4. 紅茶：可緩和嗆味，但對皮蛋之顏色及風味不會有明顯影響。

皮蛋製造流程

一、塗敷法（Coating Method）：

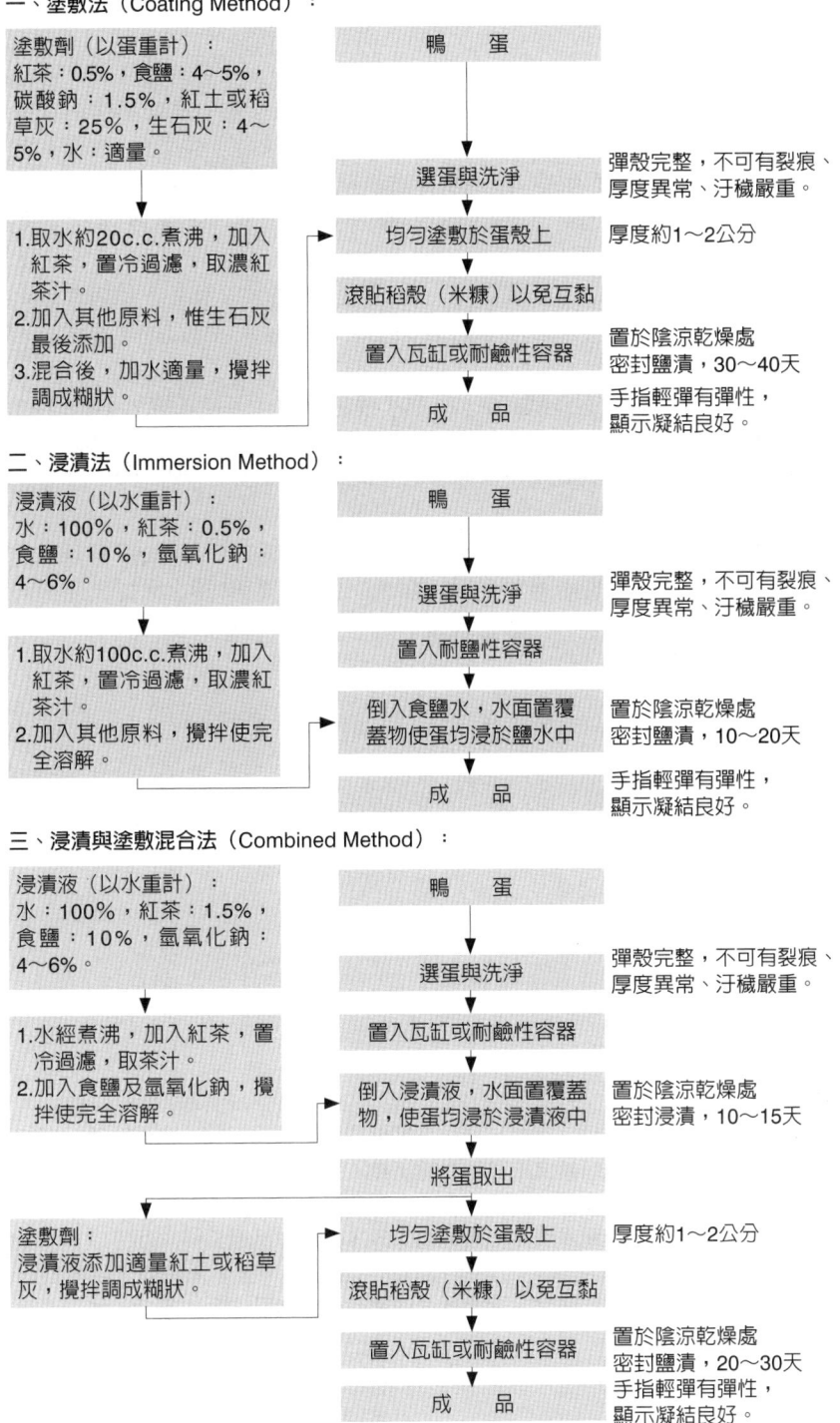

塗敷劑（以蛋重計）：
紅茶：0.5%，食鹽：4～5%，碳酸鈉：1.5%，紅土或稻草灰：25%，生石灰：4～5%，水：適量。

1. 取水約20c.c.煮沸，加入紅茶，置冷過濾，取濃紅茶汁。
2. 加入其他原料，惟生石灰最後添加。
3. 混合後，加水適量，攪拌調成糊狀。

```
鴨　　蛋
   ↓
選蛋與洗淨    → 彈殼完整，不可有裂痕、
   ↓            厚度異常、汙穢嚴重。
均勻塗敷於蛋殼上 → 厚度約1～2公分
   ↓
滾貼稻殼（米糠）以免互黏
   ↓
置入瓦缸或耐鹼性容器 → 置於陰涼乾燥處
   ↓                    密封鹽漬，30～40天
成　　品      → 手指輕彈有彈性，
                顯示凝結良好。
```

二、浸漬法（Immersion Method）：

浸漬液（以水重計）：
水：100%，紅茶：0.5%，食鹽：10%，氫氧化鈉：4～6%。

1. 取水約100c.c.煮沸，加入紅茶，置冷過濾，取濃紅茶汁。
2. 加入其他原料，攪拌使完全溶解。

```
鴨　　蛋
   ↓
選蛋與洗淨    → 彈殼完整，不可有裂痕、
   ↓            厚度異常、汙穢嚴重。
置入耐鹽性容器
   ↓
倒入食鹽水，水面置覆   → 置於陰涼乾燥處
蓋物使蛋均浸於鹽水中     密封鹽漬，10～20天
   ↓
成　　品      → 手指輕彈有彈性，
                顯示凝結良好。
```

三、浸漬與塗敷混合法（Combined Method）：

浸漬液（以水重計）：
水：100%，紅茶：1.5%，食鹽：10%，氫氧化鈉：4～6%。

1. 水經煮沸，加入紅茶，置冷過濾，取茶汁。
2. 加入食鹽及氫氧化鈉，攪拌使完全溶解。

塗敷劑：
浸漬液添加適量紅土或稻草灰，攪拌調成糊狀。

```
鴨　　蛋
   ↓
選蛋與洗淨    → 彈殼完整，不可有裂痕、
   ↓            厚度異常、汙穢嚴重。
置入瓦缸或耐鹼性容器
   ↓
倒入浸漬液，水面置覆蓋 → 置於陰涼乾燥處
物，使蛋均浸於浸漬液中   密封浸漬，10～15天
   ↓
將蛋取出
   ↓
均勻塗敷於蛋殼上 → 厚度約1～2公分
   ↓
滾貼稻殼（米糠）以免互黏
   ↓
置入瓦缸或耐鹼性容器 → 置於陰涼乾燥處
   ↓                    密封鹽漬，20～30天
成　　品      → 手指輕彈有彈性，
                顯示凝結良好。
```

8.7 香腸

吳伯穗

香腸（Sausage）係我國極為普遍之傳統肉類加工品之一。我國幅員廣大，各個地區各有不同的稱呼，如灌腸、臘腸等；配方調理口味及製造方法如所熟知之台式香腸、中式香腸、廣式香腸；以及各具家鄉風味如湖南香腸、江西香腸、武漢香腸、北京香腸、南京香腸等特色的產品；甚至以米食為原料的米腸、雞蛋的蛋腸、東北有名豬血的血腸等，實難以贅述。詳情可參考中華民國國家標準，總號15170肉類產品之總則以及總號15168香腸之釋義。

香腸製造之基本配方及製程如圖頁。香腸的調理口味雖然多樣化，依需求可於配方中添加各種調味料與香辛料，惟其製程大致相似，如製程亦可復經煙燻處理等。配方設計中應注意：

1. **亞硝酸鹽**：肉品添加的亞硝酸鹽，俗稱「發色劑」，可使香腸外觀鮮紅討喜，惟其最重要之目的實係其乃唯一可以抑制肉毒桿菌之發育，以確保肉品之衛生安全。依「食品添加物使用範圍及用量標準」之規定屬第5類之保色劑，於肉製品用量以亞硝酸根（NO_2^-）殘留量計為0.07g/kg以下。

2. **聚合磷酸鹽**：俗稱「結著劑」，可使原料肉具有黏（彈）、保水性，不致原料肉碎散。依「食品添加物使用範圍及用量標準」之規定屬第7類之品質改良劑，於肉製品用量以磷酸根（PO_4^{3-}）計為3g/kg以下。

小博士解說

肉類產品是項極富營養價值之食品，香腸之調理與製造過程簡單，方便冷藏保存，易於迎合消費大眾之需求，為餐食上極為常見的美食。

香腸屬未熟煮之產品，在食品的衛生安全上尤為重要。因此配方設計上添加各種調味料與香辛料，除使產品風味獨具滿足消費者嗜好外，亦可降低產品的水活性以抑制微生物之發育；製程的衛生品管、包裝冷藏以及成品低溫行銷，甚至消費者烹調前的冰箱儲存，均需處在冷處理控管。當然，冷藏保存並無法確保食品的衛生安全，建議消費者應於保存期限內盡早食用。

香腸之製造流程

副原料：
食鹽：2.5～3.0%
砂糖：0.5%
味精：0.2%
其他調味料、香辛料：適量
亞硝酸鈉：0.015%
聚合磷酸鹽：0.3%

乾粉狀之副原料先經充分混合、攪拌均勻成預混物 →

主原料：
瘦肉：以100%計
去除脂肪、韌帶等，切成2～3公分大小

肥肉：瘦肉量的25%
切成1～2公分大小

↓

混合
瘦肉與肥肉充分攪拌均勻
徐徐添加副原料預混物，充分攪拌均勻
液狀調味料、香辛料直接添加，充分攪拌均勻

腸衣
泡水約30分鐘，以去除鹽分及使腸衣洗淨、軟化 →

↓

充填擠壓塞入腸衣內
1. 以灌腸機（Chopper）將肉灌入腸衣
2. 家庭式可使用長嘴漏斗充填之。於漏斗尖端套上腸衣，用筷子等細棍直接將肉塞入腸衣
註1. 腸衣套好後，腸衣末端先以棉繩紮緊
　2. 灌腸時緩緩擠拉出，不宜過緊而擠破腸衣
　3. 邊灌腸邊紮節，每隔約10公分以棉繩紮緊
　4. 以針、牙籤等尖物將腸衣內空氣刺孔排出

↓

乾燥
懸掛於日晒、通風良好處自然乾燥，晾至香腸表面有光澤、發硬為止

↓

冷藏保存
剪去每節的棉繩，冷藏（約5°C）保存

➕ 知識補充站

1. 各種乾粉狀副原料之添加量少，可一起裝於塑膠袋中充分搖動，使其混合均勻，即稱預混物，然後再均勻地分灑於原料肉，充分攪拌均勻。
2. 可先經煙燻處理再行乾燥：將香腸懸掛於密閉空間，內置炭火，上鋪鋁箔紙，灑些砂糖生煙燻之。
3. 依乾燥程度可分為：
　乾式香腸：乾燥至成品重為原料肉重的60%以下之香腸製品。
　半乾式香腸：乾燥至成品重為原料肉重的61～80%之香腸製品。

8.8 臘肉

吳伯穗

臘肉又稱英翻中譯名的培根（Bacon），主要係以豬的腹脇肉（Belly）為原料製成之傳統肉類加工品。腹脇肉俗稱五花肉，由於該部位肥肉和瘦肉相間，一層肥一層瘦重疊交錯，所以台語亦習慣稱之為三層肉。

臘肉之製造主要包括鹽漬與煙燻兩大加工程序，藉以確保原料肉的衛生安全，延長產品的保存期限。原料肉經適當濃度食鹽的鹽漬、伴隨添加各種調味料與香辛料的口味組成、局部熱烘脫水乾燥等處理，降低產品的水活性，以抑制微生物發育；煙燻過程於肉品表面附著醛類、酸類、酚類等各種煙燻成分，可以降低pH值，亦具有抑菌、防腐、抗氧化等效果。

臘肉製造除了腹脇肉外，當然亦可以其他部位為原料肉。惟由於腹脇肉有較多脂肪，直接食用較為油膩，將會影響其消費嗜好。因此加以製成臘肉產品，於煙燻製程之高溫條件下，促使原料肉滲油蒸發以及自體脂肪酵素的發酵分解作用，轉換油脂形式，使得臘肉產品油而不膩，此一過程統稱為熟成。此外，由於各種調味物質的醃漬、煙燻物質的沾附等，使得臘肉產品且具有獨特之風味、口味與接受性。

小博士解說

以前的農村社會每逢難得的過年、過節及重大節慶，當以殺豬宰羊。歡慶之餘，面對剩餘龐大原料肉之處置，往往需要處心積慮、想方設法，如何適當加工方使其得能妥善保存，不致敗壞受損。最簡單的方法就是：在寒冷的臘月直接加以吊掛使之凍藏；以食鹽或各種香辛、調味料加以醃漬增加口味多樣化；逕自乾燥或烘乾脫水降低水分含量與水活性以抑制腐敗微生物之滋長等，因此傳統的肉類加工製品得以因應而生。由於大陸幅員廣闊，各地的風土民情殊異，俗云：東酸、西辣、南甜、北鹹，因此自有其地域嗜好性之特色。

臘肉之製造流程

一、乾鹽法（Dry Salting）：

副原料：
食鹽：3～7%
砂糖：0.3～0.5%
味精：0.2%
亞硝酸鈉：0.015%
其他調味料、香辛料：適量
乾粉狀之副原料先經充分混合、攪拌均勻成預混物。

主原料：
腹脇肉（Belly）：以100%計
去除肋骨、軟肋、乳頭等，切成2～3公分之長條形肉片。

↓

鹽漬：乾鹽法
1. 均勻塗抹於肉片表面。
2. 整齊排列平鋪於容器內。
3. 置於冰箱或冷藏庫（約0～5°C）低溫儲存5～6日。

二、濕鹽法（Wet Salting）：

副原料：
水：100%
食鹽：22～30%
砂糖：2～7%
味精：0.2%
亞硝酸鈉：0.07%
其他調味料、香辛料：適量
乾粉狀之副原料倒入水中，加熱、攪拌，使完全溶解成混合液，冷卻備用。

鹽漬：濕鹽法
1. 將肉片整齊排列平鋪於容器內。
2. 注入鹽漬液，完全浸滿肉片。
3. 置於冰箱或冷藏庫（約0～5°C）低溫儲存3～5日。

↓

水洗
鹽漬後之肉片浸於流動水中，水洗30～60分鐘，以去除表面鹽分及肉片內外鹽分均等。

↓

乾燥、煙燻
1. 將肉片懸掛於密閉空間或煙燻室，下方（地面）置炭火，約30～35°C溫度下熱烘至肉片表面乾燥。
2. 炭火上置鐵片（鍋子），鋪灑木屑、蔗渣或砂糖等煙燻材料，加熱煙燻，約50°C、4～12小時。

↓

自然風乾熟成或冷藏保存
懸掛於陰涼通風良好處自然風乾，持續熟成，儘速消費。或適當包裝，冷藏保存。

＋ 知識補充站

1. 乾鹽法之各種乾粉狀副原料之添加量少，可一起裝於塑膠袋中充分搖動，使其混合均勻，即稱預混物，然後再均勻塗抹於原料肉表面。
2. 為有效提升乾粉料之均勻混合及塗抹原料肉之附著，可將預混物加以適當加熱焙炒、攪拌，以去除水分，蓬鬆乾燥。
3. 鹽漬時，可先以牙籤或叉子插刺原料肉，以助副原料之滲透入味。
4. 鹽漬或煙燻之時間長短，宜依個人之官能嗜好自行調整。

8.9 火腿

吳伯穗

　　火腿（Ham）與前述之香腸、臘肉同為中、西式之三大傳統肉製品之一，其目的主要在於藉由包括鹽（醃）漬、烘乾、煙燻等三大步驟之製造方法，得以將過剩之原料肉延長保存期限及種類多樣化而發明之加工品。

　　西式與中式肉製品的製作有所差別，主要由於西方人的口味著重於柔軟、多汁，而且會研究原料肉大塊切修整後所剩下不成型細小肉塊的如何再利用，以避免浪費及降低成本。因此利用細切乳化機（Silent Cutter，有稱斬伴機）將碎肉細切成乳化肉（肉漿），充填於香腸腸衣製成熱狗（Hot Dog）；適當比例與塊肉混合、充填於腸衣製成三明治火腿（Sandwich Ham）；高級的西式火腿則只有以塊肉為原料肉，不含乳化肉，充填於腸衣稱為壓型火腿「Press (ed) Ham」；甚至可以混合添加各種蔬果，製成多樣化的火腿產品。所以西式火腿的原料成本、品質、售價等較有彈性，以迎合不同消費者的喜愛。其製造流程雷同，本文以壓型火腿之基本配方及製程說明如附：

1. 副原料中添加亞硝酸鈉及聚合磷酸鹽，其目的及用量法規如「8.7香腸」乙節之說明，不另贅述。
2. 原料肉可先以牙籤或叉子插刺：以助於副原料預混物之滲透入味。
3. 冰水或冰花的添加：除有助於副原料預混物之吸附外、主要在於預防原料肉滾打（摔肉、按摩）過程因肉溫上升而影響品質。
4. 原料肉滾打（摔肉、按摩）：藉著滾打機之滾動，將原料肉帶上後落下，似如人手之抓起重摔、揉捏與按摩，有助於副原料預混物的滲入、增加原料肉的彈性，尤其是萃取原料肉中之鹽溶性蛋白質以增加其結著性。

小博士解說

中式火腿中以金華火腿、宣威火腿、如皋火腿並稱中國三大火腿。其中耳熟能詳的金華火腿之發明，據云早在南宋高宗時候的名將──宗澤回鄉返京時，浙江金華的鄉親送他當地特產「兩頭烏」豬種（頭和屁股的毛是黑色，特點是皮薄及骨架細，脂肪豐富，味道甘香）。肥大、肉嫩的新鮮豬腿肉，以備他在路上食用。因吃不完就令部下把肉鹽醃放在簍子裡帶回京城。由於路途遙遠交通不便又時值嚴冬，當抵開封時那些豬肉已經風乾了。取出烹調時發現這些豬腿肉不但沒有壞，而且肉色鮮紅如火、滋味特別鮮美可口。後來獻給皇帝和文武百官品嚐，大家均讚口不絕，都說有它獨特的味道。宗澤為紀念家鄉名產，經請大家取名，由於它的色澤鮮紅似火而命名為「金華火腿」。

其實中式火腿經長期儲存往往難免仍有發霉、長蛆、腐敗的現象，然為珍惜資源仍吝於棄置而予以篩檢、清洗、烹調、食用，尤其是尚未敗壞之深層原料肉，反而因熟成，自體酵素作用，更有其獨特之風味，給皇帝貴族食用的堪稱是肉品中所剩無幾之精品。

壓型火腿「Press (ed) Ham」之製造流程

副原料：
食鹽：2～3%
砂糖：3.5%
味精：0.2～0.4%
亞硝酸鈉：0.015%
聚合磷酸鹽：0.2%
其他調味料、香辛料：適量
冰水或冰花：10%
乾粉狀之副原料先經充分混合、攪拌均勻成預混物。

人工腸衣：
口徑5～7公分，長約30公分
1. 一端先以鋼釘封口機或棉繩封口、紮緊。
2. 泡水約10分鐘，使之軟化。

主原料：
腿肉：以100%計
1. 去除原料肉表面附著之脂肪、筋膜、肌腱、韌帶等，切成3～5公分之肉塊。
2. 依需要可添加約20%之肥肉。切成1～2公分之肉塊。

攪拌混合、滾打（摔肉、按摩）、醃漬
1. 將原料肉、副原料預混物與冰水或冰花倒入滾打機（Tumbler）中，4℃、10轉/分，滾打約4小時。
2. 家庭式：
   (1) 將原料肉與副原料預混物於容器中充分攪拌混合均勻。
   (2) 滾打（摔肉、按摩）：混合過程中，持續分段添加冰水或冰花，並多次將原料肉抓起，重摔於容器內。
3. 置於冰箱或冷藏庫（約0～5℃）低溫醃漬約10小時。

充填人工腸衣
1. 將人工腸衣置於圓筒或方筒形之定型器中，以充填機將醃漬肉灌入成型。
2. 家庭式：以漏斗充填之。於漏斗尖端套上腸衣，用筷子等細棍直接將肉塞入腸衣。
   注意：盡量將肉擠入腸衣底端，將空氣排出，以免包覆空隙，影響原料肉之結著力。
3. 充填後，將腸衣充填端以鋼釘封口機或棉繩封口、紮緊。
   註：若無腸衣定型器，可於充填後，每隔約4公分，外以棉繩捆紮之。

乾燥、煙燻
1. 懸掛於煙燻室或密閉空間，下方（地面）置炭火，約50℃溫度下熱烘約30～60分鐘，使腸衣表面乾燥。
2. 炭火上置鐵片（鍋子），鋪灑木屑、蔗渣或砂糖等煙燻材料，60～70℃、2～3小時加熱煙燻。

水煮
85～90℃熱水中水煮至中心溫度達70℃維持15分鐘，或65℃維持30分鐘以上。

置冷、包裝、冷藏
置於通風處徐徐冷卻至室溫，去除人工腸衣、依規格或切片、真空包裝、冷藏及食用。

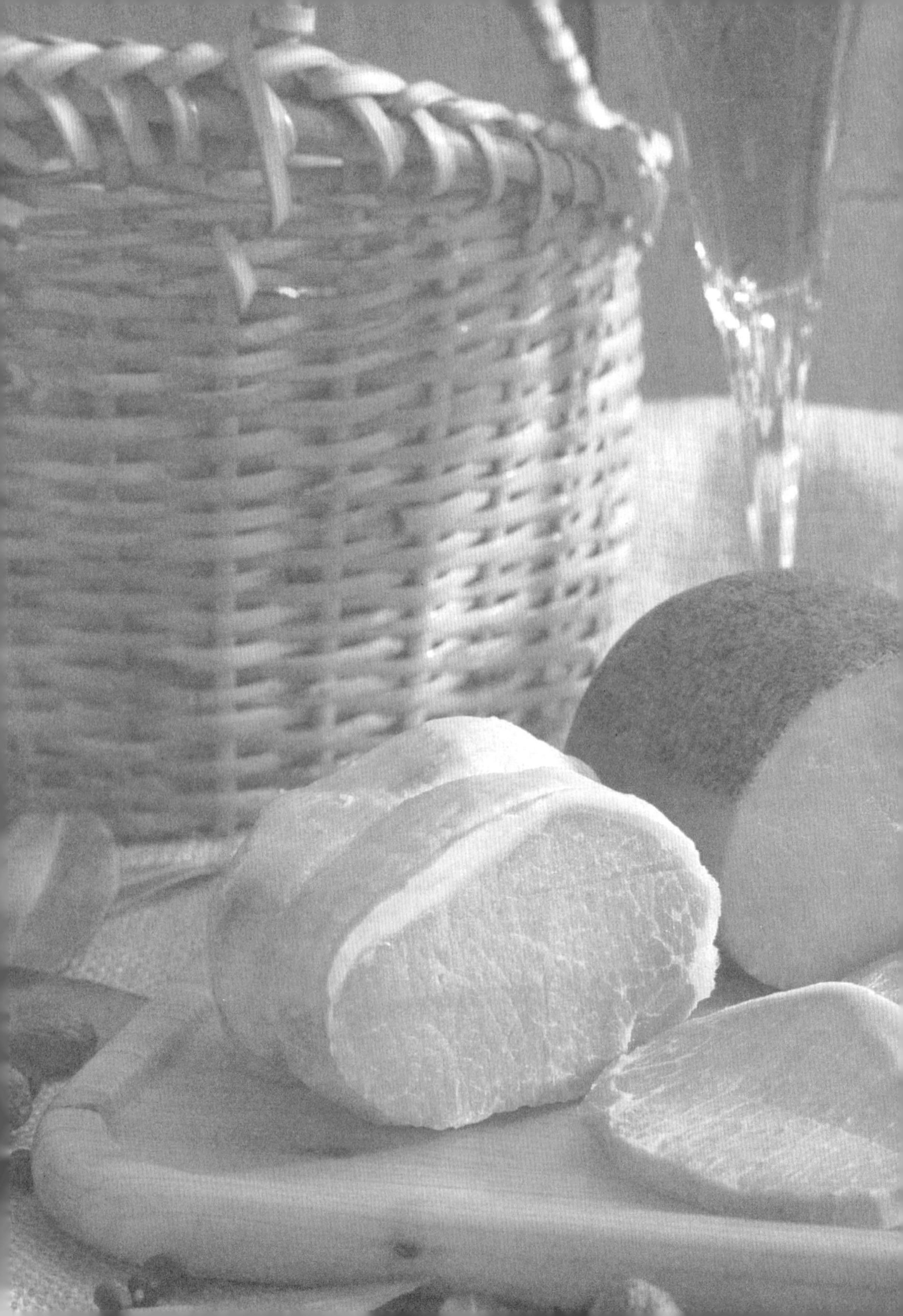

第9章
水產品的加工

9.1 柴魚

9.2 海苔

9.3 石花菜

9.4 海參

9.5 海帶

9.1 柴魚

顏文義

　　柴魚是一種日本的傳統的水產品，日本人稱爲「鰹節」（かつおぶし），早在日據時代，台灣人也已開始接受這種食品，在台灣俗稱爲柴魚，是因爲它的產品外觀像木材般硬也如木柴。做味噌湯的時候，用柴魚片（鰹節）與昆布一同煮湯，其味道比鮮魚所煮的湯更富含鮮味，如果在涼拌豆腐上灑一些柴魚薄片，也是好搭配。

　　以加工技巧的眼光觀之，柴魚是一種很獨特的產品，它利用了煮熟脫水，柴火烘乾以及晒乾的操作，使原本水分很高，極易腐敗的鰹魚，變成乾如木柴，體積縮小，很容易保存和利用的製品，水分在12～14%。其加工過程使用很多的人力，重複操作而費時，將食品加工技術的精髓，發揮的淋漓盡致。

製作要領：

1. 若按上述的傳統鰹節製法來生產柴魚，從原料到產品完成需時半年，業者資金週轉不易，是以有連續低溫焙乾法，亦即在焙乾與下次焙乾的中間等候魚肉內外的水分平衡時，在存放室內供給飽和蒸氣，使魚肉外層回濕，如此焙乾過程約4～12天完成，但品質稍不如傳統製法。
2. 以傳統製法來生產鰹節，在現代工商社會漸漸無法適應，技術人員逐漸老化，還有就是製作的最後過程——發霉，近年來也都省略了。

　　鰹節的製造過程，不僅使其產品乾燥而容易保存，同時也有增加美味成分之作用。鰹節的風味，以次黃嘌呤核苷酸（Inosinic acid）和組胺酸（Histidine）鹽爲美味成分爲主，也有各種胺基酸、脂肪或其他成分。次黃嘌呤核苷酸之含量以鰹最高，其次依序是鮪、鯖、鰮。

小博士解說

1. 鰹節的原料以鰹魚爲主，如果原料魚的脂肪含量過高，則產品品質不佳。鰹魚屬於迴游性魚類，脂肪含量隨季節和漁場而有不同，在台灣花東海域捕獲時，魚體脂肪含量高，當游到日本九州四國一帶時，脂肪含量比較適合。對生肉比例在1~3%，但是脂質含量太少也不能製成品質優良的產品。
2. 原料魚的鮮度會影響鰹節製品的外形，剛捕獲，正處於死後硬直的魚體，在水煮時，易於斷裂或扭曲變形，然而鮮度相當低落者，體長方向收縮不良，也會造成產品外型不整齊。

柴魚製造流程

原料
用正鰹（skipjack）為原料所製成者，才稱得上正鰹節製品，其他魚種，例如小鮪魚、鯖魚等，其味道有些差別。

原料處理
水洗後將魚體沿脊椎骨左右邊剖成二片，若是大型魚則再沿側線縱切成背、腹各二片。

煮熟
魚片清洗後排放於煮籠，疊放於水煮鍋，以70～90°C溫度煮60～80 min，魚鮮度差用高溫煮，反之用低溫。

拔骨整理
魚片煮熟後放冷，去除筋骨及小骨，同時除去魚鱗或部分魚皮。

焙乾（燻乾）
去骨後的魚肉移入烘乾室進行焙乾，溫度70～90°C, 30 min。採用分階段多次施行，中間暫停，讓魚肉內部水分擴散到魚肉外部，再繼續焙乾，如此反復進行3～5次，直至水分含量降至20%以下。

整形修補
第一次焙乾後魚塊半成品常有龜裂現象因此使用預先備製的魚肉泥塗抹在破損和裂縫之處。

晒乾
焙乾終了置於原來蒸籠或草蓆上每日晒數小時，只需輕度日晒2～3天，此種半成品就稱為荒節，已可出售。

削修
用工具刀削去表面帶有煙灰的黑褐色產層，使產品外觀整潔平滑，也呈現出棕紅肉色，削修完成後的產品稱為「裸節」。

誘導發黴
削修後的裸節放入倉庫，8天左右會長出青綠色黴，取出日晒1～2天，刷去黴粉，再放回倉庫，同樣操作3～5次，而長出的黴則顏色愈來愈淡，如此已成相當乾燥的成品，稱為「本枯節」。

成品包裝

製作柴魚的原料魚：鰹魚
（來源：農委會水產試驗所）

製作完成的柴魚成品：鰹節
（來源：日本德島縣タキモト）

9.2 海苔

李明清

　　紫菜因為能夠進行光合作用而常被人誤認為是植物；但在生物學分類上它並不屬於植物，因為它缺乏真正的根、莖、葉構造。與水草不同，紫菜，是海中互生藻類生物的統稱，可以食用。與大部分藻類不同的是，紫菜是肉眼可見多細胞的生物。一般生活在距離潮間帶數十公尺的海底，外表通常呈綠色，偶爾呈紅色。

　　製造過程：紫菜原藻由海上採收後，需放在陰涼的地方滴水晒乾，將紫菜原藻以海水及淡水分別清洗乾淨之後，放入機器內切細條使小於6mm，然後漂洗脫水，放入模具內擠壓成型後，再乾燥即可做成為我們常說的板海苔（半成品），是紫菜加工廠的原料，必須再加工乾燥後才可食用。板海苔（半成品）先經過金屬探測器檢查及人工確認無其他夾雜物之後，就可以進入烘烤，烘烤條件200℃×3秒，就會成為產品，主要生產項目約分為調味海苔及烤海苔兩種。也會依照顧客的需求，做出不同尺寸規格及品質。調味海苔、烤海苔的作法都相同只是有、無調味的分別而已。

　　海苔本身的營養很高，因為它生長在海邊的巖石上，充分汲取了海水中的蛋白質、礦物質和維生素等，被人們稱為「維生素的寶庫」。其中，胡蘿蔔素、核黃素、維生素A、B族維生素的含量特別高。海苔中還含有鐵、鈣等礦物質。海苔的脂肪含量比較低，只占全部營養成分的1～2%，但其中有利於神經系統發育的不飽和脂肪酸EPA的含量就占了其中的52%，再加上大量人體必需的礦物質和維生素，長期食用海苔能改善微循環、增強免疫力、延緩衰老、減少癌症和心血管病的發病率。海苔營養豐富，含碘量也很高，也可用於治療因缺碘引起的「甲狀腺腫大」。

小博士解說

海苔的營養成分（100克）：

蛋白質 15g
鐵 7mg
鈣 960mg
鈉 6.1g
葡萄糖 35.3g
鉀 5.5mg
脂質 3.2g
維他命A 1800IU

維他命B1 0.3mg
維他命B2 1.15mg
維他命C 15mg
Lysin（酵素）8mg
磷 400mg
Calcareous 30.8mg
纖維 2.7mg
水分 13g

海苔製造流程

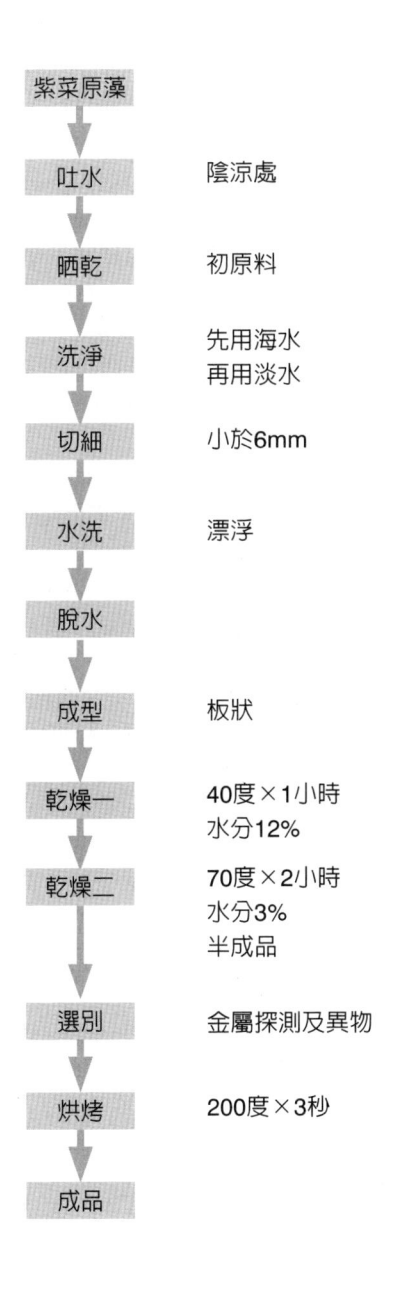

```
紫菜原藻
   ↓
  吐水      陰涼處
   ↓
  晒乾      初原料
   ↓
  洗淨      先用海水
            再用淡水
   ↓
  切細      小於6mm
   ↓
  水洗      漂浮
   ↓
  脫水
   ↓
  成型      板狀
   ↓
 乾燥一     40度×1小時
            水分12%
   ↓
 乾燥二     70度×2小時
            水分3%
            半成品
   ↓
  選別      金屬探測及異物
   ↓
  烘烤      200度×3秒
   ↓
  成品
```

9.3 石花菜

李明清

　　石花菜是一種生長於海岸潮間帶岩石下層的表面，是一種天然的藻類，平常不管漲退潮都不太容易由陸地上看見，而是必須潛到海中約一到五公尺深的底層礁岩去拔取。石花菜在海底都是大片大片聚集生長，並於每年農曆四至五月之間盛產。早年台灣人並不吃石花菜，一直到日據時期看到日本人大舉拔取石花菜後才慢慢學會。台灣、日本、韓國等地都有石花菜，其中台灣的石花菜外型最漂亮，熬煮後滋味也較好，適合熬煮成石花凍當飲品，而韓國的石花菜則口感最好，但無論哪一種石花菜皆不能生吃。石花菜是非常挑剔水質的植物，只要海水愈清澈、海域流動愈快速，品質就愈好。在台灣北海岸雖然處處可見石花菜，但以野柳跟鼻頭角兩地所生產的鳳羽菜品質最好。石花菜在海底呈現深褐色，剛拔取時腥味很濃。石花腥味若沒去掉，就會很難入口。

　　傳統方法要把石花菜變成石花凍，首先需將採上來的石花菜用清水搓洗，接著在太陽下曝晒，如此反覆10次以上，直到石花菜由深褐色慢慢變成紅、黃、金黃色澤後才能夠去掉腥味。接著就可將這樣的石花菜入鍋熬煮大約二到三小時，再讓其慢慢冷卻，然後就是好吃的石花凍了。在熬煮時添加一點紅棗、枸杞等中藥材料讓滋味更甜美，或是飲用時加點檸檬，甚至將石花凍摻入於冰咖啡裡，這些都是極好的吃法。石花菜的採集期為農曆四月至五月初（端午節前），端午節過後的石花雜質較多。農曆四月，這時的海水依舊冰冷，而且上岸後日照較少，要曝晒石花菜並不容易。又冷、又難保存、售價又不高，種種的因素，也讓現代年輕人願意下海採石花菜者愈來愈少。如果要大規模生產，可以使用右頁圖解流程，萃取、過濾、壓榨、乾燥為成品之方法。

小博士解說

　　石花菜能在腸道中吸收水分，使腸內容物膨脹，增加大便量，刺激腸壁，引起便意。所以經常便秘的人可以適當食用一些石花菜。所含的澱粉類硫酸脂為多糖類物質，具有降脂功能，對高血壓、高血脂有一定的防治作用。中醫認為石花菜能清肺化痰、清熱燥濕，滋陰降火、涼血止血，並有解暑功效。

石花菜製造流程

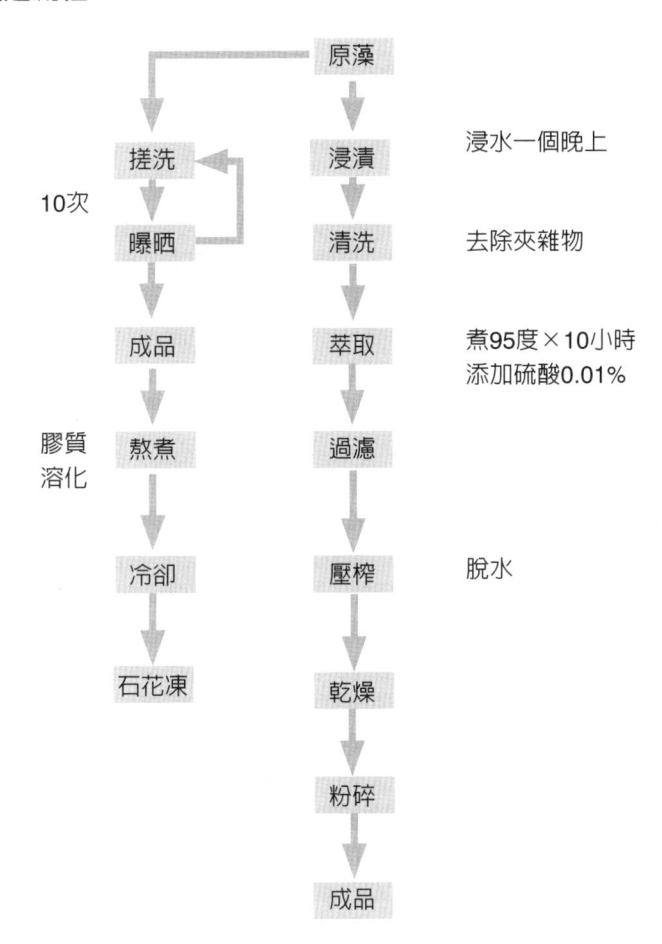

```
                    原藻
                   ┌──┴──┐
                   ↓     ↓
        ┌──────→ 搓洗   浸漬  ← 浸水一個晚上
   10次 │         ↓     ↓
        └────── 曝晒   清洗  ← 去除夾雜物
                   ↓     ↓
                  成品   萃取  ← 煮95度×10小時
                   ↓           添加硫酸0.01%
   膠質            ↓
   溶化          熬煮   過濾
                   ↓     ↓
                  冷卻   壓榨  ← 脫水
                   ↓     ↓
                 石花凍  乾燥
                         ↓
                        粉碎
                         ↓
                        成品
```

乾石花菜

9.4 海參

李明清

　　海參被稱之為「大海之珍」，是一種高蛋白低脂肪的食品，每100公克裡面的脂肪含量只有0.3克，並且不含膽固醇。海參的營養素包括了蛋白質、碳水化合物、鈣、磷、鐵、維生素B1、維生素B2、海參素、刺參酸性黏多醣體、膠質、硫酸軟骨素、醣胺聚糖等。海參的高蛋白低脂肪，十分適合高血壓、冠狀心臟病、肝炎的病人食用。海參中的海參素，可以提高人體的免疫力和抗癌殺菌的作用，促進人體細胞的新陳代謝。富含的刺參酸性黏多醣體，則可以抑制癌細胞的生長和轉移。富含膠質、硫酸軟骨素，可養顏美容、延緩老化、補充體力、改善排便狀況。醣胺聚糖的成分，可以降低血脂，以及血液的濃稠度，適合血栓、高血脂、心血管疾病的患者食用。海參和木耳都富含膠質且有助排便，除對筋骨有益，並能加速膽固醇排出體外。海參中富含蛋白質，與富含單寧酸的柿子先後食用（十分鐘內），會影響蛋白質的消化吸收，甚至會造成腹痛、噁心及嘔吐。

　　海參捕取後，尚可活6小時。加工時為保持其良好的鮮度，必須立即予以處理，首先用3%的食鹽水把外表洗滌乾淨，然後去除內臟，利用竹筒或金屬製的脫腸管自肛門插入，由口端拔出，以除去內臟。脫腸管長度約45公分，口徑1.8公分。也可以利用小刀自腹部中央向尾端割開約5～6公分，把海參向背部反折，腸囊即由開口處擠出，以手摘除內臟，之後以3%食鹽水洗滌乾淨。去內臟後的海參放置於3%的食鹽水中保存。洗好之後可以用煮熟或鹽漬處理，滴除水分，投入食鹽水中煮熟1～1.5小時，開始煮15分鐘左右，原料收縮，腹腔內的空氣與水分膨脹，此時即應撈起，利用竹籤或釘有針尖的木板，對腹部刺孔，以防脹裂。煮熟完成後，除去水面泡沫，再行撈起，浸入冷水中冷卻，使其溫度降至常溫，使海參腹部朝下，瀝除水分。或以20%食鹽水浸2小時，然後洗淨瀝除水分。乾燥時移於陽光下日晒，夜晚收回室內，使內部水分滲出，白天再晒，約2天左右即達半乾狀態。此時如以刀子切腹的原料，必須整好刀痕形狀，利用棉線緊紮體外，線間距離約1～2公分，再懸於陽光下晒乾。也可以用40°C乾燥2～3小時來取代。乾製成品在室溫下可貯存半年左右，如欲保持更好的品質，可以塑膠袋密封後於5°C左右冷藏，保存時間可以延長至1年左右。

小博士解說

　　若買製好的海參，煮食前最好用水反覆沖泡洗淨3次，然後才實際料理。

乾海參製造流程

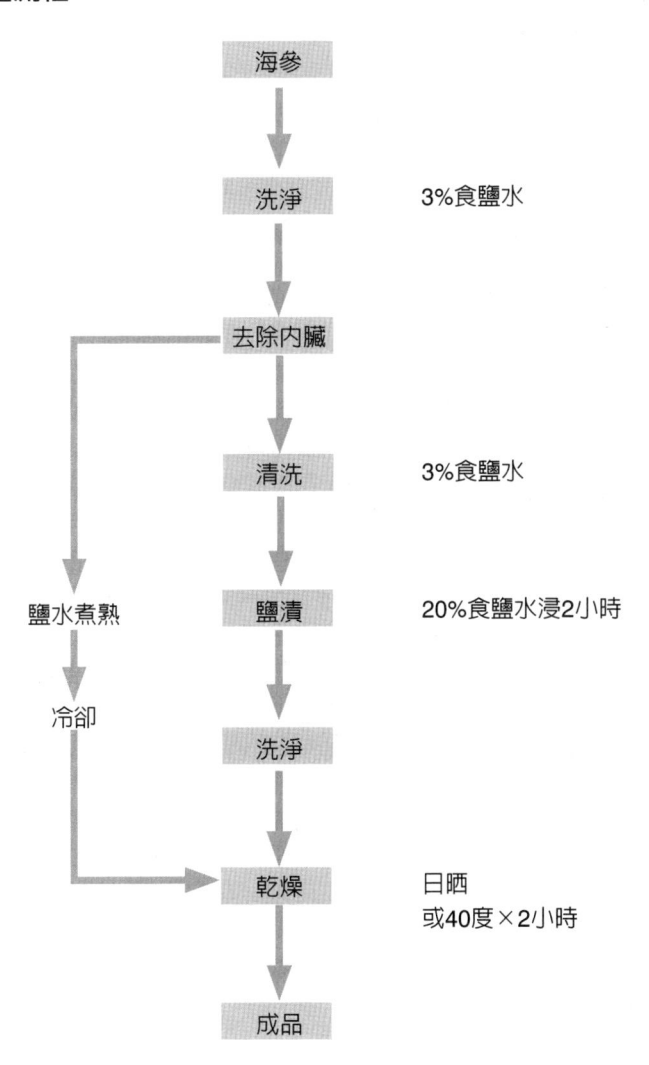

```
          海參
           ↓
          洗淨         3%食鹽水
           ↓
         去除內臟
           ↓
          清洗         3%食鹽水
           ↓
          鹽漬         20%食鹽水浸2小時
           ↓
          洗淨
           ↓
          乾燥         日晒
           ↓          或40度×2小時
          成品
```

鹽水煮熟 → 冷卻 → 乾燥

9.5 海帶

李明清

　　海帶95%是水，3%是膳食纖維，富含碘、硒，以及少量的鈣、硫、鐵、鎂、鉀、鈷、砷等多種微量元素，有助調理人體生理機能，是理想的鹼性食物。海帶也含維生素B、C、蛋白質、胺基酸、菸鹼酸、類胡蘿蔔素、核黃素、褐藻酸鈉鹽、昆布胺酸、褐藻氨酸、岩藻硫酸脂及甘露醇。

　　從海中撈起後去除雜質及除莖、用淡水簡要清洗乾淨，然後切成寬狀再晒乾。乾燥的過程可分成「淡乾海帶」和「鹽乾海帶」兩種，前者是在海帶採收後直接日晒兩天，每天要翻2～3次而成，後者則是採收後先用鹽醃漬七天再進行晒乾。高級海帶經浸醋處理後，除垢乾燥而得。

　　購買乾燥後的海帶時應選擇深褐色或深墨綠色，長度至少150公分，寬大且肉厚，邊緣無腐爛，也沒有附著其他雜質者；而乾海帶外層的白霜為甘露醇，海帶甘甜的關鍵，是植物鹽經風化而成，對人體無害，購買時可以用手輕拍白霜，若容易拍散表示海帶存放良好，並無受潮，購買後則應密封存放於乾燥陰涼處。若購買的是乾燥後再復水的海帶，則應挑選質地較硬者。

　　海帶是一道小菜做為開胃菜之用，海帶薑絲及海帶搭配魯蛋都是一般庶民們最愛的小菜，涼拌海帶芽的製作，首先將海帶芽放入滾水中煮1分鐘，撈起之後放置10分鐘讓海帶芽變涼，將蒜頭切成蒜末辣椒切小段，依個人喜好調整倒入涼的海帶芽中，然後加點醋與砂糖，一起攪拌均勻，最後加入蔥花就成為一道可口的涼拌海帶芽了，放到冰箱冰鎮一下口味更好，多放一天海帶會更入味。

　　海帶也可以搭配豆包等豆製品來食用，豆類產品是很好的植物性蛋白質來源，把豆包油炸後撈出備用，海帶去除牙籤或綁繩之後與干瓢放入水中，加點醋煮滾5分鐘讓海帶及干瓢變軟，煮好之後撈出備用，豆包放在下面，鋪上一片海帶，把它捲起來然後用干瓢當繩子打結、綁好，就成為豆包海帶卷，放入鍋中燒煮，加入調味料（按各人喜好）及半杯水煮開之後轉小火至水收乾為止，燒煮過程要翻面，盛盤之後撒些芝麻，就是一道營養好吃的豆包海帶了。

小博士解說

海帶等大型藻類一般外形可區分為固著器、柄及葉體三部分。固著器形體狀似一般植物的根部，但不具吸收養分的功能，僅用於將藻體固著於岩石上，固著器上部銜接圓柱型的短柄，短柄上部再銜接著葉體，葉體幼時為長橢圓形，成熟後呈帶狀，長約50～150公分，寬約10～50公分，中間厚而兩邊薄，邊緣有波浪狀的皺褶，顏色近似褐綠色（橄欖色），上面散布著近似圓形斑疤狀的孢子囊群。

乾海帶製造流程

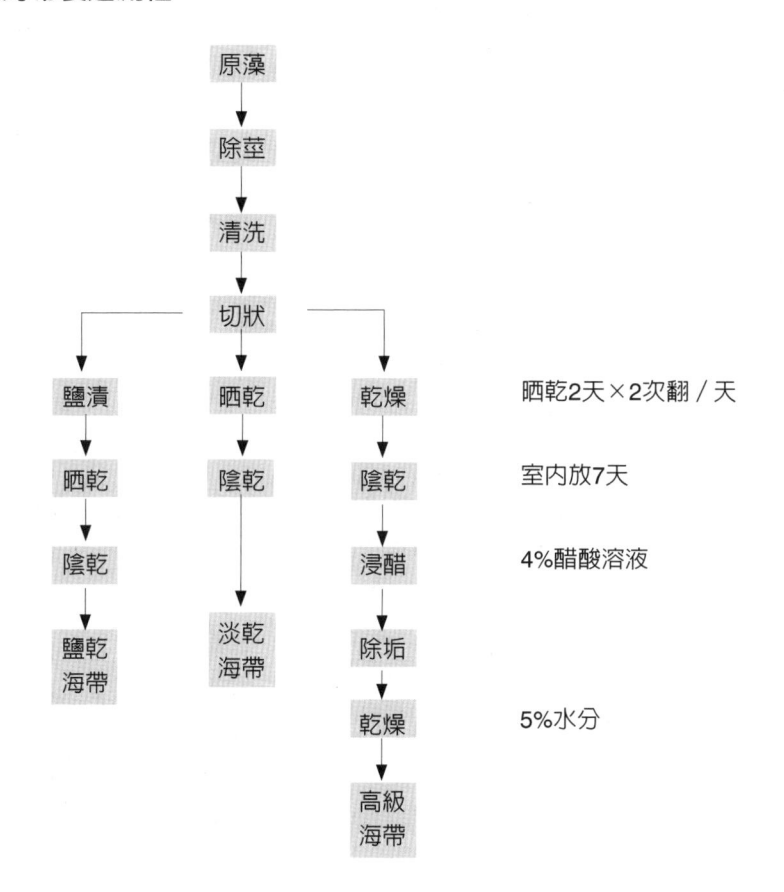

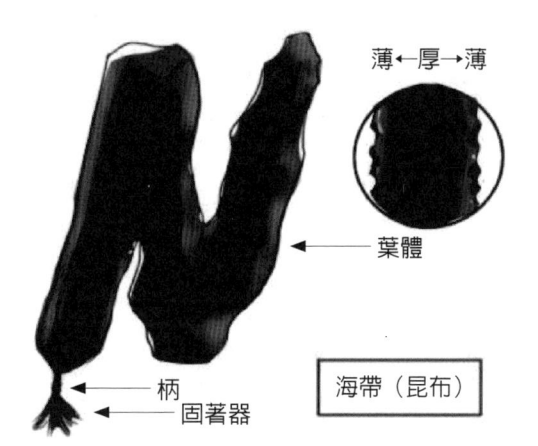

```
原藻
 ↓
除莖
 ↓
清洗
 ↓
切狀
```

分三路：

- 鹽漬 → 晒乾 → 陰乾 → 鹽乾海帶
- 晒乾 → 陰乾 → 淡乾海帶
- 乾燥 → 陰乾 → 浸醋 → 除垢 → 乾燥 → 高級海帶

說明：
- 晒乾2天×2次翻／天
- 室內放7天
- 4%醋酸溶液
- 5%水分

海帶（昆布）
- 葉體（薄←厚→薄）
- 柄
- 固著器

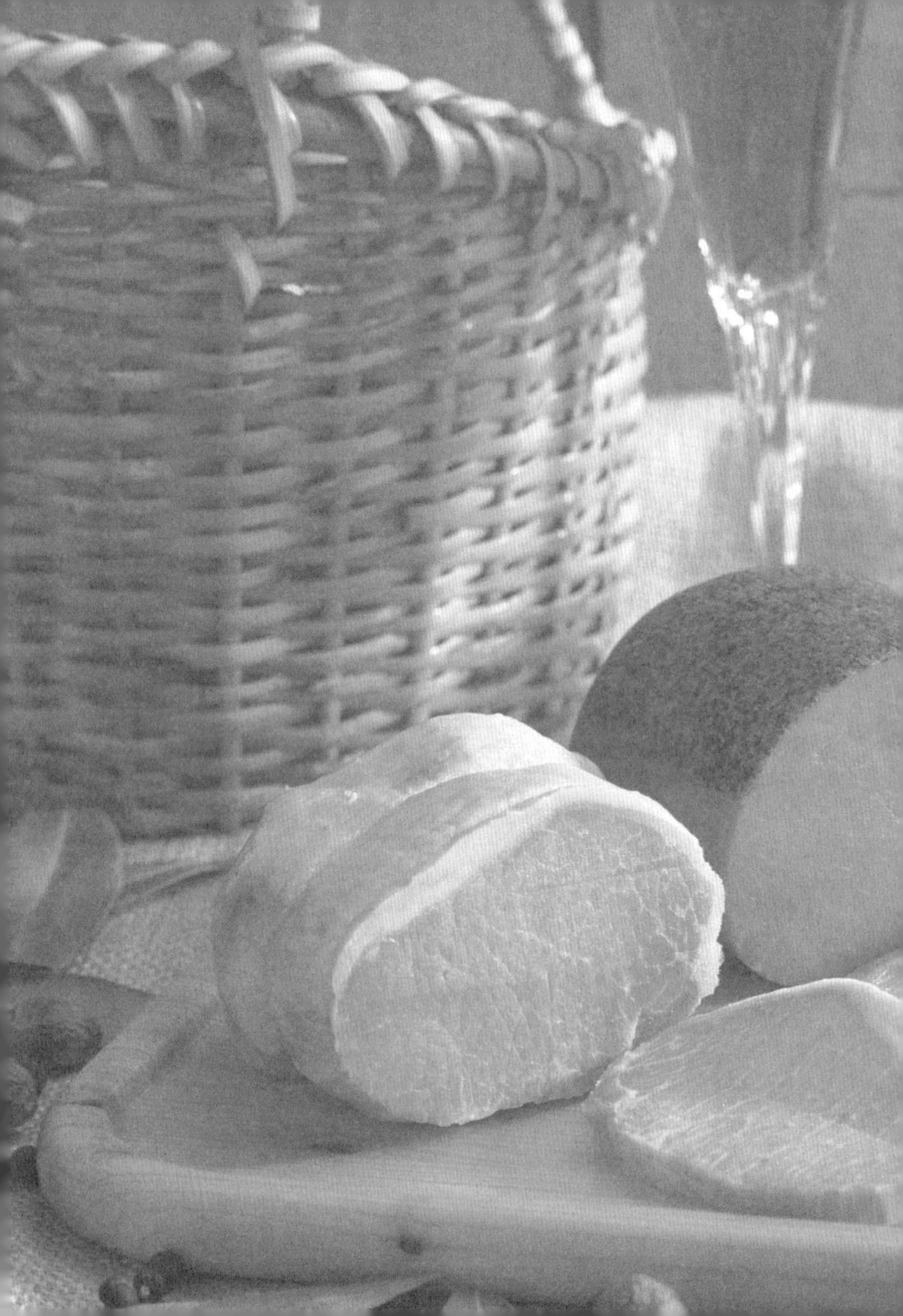

第10章
酒類的製造

10.1 酒精
10.2 米酒
10.3 啤酒
10.4 日本清酒

10.1 酒精

顏文義

　　所謂「酒精」，就是乙醇（ethyl alcohol），分子式CH_3CH_2OH。乙醇的用途很廣，除了是飲料，還有醫療，工業以及燃料等的用途。

　　乙醇工業生產的方法有發酵法和合成法兩大類，有鑒於全球性的環境保護，永續資源利用以及和食品安全的多種因素影響，利用發酵法生產乙醇變成近年來很重要的產業。酒精的製造：

合成法：合成法是以石油化工的產物乙烯為原料，以合成法生產乙醇，但此法生產的乙醇中夾雜著異構物，對人體有副作用，不宜作食品、飲料、醫藥和香料等。

發酵法：發酵法就是利用微生物把生質（biomass）中的醣分轉化成酒精，也就是近年來所稱的「生質酒精」。利用酵母的酒精發酵作用而得的乙醇，和石化原料生產的合成乙醇產品相同，差別只在於原料的不同。生質是指原料來自生物體的有機物，可採用各種含糖、澱粉或農、林工業產的副產品為原料。每噸乙醇需消耗3噸多糧食。在一些農副產品豐富的國家，發酵法至今仍是生產乙醇的主要方法。

　　酒精發酵產業的運作是指用糖質或澱粉質原料，經蒸煮、糖化（水解）、酵母Saccharomyces cerevisiae製備、發酵及蒸餾等工藝製成酒精產品的生產活動。製造生質酒精的原料大致區分為4類，分別是：(1)糖質原料，如甘蔗、甜高梁等作物富含簡單的醣類；(2)澱粉質原料，如小麥、玉米、木薯、甘藷等；(3)纖維質原料，多半是農業廢棄物，是由纖維素、半纖維素及木質素三者所組成；及(4)藻類原料，來源是海中大型海藻如馬尾藻、石蒓及龍鬚菜等。目前僅有前二項才是正式生產。酒精的製造，不論是供食用或是工業用途，生產過程的生物化學變化基本上沒有差別，只不過飲用（或料理用）酒因為講求產品風味與衛生安全，運作比較細緻，燃料酒精則因為需求量遠遠超過食用，講究快速有效的生產。

　　以糖質為酒精原料可以直接被酵母利用，相對於穀類原料還要先進行澱粉水解，在總生產過程的能源轉換方面比較少。盛產甘蔗的巴西，利用甘蔗汁和廢糖蜜生產燃料酒精，已經成功推廣到酒精帶動的汽車，而美國則大量生產玉米燃料酒精，造成穀類糧食供應鏈價格上漲，引起全球各界人士批評。

小博士解說

增殖中的酵母要防止被汙染，生產過程的衛生控管極為重要，像是消毒操作，人員進出，空氣過濾等。

以玉米為原料採用乾碾磨法（Dry milling）的酒精製造流程

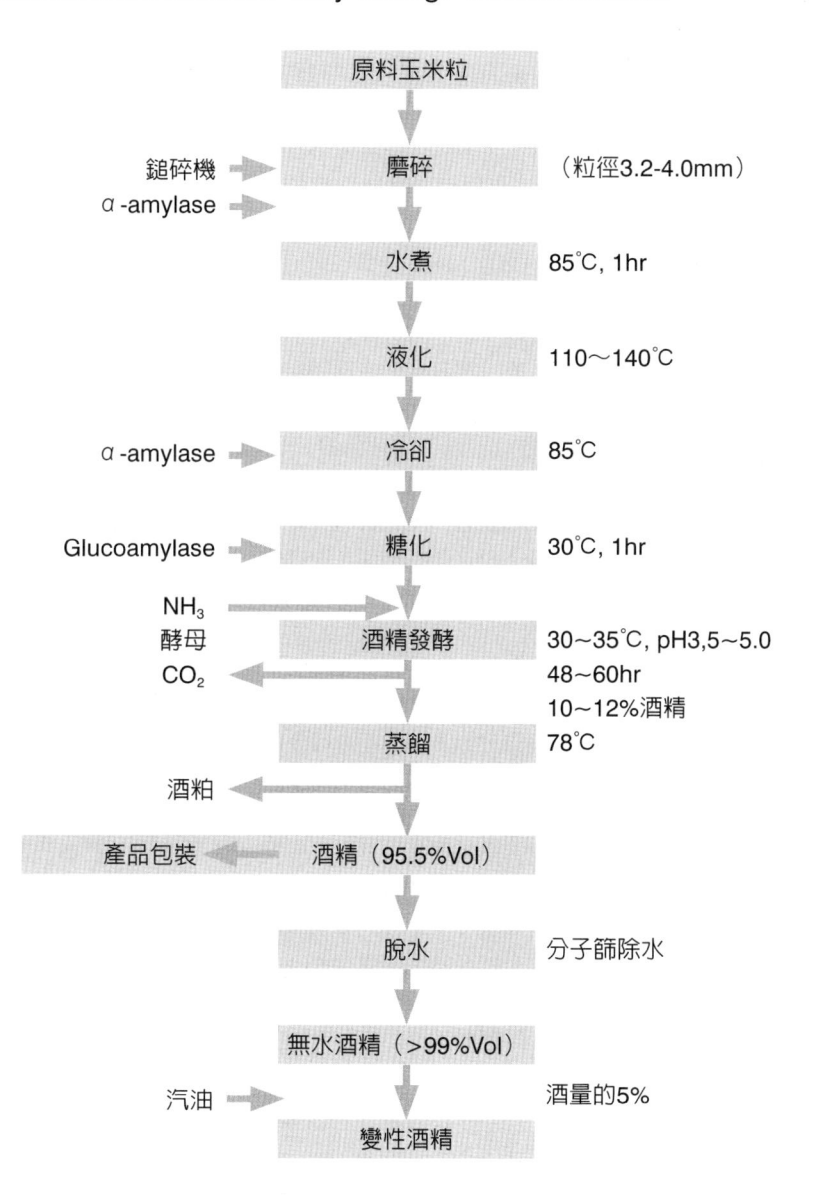

```
                        原料玉米粒
                           ↓
    鎚碎機      →       磨碎          （粒徑3.2-4.0mm）
    α-amylase   →
                           ↓
                         水煮          85°C, 1hr
                           ↓
                         液化          110～140°C
                           ↓
    α-amylase   →        冷卻          85°C
                           ↓
    Glucoamylase →       糖化          30°C, 1hr
                           ↓
    NH₃         →
    酵母                酒精發酵       30～35°C, pH3.5～5.0
    CO₂         ←                     48～60hr
                           ↓          10～12%酒精
                         蒸餾          78°C
          酒粕 ←
                           ↓
    產品包裝    ←     酒精（95.5%Vol）
                           ↓
                         脫水          分子篩除水
                           ↓
                   無水酒精（>99%Vol）
                           ↓
    汽油        →       變性酒精        酒量的5%
```

10.2 米酒

顏文義

　米酒屬於蒸餾酒,製作需經米的糖(液)化、酒精發酵以及蒸餾等三大步驟。目前常見的米酒釀造方式有四種,即阿米洛法、酵素糖化法、在來白麴法及生料澱粉用麴法,四者間之不同處主要在糖化和發酵二步驟米酒的製法:

阿米洛法(Amylo process):使用高溫高壓蒸煮設備蒸米,並添加鹽酸將米液化(每公噸原料米添加13～15公升濃鹽酸,或最終pH值約在4.5左右)。接著在無菌環境下接種經純粹培養的糖化菌和酵母菌進行糖化與酒精發酵。發酵槽也要有溫度與通氣量之控制,糖化菌和酵母菌皆經過適當之活化與擴大培養後再使用,故不僅菌種活性高,且菌體密度亦較他法高。本法有製程短、酒精收率高且成品酒品質穩定之優點,但缺點為設備較複雜,且菌種與發酵管理需要有微生物專業之操作員。流程為:1. 使用純粹培養的根黴菌(Rhizopus屬)與酵母菌(Saccharomyces屬),以液體麴方式增殖。2. 酵母菌初期先通氣培養獲得糖化酵母菌菌體後,再停止通氣進行酒精發酵(約35℃),時間約一星期,最終酒精濃度約11%左右。

酵素糖化法:本法由二種酵素組成,即液化酵素(澱粉酶α-amylase)及糖化型澱粉酶(glucoamylase)。原料米先煮成粥狀(110℃,30分鐘),接著降低溫度至90℃,加入液化酵素,保溫約一小時。然後再將已液化之米粥降低溫度至55～60℃,此時添加糖化酵素,進一步將米粥完全水解成葡萄糖。冷卻至30℃左右接種酵母進行酒精發酵。由於使用酵素進行液化及糖化,故速度相當快,常在數十小時就可以完成。但酵素作用活性受到溫度及pH值之影響,要控制在最佳狀態。

生料澱粉用麴法:所謂生料澱粉分解,依製法可分成二類。一是使用生米,原料米必預先蒸煮,可以直接加入一些具水解能力之液化型與糖化型澱粉水解酵素,以及活性乾燥酵母(active dry yeast)等調配而成之混合物。另一種方法是生料酒麴,則係將根黴菌、黑麴菌和酵母各自大量培養後,再依一定比例混合並添加酵素而製成的一種多功能微生物複合酵素酒麴,等於是一種「生物製劑」。生料澱粉用麴法之優點是原料米不必預先蒸煮,直接加入適(足)量之水及麴進行糖化與酒精發酵。因此省下和蒸飯操作有關之蒸飯機設備、能源與人工等費用;而由於原料米未經蒸煮,相對增加在後續之酒精發酵時發生雜菌汙染之機會,所得米酒風味較差。

在來白麴法:此法為傳統之米酒釀造法,利用市售白麴(內含根黴菌及酵母菌)之根黴菌進行米飯之液化及糖化工作,而酵母則同時進行酒精發酵,故屬於一種並行複式發酵模式。另外,其亦為一種開放式發酵,因雜菌汙染機會高,故製酒率較低,且成品酒品質較不穩定。

阿米洛法米酒製造流程

```
酵母菌          根黴菌           白米
  ↓              ↓              ↓
 活化           活化         蒸煮、液化 ← 水、鹽酸
  ↓              ↓              ↓
擴大培養       擴大培養          冷卻
                                 ↓
              → 根黴菌增殖、糖化 ←
                                 ↓
                            酵母菌增殖
                                 ↓
                             酒精發酵
                                 ↓
                              米酒醪
                                 ↓
                               蒸餾
                                 ↓
                               米酒
```

➕ 知識補充站

不論何種方法釀製米酒，酒精發酵方面則大致相似，但是酵母之種類、發酵條件以及產品中微量成分之比，是導致成品酒風味或品質差異之重要因素。另外，同製造方法有不同之發酵管理方式與應注意事項，攸關米酒製酒率、製程時間及米酒品質甚鉅，必須注意。

10.3 啤酒

顏文義

所謂啤酒,就是麥芽原料經過糖化後,由釀酒酵母的酒精發酵轉化而成,有啤酒花(Hops)風味的酒精性飲料。基本上啤酒是由大麥、酵母、啤酒花以及水做成的。糖和其他穀物也可以加入,近年來藉著調整水質的技術,本來地點不佳的地方也可以設釀酒廠了。

啤酒產品可以概分成二類,主要是發酵方式的不同,第一類稱為Ale,釀酒酵母屬於 *Saccharomyces cerevisiae*,到發酵末期酵母菌會漂浮在液體上層,另一種啤酒稱為Lager,所用的釀酒酵母是 *Saccharomyces uvarum*,在發酵末期酵母菌沉降在液體底部。這兩種啤酒的前段生產作業都一樣,進入發酵時,Lagers在8～12℃發酵,在主發酵結束之後,需要比較長的儲存熟成期,Ales的發酵溫度則為12～18℃,熟成期比較短。

雖然啤酒照理純粹是以大麥為原料釀造的,但除了在德國是如此規定外,現在國際上的啤酒大部分均添加輔助原料。有的國家規定輔助原料的用量總計不超過麥芽用量的50%。常用的輔助原料為:玉米、大米、小麥、澱粉和糖類物質。

啤酒生產大致可分為麥芽製造、啤酒釀造、啤酒灌裝三個主要過程:

1. 麥芽製造

原料大麥先精選以除去雜物,浸麥:在槽中用水浸泡2～3日,同時進行洗淨,使大麥的水分達到42～48%。在控溫下進行發芽,麥粒中的澱粉酶和蛋白酶生成,使麥粒內容物質進行溶解。焙乾:目的是降低水分,終止綠麥芽的生長和的分解作用;使麥芽形成色、香、味的物質;易於除去根芽,焙乾後的麥芽水分為3～5%。

2. 啤酒釀造

主要是糖化、發酵、貯酒後熟三個過程。糖化:麥芽、米分別先碾碎,在糊化鍋、糖化鍋溫水中混合。先在適於蛋白質分解作用的溫度(45～52℃),再維持在適於糖化(β-澱粉和α-澱粉)作用的溫度(62～70℃),以製造麥醪。用過濾機濾出麥汁後,加入啤酒花,在煮沸鍋中煮沸,煮後分開啤酒花粕,澄清的麥汁進入冷卻器中冷卻,添加酵母送入發酵槽中進行發酵,並控制溫度。

剛發酵成的啤酒口味粗糙,將其送入貯酒罐中冷卻至0℃左右,使CO_2溶入啤酒中。貯酒期1～2月,啤酒逐漸澄清,口味醇和,適於飲用。啤酒在-1℃下進行澄清過濾。

3. 啤酒裝瓶/裝罐

裝瓶作業應盡量減少CO_2損失和減少封入容器內的空氣含量。為了保持啤酒品質,減少紫外線的影響,一般採用棕色或深綠色的玻璃瓶。

為了防止酵母引發變質,啤酒裝瓶之後進行巴式殺菌(Pasteurization),沒有進行熱殺菌的啤酒,就是生啤酒(Draught beer)。

啤酒製造流程

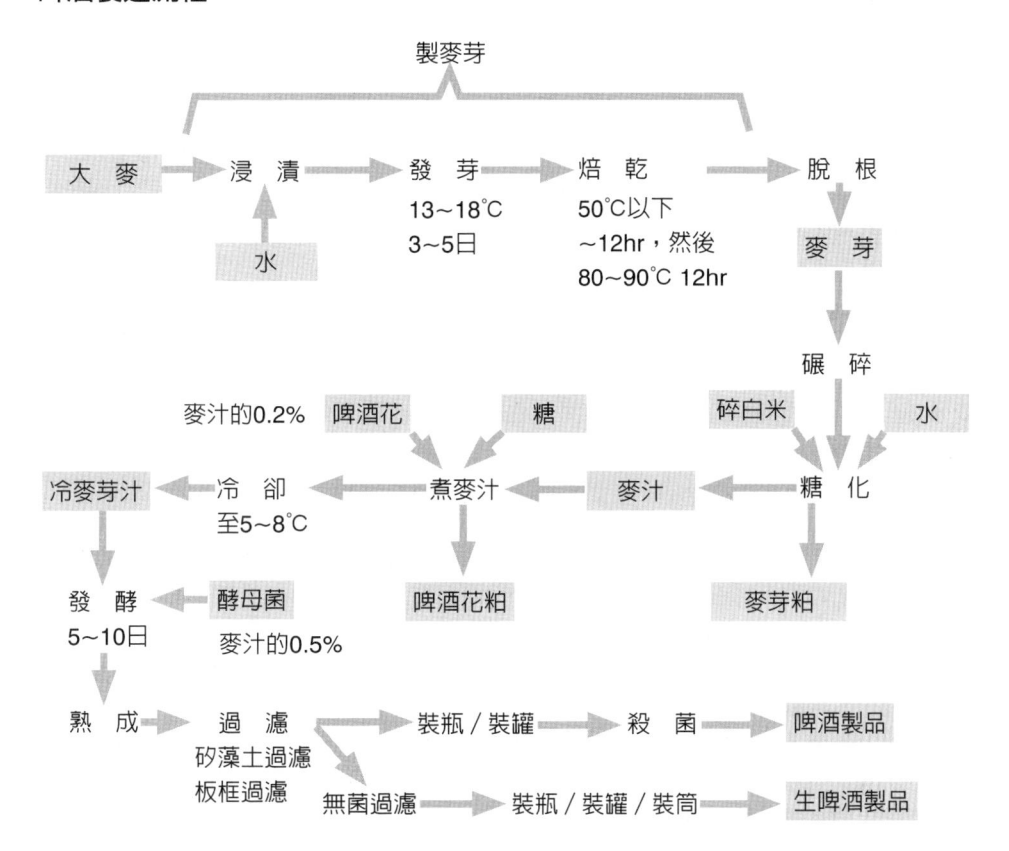

```
                              製麥芽
                    ┌───────────┼───────────┐
                    ↓           ↓           ↓
大 麥 → 浸 漬 → 發 芽 → 焙 乾 → 脫 根
         ↑       13~18℃   50℃以下
         │       3~5日    ~12hr,然後      麥 芽
         水                80~90℃ 12hr      ↓
                                          碾 碎
                                            ↓
  麥汁的0.2%  啤酒花    糖        碎白米    水
      ↓        ↓      ↓           ↓      ↓
冷麥芽汁 ← 冷 卻 ← 煮麥汁 ← 麥 汁 ← 糖 化
         至5~8℃
    ↓
發 酵 ← 酵母菌      啤酒花粕           麥芽粕
5~10日   麥汁的0.5%
    ↓
熟 成 → 過 濾 → 裝瓶/裝罐 → 殺 菌 → 啤酒製品
       矽藻土過濾
       板框過濾  → 無菌過濾 → 裝瓶/裝罐/裝筒 → 生啤酒製品
```

➕ 知識補充站

歐美地區的啤酒釀造業最近的趨勢是區域性的小啤酒廠microbrewery大量增加。有別於大型的啤酒廠，小廠強調自己的是精釀啤酒（craft beer），一般認為品質和酒精含量都高於品牌大廠的產品，足以吸引啤酒愛好者，銷售對象主要是當地的啤酒吧。在美國新成立的小啤酒廠如雨後春筍般，目前已經達到2500家，市場是否達到飽和，還很難說。

家庭自釀啤酒的愛好者也同樣在世界各地增加，釀啤酒的步驟相當複雜，其中比較值得注意的有：

1. 要採用好品質和新鮮的材料：乾酵母使用前要先活化，麥芽也要新鮮，發酵才有活力。
2. 麥汁必須煮60分鐘，如此不但有殺菌效果，還可以蒸發去除不好的苦味成分，煮完之後必須快速冷卻至適合酵母生長的溫度。
3. 發酵溫度要適當控制在15~20℃，隨時注意維持，發酵桶上面要有溫度計顯示。

啤酒的製造除了標準的製造流程，過程中牽涉到一些技術屬於釀造工藝，相當依靠釀酒師個人的經驗判斷來操作，和一般食品加工製造不一樣。而家庭或小型酒廠的特點就是每一批釀出來酒的品質都會有所不同。

10.4 日本清酒

李明清

　　日本清酒主要以米為原料，以日本傳統製法製成屬於釀造酒，為米酒的一環。酒精濃度平均在15%左右。以米、米麴和水發酵之後，形成濁酒，再經過濾之後，就成為清酒。這是日本最具代表性的酒類，最適合飲用清酒的溫度介於攝氏五度到攝氏六十度間，是世界上飲用溫度範圍最大的酒類。而另外一方面，清酒亦可以應用在料理上。最常見的使用方法便是利用日本清酒來除去魚類的腥臭味。近來在歐美地區逐漸出現了飲用清酒的風潮，主因是壽司與刺身等日式料理在流行至西方國家後，食用時常會配上同樣來自日本的清酒之故，清酒釀造過程中所需的主要原料為水、米、麴菌等，除此之外還需要酵母菌和乳酸菌。上述的幾種原料為清酒的主原料，在主原料之外還需使用調整酒類酸度的副原料才能產出完美的清酒。水大約占了清酒內容物的百分之八十。一般在釀造清酒時主要使用地下水，但在水質良好之地區亦有直接使用自來水的現象。而釀酒時所使用的水可謂左右了清酒的品質，甚至有建於都市地區的釀酒廠為了造出美味的日本酒而從水源區運水至廠房使用的例子。水質優劣的一個條件為水的硬度，使用硬水釀造的酒口感較烈，而使用軟水釀造的酒則口感較甘。原因是在硬水的環境之下，酵母的活性較使用軟水時高，酒精發酵速度加快之故。除了釀造酒類時所使用的原料水需要受到規範，清洗酒瓶及設備的水亦須受到監督。米最大的特點為富含澱粉，原料米的品質左右了酒的品質，另外酵母是決定酒類的口感、香氣與品質的最大關鍵，而專門用來釀造清酒的酵母稱為「清酒酵母」。清酒與洋酒最大的不同之處在於清酒的原料穀類本身不含糖分，需要經過糖化的步驟才能產生糖分。因此日本酒最大的特性便是同時進行發酵與糖化的製造過程，我們將之稱為「並行發酵」。古人的釀酒方式為將米與水混合，使原本就存在於空氣之中的酵母自然發酵，酒窖中大量存在的酵母就主導了酒的品質。日本在引進了微生物學後，也掌握了分離菌株而後培養的技術。西元1911年，日本釀造協會進行了大規模的酵母採集，並在專家評鑑之後訂出了第一名的酵母。在評鑑之後大量培養並分散至全國，這類酵母則稱為「協會N號」（視其品種不同，N為不同的數字）。而外界則將此類酵母統稱為協會酵母。吟釀酒的酵母則為協會7號與協會9號，根據原材料和製作方法，清酒可分為普通酒和特定名稱酒兩種，特定名稱酒又可分為吟釀酒、純米酒、本釀造酒三大分類（見右頁附表）

小博士解說

　　精米步合（米的精度）是日本清酒釀造的術語，指的是磨過的白米占原糙米的比例。例如將一批糙米磨去三成，則白米占原糙米的七成，精米步合就叫做70%。

1989年日本政府規定，各級清酒的精米步合如下：
- 普通酒：73～75%左右
- 本釀造酒：70%以下
- 純米酒：70%以下（2005年起取消）
- 特別本釀造酒：60%以下
- 特別純米酒：60%以下
- 吟釀酒：60%以下
- 大吟釀酒：50%以下
- 純米大吟釀酒：50%以下

日本清酒

特定名稱		使用原料	米的精度	呈現特色
吟釀酒	純米大吟釀酒	米、米麴	50%以下	吟釀製作：特有的香味、色澤極為良好。
	大吟釀酒	米、米麴、釀造酒精	50%以下	吟釀製作：特有的香味、色澤極為良好。
	純米吟釀酒	米、米麴	60%以下	吟釀製作：特有的香味、色澤極為良好。
	吟釀酒	米、米麴、釀造酒精	60%以下	吟釀製作：特有的香味、色澤極為良好。
純米酒	特別純米酒	米、米麴	60%以下	香味、色澤極為良好。
	純米酒	米、米麴	70%以下	香味、色澤極為良好。
本釀造酒	特別本釀造酒	米、米麴、釀造酒精	60%以下	香味、色澤極為良好。
	本釀造酒	米、米麴、釀造酒精	60%以下	香味、色澤極為良好。

✚ 知識補充站

日本國稅廳在1989年11月22日公告製法品質表示基準。該規定同時定義這裡的「白米」是指將「玄米」除去「糠」和「胚芽」等表層部分後的米。此定義也包含製造米麴所使用的白米。釀造清酒的重要過程之一，是利用麴菌將白米中心部分的澱粉轉化成糖分。通常使用特別適合釀酒的酒米，保留澱粉多的心白，同時去除外層容易產生雜味的蛋白質和脂肪。因此心白保留的程度，也就是精米步合，對所釀清酒的品質有很大的影響。

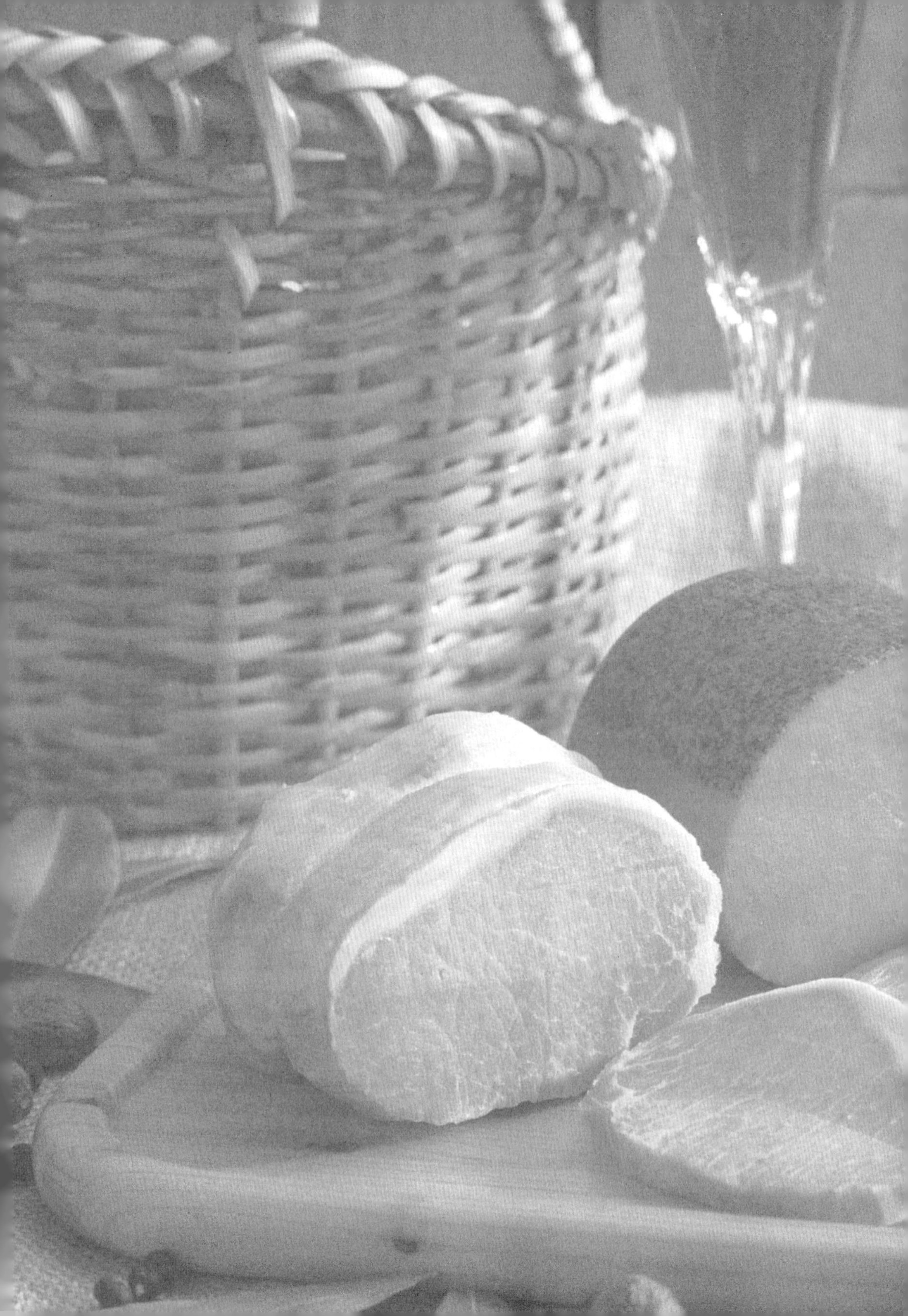

第11章
調味食品的製造

11.1 味精

11.2 高鮮味精

11.3 風味調味料（雞精粉）

11.4 醬油

11.5 豆醬

11.6 醋

11.7 食鹽

11.1 味精

李明清

味精的學名叫做L-谷胺酸單鈉一水化合物，英文名稱叫Monosodium L-glutamate，簡稱為MSG，谷胺酸是構成人體22種胺基酸之一，1861年德國人立好生（Ritthausen）從小麥麵筋的硫酸分解物中首先單離出谷胺酸，1908年日本東大教授池田菊苗（Kikunae Ikeda）從海帶煮出液中提取谷胺酸鈉，創造了新的人工調味料獲得專利，1909年池田與鈴木三郎助合作工業化生產，味之素公司的商品味精問世而開啟了味精工業。1958年日本木下祝郎以醱酵方法製造谷胺酸研究成功。最先以澱粉、糖蜜為原料，以醱酵方法生產味精，1959年台灣的味全公司以甘蔗糖蜜為原料醱酵法生產味精，從此開啟以糖質為原料，使用醱酵方法生產味精的時代。

以醱酵方法生產味精，從原料投入到產品產出，其流程相當長，大約要7天左右，使用的單元操作也很多，在食品加工的領域，算是比較複雜的製程，如果使用澱粉為原料必須先經過糖化的階段，把澱粉轉化成葡萄糖，如果使用糖蜜則必須先把當中的雜質沉澱去除，接下來的醱酵是生產的主要階段，藉由細菌的培養，消耗糖質原料之後，會在細菌體內合成谷胺酸的成分，糖質原料為碳水化合物，因此醱酵階段要額外補充氮源（使用液態NH_3），細菌體內的谷胺酸累積之後會滲透到醱酵液中，早期如果有5～6%就算成績不錯，目前已經進步到大約有10～12%的程度，醱酵大約2天就完成了，下一階段是從醱酵液中把谷胺酸提取出來，在此利用谷胺酸在pH 3.2同時在低溫下（約10℃）有最低的溶解度的特性，讓谷胺酸變成結晶而分離提取，提取率可以達到87%左右，最近也有使用樹脂來吸附而得到谷胺酸的方法，提取率可以提高到94%。不管提取率多高，無法提取的母液就成為味精工業濃廢水的來源，而如何處理濃廢水，一直是味精工業存活與否的決定因素。提取的谷胺酸如果把它乾燥會成為粉狀結晶，賣相不是很好，純度也不夠高，因此會進到下一階段去精製，將谷胺酸溶液添加NaOH使變成谷胺酸一鈉鹽，然後經過除鐵脫色，最後濃縮、結晶、分離、乾燥、篩分而成為商品味精的樣子，有點像鑽石，「只要一點點，清水變雞湯」是早年味精銷售時的口號。

小博士解說

FAO/WHO對味精使用的規定如下：
1973年時—味精的ADI 120mg/kg體重
1987年時—味精的每人每天攝入量，不需作任何規定
人體中含有14～17%蛋白質，構成蛋白質的22種胺基酸中，谷胺酸占20%是分量最多的胺基酸，但是谷胺酸可以藉由食物攝取及自體合成，不虞缺乏，是非必要性胺基酸的一種，味精不是營養品，它是調味料的一種。

味精製造流程

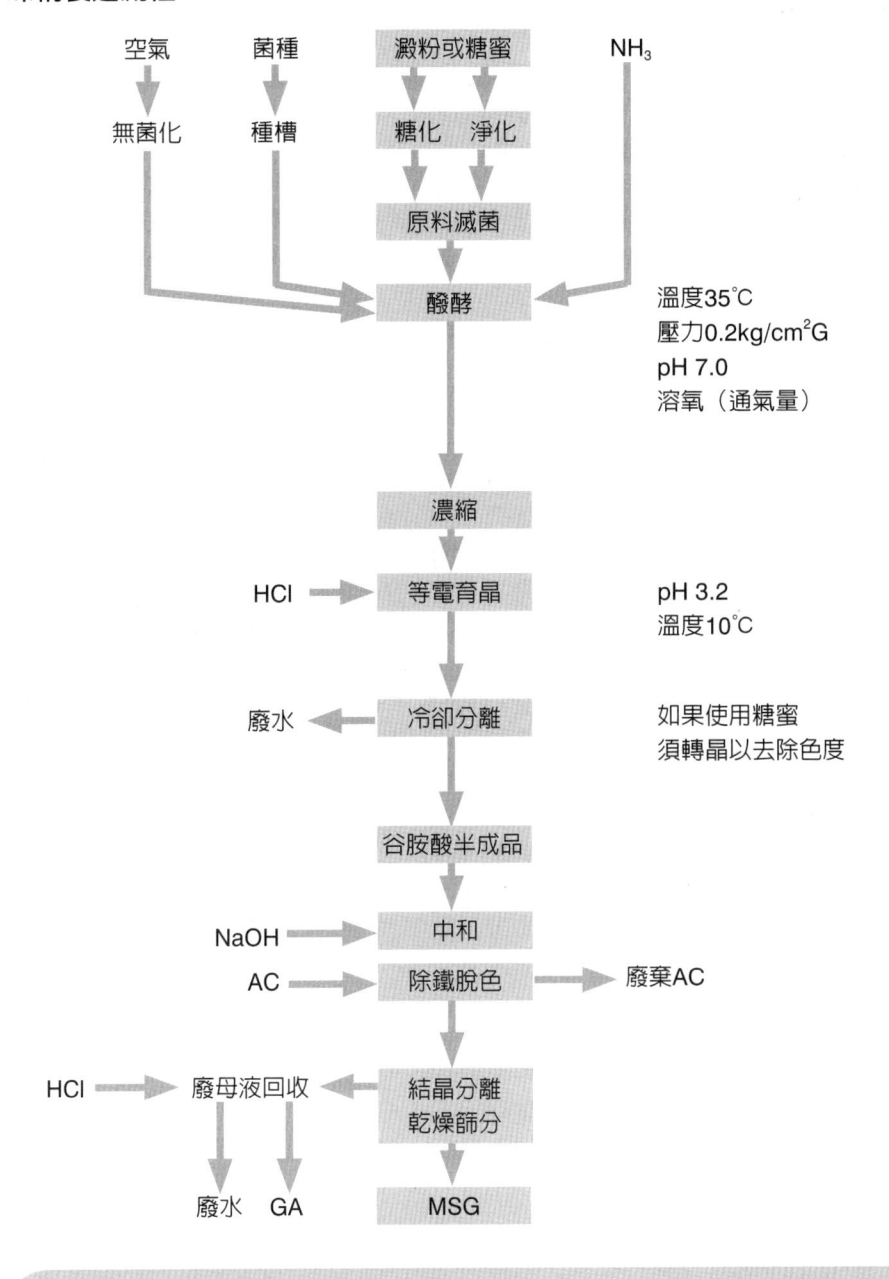

```
空氣      菌種      澱粉或糖蜜      NH₃
 ↓        ↓         ↓    ↓         ↓
無菌化   種槽      糖化  淨化
                   ↓    ↓
                   原料滅菌
                      ↓
     →   →  →   醱酵   ←       溫度35°C
                                壓力0.2kg/cm²G
                                pH 7.0
                                溶氧（通氣量）
                      ↓
                    濃縮
                      ↓
       HCl →      等電育晶          pH 3.2
                                    溫度10°C
                      ↓
       廢水 ←     冷卻分離          如果使用糖蜜
                                    須轉晶以去除色度
                      ↓
                  谷胺酸半成品
                      ↓
       NaOH →       中和
       AC →       除鐵脫色     →   廢棄AC
                      ↓
  HCl → 廢母液回收 ← 結晶分離
           ↓  ↓       乾燥篩分
          廢水 GA        MSG
```

➕ 知識補充站

1. 味精生產三要素：原料、動力、廢水處理。
2. 醱酵之後的濃縮階段是為了提高提取收率及減少廢水量。

11.2 高鮮味精

李明清

　　核苷酸使用作為鮮味劑之後，有人無意中發現兩種鮮味劑合用，會比用等量單一種鮮味劑的呈味效果更好，這叫做鮮味的相乘效果，當然這與成本也有著關係，例如核苷酸的價格大約是味精的10倍，當使用4%的核苷酸加上96%的味精得到的新產品，其鮮味的呈味力大約為純味精的5倍，換句話說，使用這新產品的用量只需純味精的1/5，就有與純味精同樣的鮮味，這個高呈味的新產品我們就叫它做「高鮮味精」，其成本只有味精的136%，但效用卻有5倍之多，日本的家庭用味精，基本上均已經使用高鮮味精取代傳統的味精了。

　　台灣在民國78年左右，就已經由日本引進生產高鮮味精的產品，早期有的廠家直接把核苷酸噴塗在味精上做為高鮮味精來賣，但賣相上與味精沒有兩樣，後來均改成像下頁圖解上所示的重新造粒的方法，味精及核苷酸分別經過粉碎之後，先乾混合再添加潔淨水練合，而造粒機則使用二段式造粒，粒度整齊均一，使用氣流乾燥之後，直接送去篩分機處理，篩取所需粒度做為成品，太粗及太細的粉狀物，送回粉碎重新練合回收再使用。

　　台灣的味精廠家：有的因為味精是當家主力產品，在推出替代品的高鮮味精沒有盡全力，有的因為味精事業在公司已經不是主力產品，投入推廣高鮮味精的資源不夠，因此在民國78年開始推出時，賣的不是很好，當年台灣每個月的味精銷量約3000噸，數十年來一直沒有多大改變，只是家庭用量減少，外食及加工用量增加，78年推出高鮮味精時，每個月賣不到30噸，經過多年努力，高鮮味精已經成長到每個月200～300噸，而味精銷量仍在2500噸左右，但是因為高鮮味精有5倍的效用，消費者接受度高，而高鮮味精平均售價約為味精的2倍，利潤比味精好，因此預料高鮮味精將會逐漸成為味精事業的主力產品。

　　在新產品的上市及推廣上，由上述味精業界的經驗，另外成立一個新單位來全力衝刺會比把它放在味精事業兼賣來得順利許多，這個寶貴經驗值得我們拿來學習使用於新產品推出之用。

小博士解說

5'-肌苷酸鈉（IMP）
5'-烏苷酸鈉（GMP）
與谷胺酸鈉（味精）混合時有加乘作用能提高調味的效果

高鮮味精製造流程

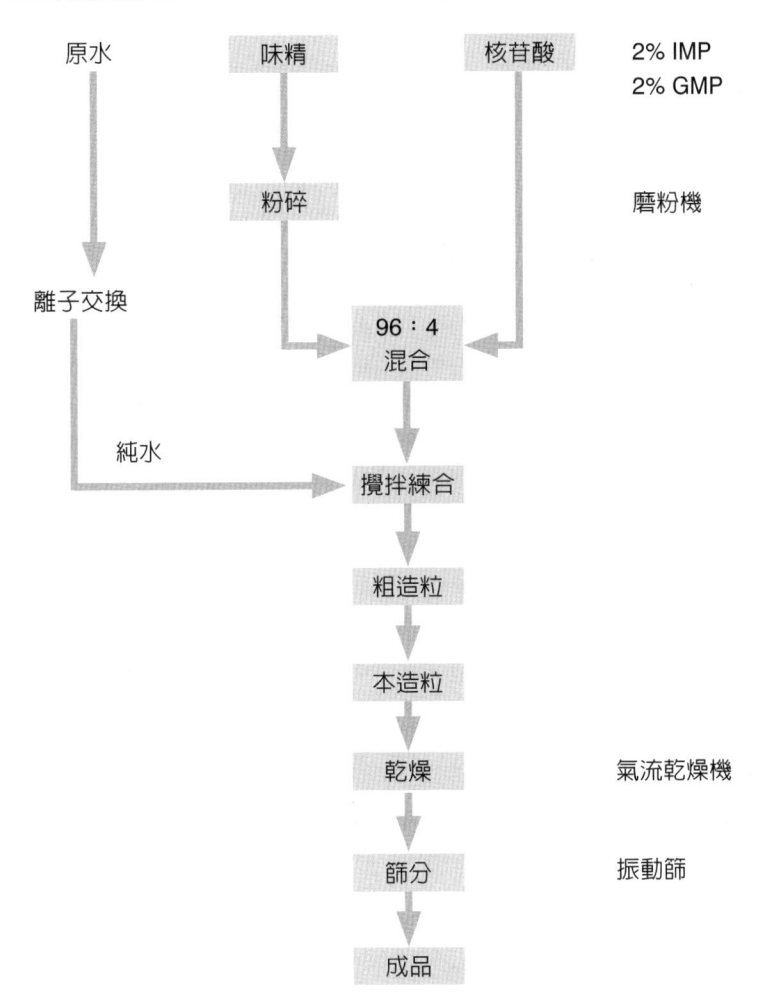

```
原水          味精         核苷酸       2% IMP
                                      2% GMP
              ↓
             粉碎                      磨粉機
 ↓            ↓            ↓
離子交換  →  96：4  ←
             混合
              ↓
 純水    →  攪拌練合
              ↓
             粗造粒
              ↓
             本造粒
              ↓
             乾燥          氣流乾燥機
              ↓
             篩分          振動篩
              ↓
             成品
```

+ 知識補充站

呈味核苷酸鈉廣泛存在動植物中,一般IMP在牛肉、雞肉和魚肉中含量多,GMP在香草、蘑菇類中含量比較豐富。

11.3 風味調味料（雞精粉）

李明清

　　在台灣因應市場多種口味的需求，製造者也希望提供消費者一次性調味的滿足，而有風味調味料的產出，大約在民國80年初，即有廠商首先推出，更有人從國外進口各種風味調味料應市，一時之間在台灣市場百味雜陳，最初呈現的口味有雞肉鮮味及鰹魚味，尤其以雞肉口味最對國人口味，以致後來於85年左右傳至中國大陸之後，被稱為雞精粉，在台灣市面上看得到的各式調味料都是風味調味料的一環。

　　風味調味料的進入障礙不高，調味料配方也容易發展，因此特別適合小企業的介入，主要問題仍然是行銷的通則——品牌，蛋白質抽出物如果自行製造成本會比較低，但是流程（如下頁圖示）會比較複雜，早期中國大陸曾有廠家自行購買雞骨熬煮來得到，目前則大部分購買現成的蛋白質抽出物來使用，風味調味料的基礎架構是食鹽、味精、乳糖（澱粉）、各約占30%，因為食鹽最便宜，在東南亞有些廠家把食鹽提高到42%以降低成本，基本上只要能符合消費者口味即可，剩下10%大部分使用蛋白質抽出物以呈味、需要香辛味者，則在此調整加入香辛料或其他口味以符合不同消費者的需要。

　　如果自製蛋白質抽出物，則在萃取混合之後，要先濃縮，量不大時使用二重釜即可，然後乾燥到水分10%以下並冷卻之備用，所有粉狀原料混合之前，要先粉碎到約60目，才好混合均勻，砂糖一般是需要粉碎之項目，其他則視到手原料而定，把所有粉料先乾混20分鐘，然後噴入液態原料及潔淨水濕混合，以達到可造粒程度，可以在小型設備試驗之，擠壓造粒是量不大時的選擇，擠壓時，孔洞大小將決定粒子大小，因為板孔沖壓時，有一邊孔徑會比較大，裝機時要特別注意，應該由小孔壓入，大孔壓出才會斷成顆粒。台灣有家廠商曾經裝反了以致無法生產，還怪設備廠家的設備有問題呢。乾燥採用烘箱靜態乾燥，對於粒徑破壞最小，量少時優先選用，乾燥之後經篩分，把太大太小者選別出來，送回乾混階段重製，適合粒度的產品，則可以送去包裝應市了。

小博士解說

　　滿漢全席可以藉由各種風味調味料來達成，有了固定的架構、食鹽、味精、乳糖，剩下的10%如何配方達成需求，讓眾多美食好漢有很大發展空間。

風味調味料製造流程

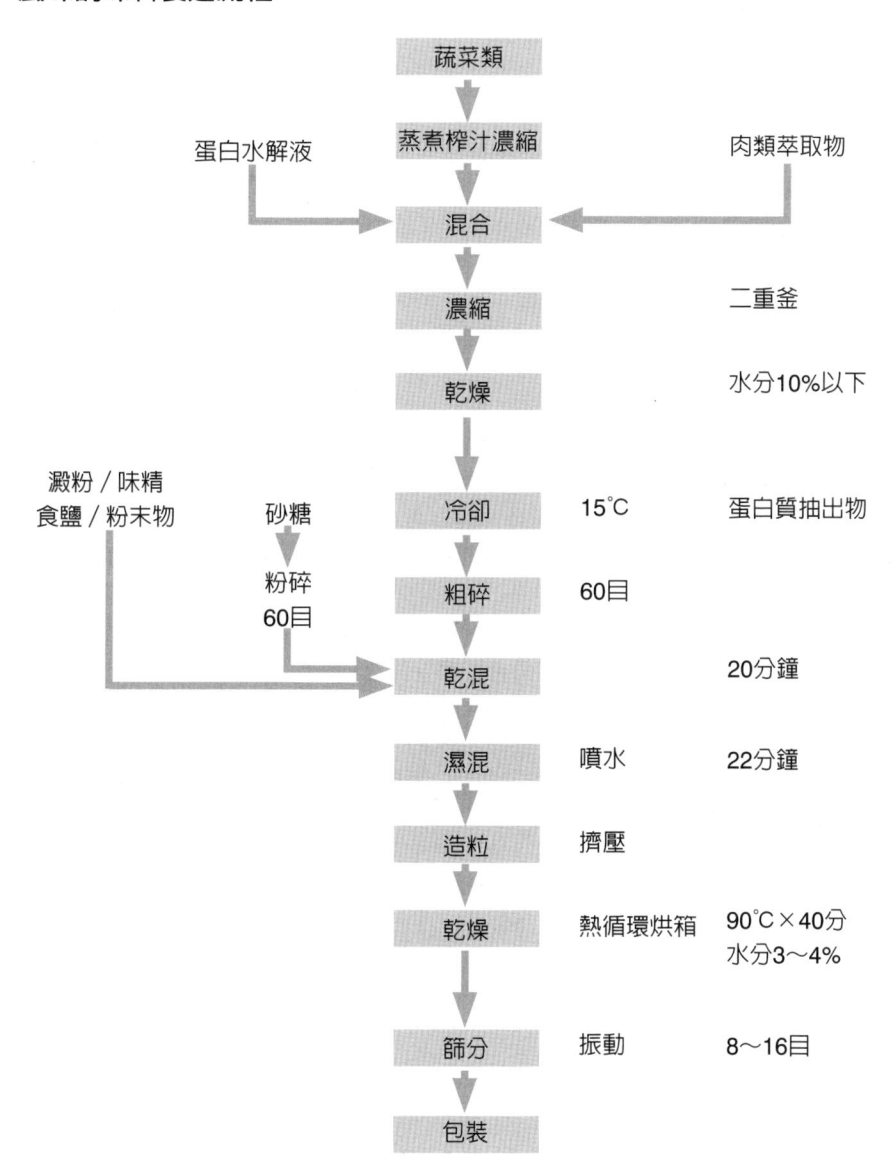

```
                           蔬菜類
                             ↓
                        蒸煮榨汁濃縮
     蛋白水解液 →          ↓          ← 肉類萃取物
                           混合
                             ↓
                           濃縮          二重釜
                             ↓
                           乾燥          水分10%以下
                             ↓
  澱粉/味精                  冷卻          15℃    蛋白質抽出物
  食鹽/粉末物    砂糖
                   ↓        ↓
                 粉碎       粗碎          60目
                 60目
                   ↓        ↓
         →   →   →   乾混          20分鐘
                             ↓
                           濕混    噴水    22分鐘
                             ↓
                           造粒    擠壓
                             ↓
                           乾燥    熱循環烘箱    90℃×40分
                                              水分3～4%
                             ↓
                           篩分    振動    8～16目
                             ↓
                           包裝
```

➕ 知識補充站
200kg/h生產能力，不含蛋白抽出物的製造，約需500萬台幣投資設備即可達成生產目的。

11.4 醬油

李明清

醬油是東方人日常生活中不可缺少的調味品，在台灣一般是由大豆、小麥及食鹽水等，添加麴菌、酵菌、乳酸菌等，經過4～6個月釀造而成，大豆可以使用全豆或脫脂大豆均可，在台灣一般習慣使用脫脂大豆當原料，新加坡有使用全豆為原料者，脫脂大豆價格比大豆低廉，蛋白質含量比大豆高（約為大豆的1.2倍），脫脂大豆在脫脂時，大豆細胞破裂，有利於蒸煮時的吸水及酵素的作用，對於氮的利用率提高有所幫助，也可以縮短釀造的時間，小麥是為了提供澱粉質以供麴菌糖化之用，小麥與大豆的比例不同時，甜味、鮮味及香味等會有所不同，一般在台灣，豆麥之比例以1：1比較適合台灣消費者口味，食鹽水約為原料總量之120%，即所謂12水，釀造用的食鹽以苦味少為佳，泡製食鹽的水以飲用水標準來選擇，焙炒小麥溫度170℃炒後品質以不熟麥12只/克，焦粒3只/克為準，蒸煮大豆以蒸汽壓力1.5K為準，蒸煮之後洩壓要快速讓大豆膨脹，以利後續乳酸菌及麥黴菌的利用。

製麴是醬油釀造最重要的步驟，一般使用Aspergillus oryzae或者Aspergillus soyae，選擇酵素力強，且能促進醬油香味為佳，麴量為原料的1.1%左右，在28～30℃，乾濕球溫度相差2℃以內，約3天時間完成製麴，種麴為了要平均投入，可先與碎麥混合增量後再平均投入。

除了種麴之外，下缸醱酵還要添加酵母菌及乳酸菌，麴菌把原料中的澱粉轉化為糖，酵母菌則將糖轉化為酒精，乳酸菌會把糖分和蛋白質轉化為有機酸，有機酸與酒精酯化時，會產生芳香味道，因此成品中會混有糖的甘味，酯類的香味，有機酸的酸味，還有胺基酸的鮮味，可以說相當複雜，空氣中存有各種的酵母菌也會參與作用，經過一段時間之後，空氣中存在的酵母菌會因環境因素而不同，因此各家公司製造的醬油，其風味是稍有不同的。

把脫脂大豆等原料，利用鹽酸加熱分解，可以把原料中的蛋白質等分解成胺基酸等小分子產物，然後用NaOH中和之後經壓濾機過濾雜質，也可以得到分解醬油（非釀造醬油）其呈味性能接近釀造醬油，當然味道稍許不同，但做為調味用仍然可以得到類似釀造醬油的效果，因為製造時間縮短到2天內即可完成，因此成本較低。

小博士解說

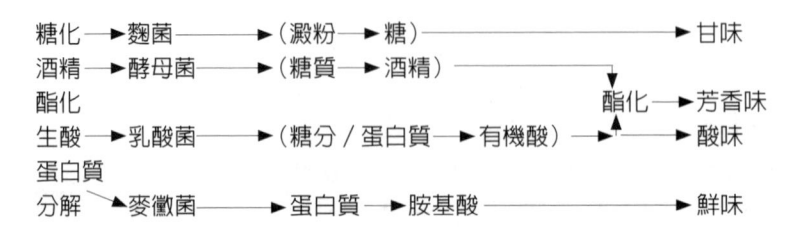

```
糖化 → 麴菌 ────→（澱粉 → 糖）──────────────→ 甘味
酒精 → 酵母菌 ──→（糖質 → 酒精）
酯化                                         酯化 → 芳香味
生酸 → 乳酸菌 ──→（糖分/蛋白質 → 有機酸）──→ 酸味
蛋白質
分解 → 麥黴菌 ────→ 蛋白質 → 胺基酸 ─────→ 鮮味
```

醬油製造流程

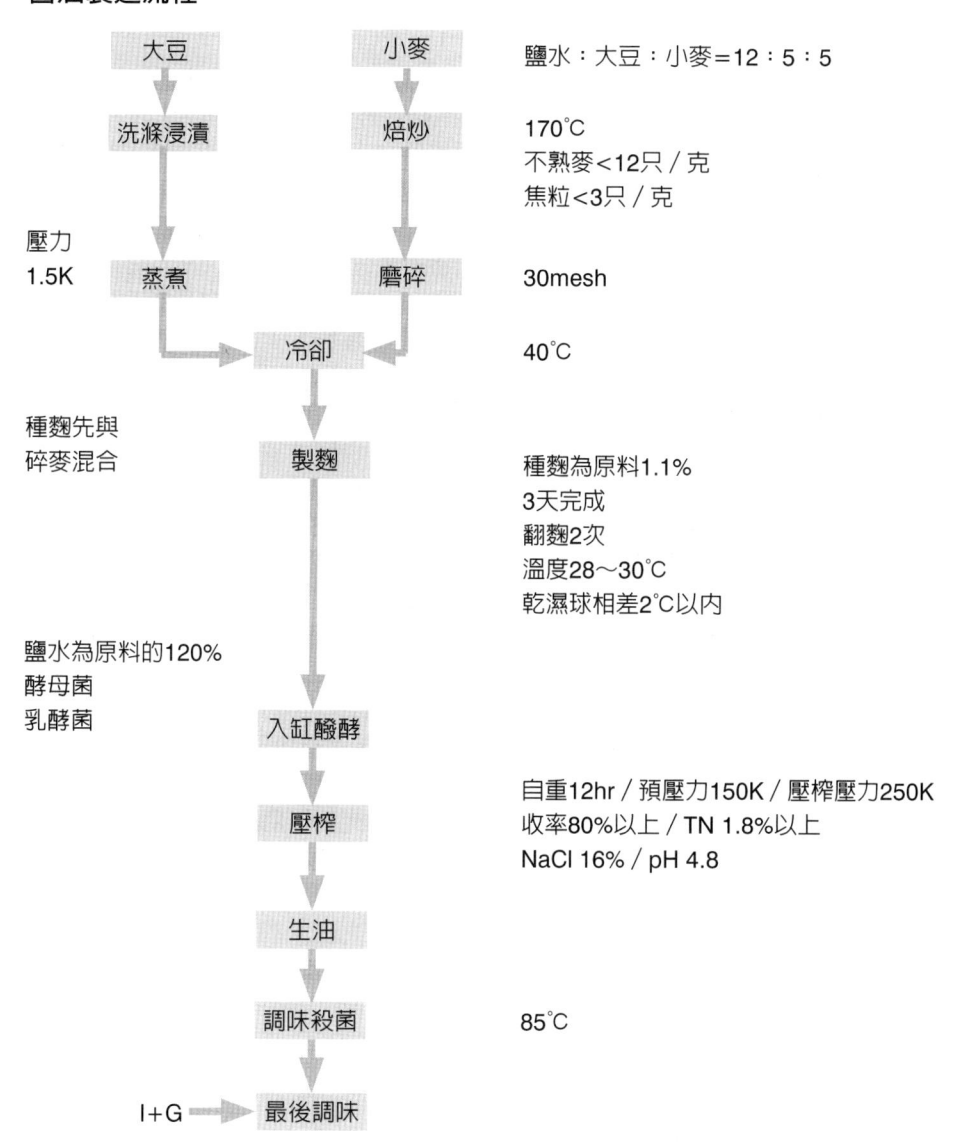

```
大豆                    小麥              鹽水：大豆：小麥＝12：5：5
 ↓                      ↓
洗滌浸漬                焙炒              170°C
 ↓                      ↓                不熟麥<12只/克
                                          焦粒<3只/克
壓力
1.5K    蒸煮            磨碎              30mesh
          ↘          ↙
             冷卻                         40°C
              ↓
種麴先與
碎麥混合    製麴                          種麴為原料1.1%
                                          3天完成
                                          翻麴2次
                                          溫度28～30°C
                                          乾濕球相差2°C以內
鹽水為原料的120%
酵母菌
乳酵菌       ↓
           入缸醱酵
              ↓
            壓榨                          自重12hr／預壓力150K／壓榨壓力250K
                                          收率80%以上／TN 1.8%以上
                                          NaCl 16%／pH 4.8
              ↓
            生油
              ↓
          調味殺菌                        85°C
              ↓
   I+G → 最後調味
```

＋ 知識補充站

台灣甲級醬油 — TN 1.4以上
　　　　　　　胺基態氮0.56以上
　　　　　　　非鹽固形物13%以上
台灣醬油鹽分約14%
日本醬油鹽分約17%

11.5 豆醬

李明清

　　豆醬（Miso）是一種大豆和穀類在食鹽水中的醱酵產品，在東南亞地區被廣泛地食用，在中國南方、日本、印尼、泰國、菲律賓、台灣都可看到它的存在，在中國豆醬作爲肉類、海鮮和蔬菜類的調和及沾食之用，在日本主要是用於做湯的原料，不同比例的基質、鹽的濃度、醱酵時間的長短和熟成的久暫，造成各種豆醬不同的風味，依原料的不同可分爲米豆醬（rice miso）、麥豆醬（barley miso），和豆豆醬（soybean miso），米豆醬是以米、大豆和食鹽製成，麥豆醬是以大麥、大豆和食鹽製成，豆豆醬是以大豆和食鹽製成，其中以米豆醬最爲普遍，大約占有8成。

　　製造程序上，米豆醬及麥豆醬只有米及大麥經過製麴，大豆蒸煮後直接混合即可，豆豆醬則大豆要經過製麴階段，這與醬油釀造時，所有的生原料都混合後製麴有點不同，麴菌主要目的是生產澱粉酶和蛋白酶等酵素，用來分解原料中之蛋白質、澱粉、脂質等產生特殊風味，酵母菌主要用於將醣類，轉爲酒精，乳酸菌則將糖分、蛋白質分解成有機酸，有機酸與酒精反應成酯類、產生芳香味道。

　　下頁圖示爲米豆醬製法，米及大豆經過洗淨之後，浸漬在夏天時米要浸6小時，大豆要浸10小時，冬天時兩者均要浸12小時，米浸水之後，會吸水增重約27%，以常壓蒸熟約需35分鐘，蒸熟之後冷卻至35℃，然後送去製麴，製麴約需3天，使用空調機保持溫濕度，並且要翻拌3次使品溫及濕度平均並且逐出二氧化碳，米麴會有特殊香氣，用手握之有彈性感，放開之後能自然分散者爲佳，製麴溫度不可超過40℃以33～38℃爲宜，麴菌絲侵入會使米的容積增大爲1.5倍左右。大豆浸漬之後，體積會增至原來的2倍左右，最好使用加壓蒸熟，壓力爲0.7K保持50分鐘，然後快速洩壓，使大豆膨脹將有利於後段的醱酵收率。

　　下缸醱酵時，加入酵母菌及乳酸菌，常溫要12個月，30℃則6個月可完成，熟成之後在調味階段一般會添加味精、核酸及甘味料以達成所需風味，然後送去絞碎，就可以包裝成產品，豆醬具有特殊香氣，但因酵母菌等菌種的不同、各家風味各異。

小博士解說

迴轉式製麴槽是新的自動化設備，將已蒸煮而且接種過黴菌的米粒放在槽中一個大的篩網中，控制溫度及濕度的循環空氣用來製麴，篩網轉動可以防止米粒的結塊。

豆醬製造流程

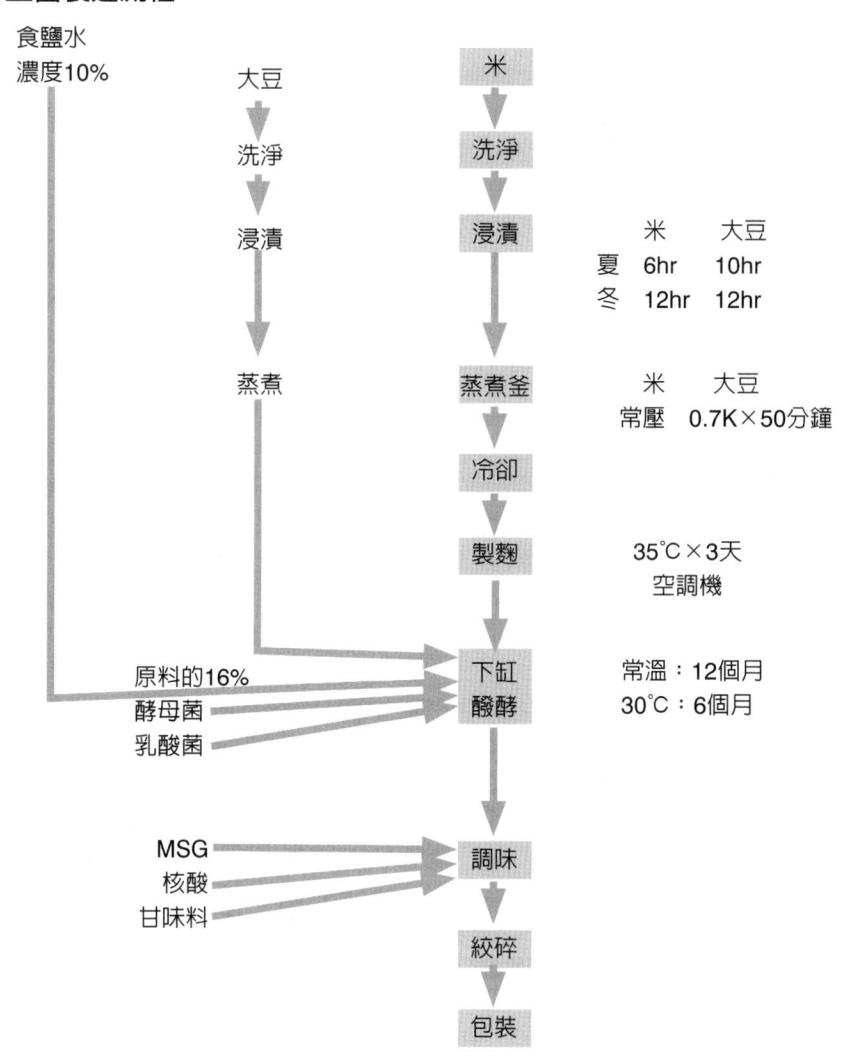

```
食鹽水
濃度10%

         大豆              米
          ↓               ↓
         洗淨             洗淨
          ↓               ↓
         浸漬             浸漬         米      大豆
          ↓               ↓       夏  6hr    10hr
                                  冬  12hr   12hr
          ↓               ↓
         蒸煮            蒸煮釜        米      大豆
          ↓               ↓       常壓  0.7K×50分鐘
                         冷卻
                          ↓
                         製麴        35℃×3天
                          ↓          空調機
                          ↓
  原料的16% ────→       下缸          常溫：12個月
  酵母菌   ────→       酸酵          30℃：6個月
  乳酸菌   ────→         ↓
                          ↓
  MSG     ────→        調味
  核酸    ────→          ↓
  甘味料  ────→        絞碎
                          ↓
                         包裝
```

➕ 知識補充站

豆醬成品
水分：50%　食鹽：14%
全氮：2%　　胺基態氮：0.3%
pH：5.0

11.6 醋

吳澄武

　　製醋已有千年的歷史，新式機械式整廠自動化製法，在1878年開始，德國廠商設計高效率、標準化、自動化現代生產工廠設備。醋酸菌是一種生命力極強的生物，它從不歇息，從不間斷。這種單細胞微生物透過醱酵過程將酒精轉化為醋：

$$C_2H_5OH+O_2 \rightarrow CH_3COOH+H_2O$$

　　製造過程（詳如下頁示意圖）：

　　製醋漿製作（①調和為含酒精各種酒；②培養劑；③醋酸菌）──▶ 醋酸醱酵桶（acetator需時間為24小時）──▶ 醋酸 ──▶ 過濾器（去除菌體）──▶ 熟成桶（放置20天以上）──▶ 殺菌（80℃）──▶ 醋酸成品（包裝成品）

　　主設備包括：

製醋漿原料製作桶（混合桶）：包含①混合稀釋酒精或調和各種酒（均調含酒精10%）；②培養劑；③醋酸菌。

醋酸醱酵桶（acetator）：為利用耐酸不鏽鋼製作之大桶，內部設備有：①桶底部設置馬達，可打入空氣，提供O_2；②桶內放置可攪拌之設備，可增攪拌效果；③桶內壁裝置冷水管，通冷水消除過高溫度；④桶上方設置機械式消泡機，可消除泡沫（醱酵時會發生泡沫，食品不能用化學消泡劑）；⑤回收泡沫用管路，再送泡沫液回桶內；⑥自動控制設備，利用酒精分析儀，控制酒精度，自動排放成品及注入新原料。

過濾器：去除菌體及雜物，使用板式壓榨機或逆滲透式管過濾設備。

熟成桶：製成醋用不鏽鋼製作，成品過濾後放置20天以上，醋熟成作用如製酒。成品包裝前需經殺菌過程，用UHT板式高溫殺菌機殺菌。

成品裝瓶設備：工廠製程設置有兩種：一種為批式（Batch）（每次醱酵到成品，一次洩下成品）；另一種為洩下一半，再加入新原料之方式（continue）不停醱酵。醱酵桶（acetator）24小時後生產可達10%醋。全部排出，再用新原料製造。即批式。需時24小時，一批一批生產到成品。另一種連續式（continue），醱酵桶生產10%醋後放洩一半50%，另行加原料。繼續醱酵（12小時）。以酒精測定儀，測桶內液酒精含量決定排出及加入原料。

　　市面上醋成品含醋量，烹飪用成品，通常含醋量3～5%，飲料用水果醋為含純醋0.4～0.6%視人口味喜好，再加水4～5倍。如需求高濃度醋作為外銷用，可用批式方式，將含10%醋為原料，再加醋酸菌等醱酵一次，可達20%成品。市面上醋成品有純醋、米醋（用米→米酒→米醋）、烏醋（加入洋蔥、胡蘿蔔原料）味淋及各種水果醋，如蘋果醋、葡萄醋、百香果醋、梅子醋、檸檬醋等。

　　如用傳統法製醋，時間多30天，製程因受人工操作及控制成本高，因受雜菌影響品質難控制，製造過程必須控制溫度、乾濕度變數每天必須定期攪拌。酒精達15℃再送去製醋醱酵槽出發醋。同時需培養種菌觀察，完全用人工控制。

現代製醋工廠示意圖

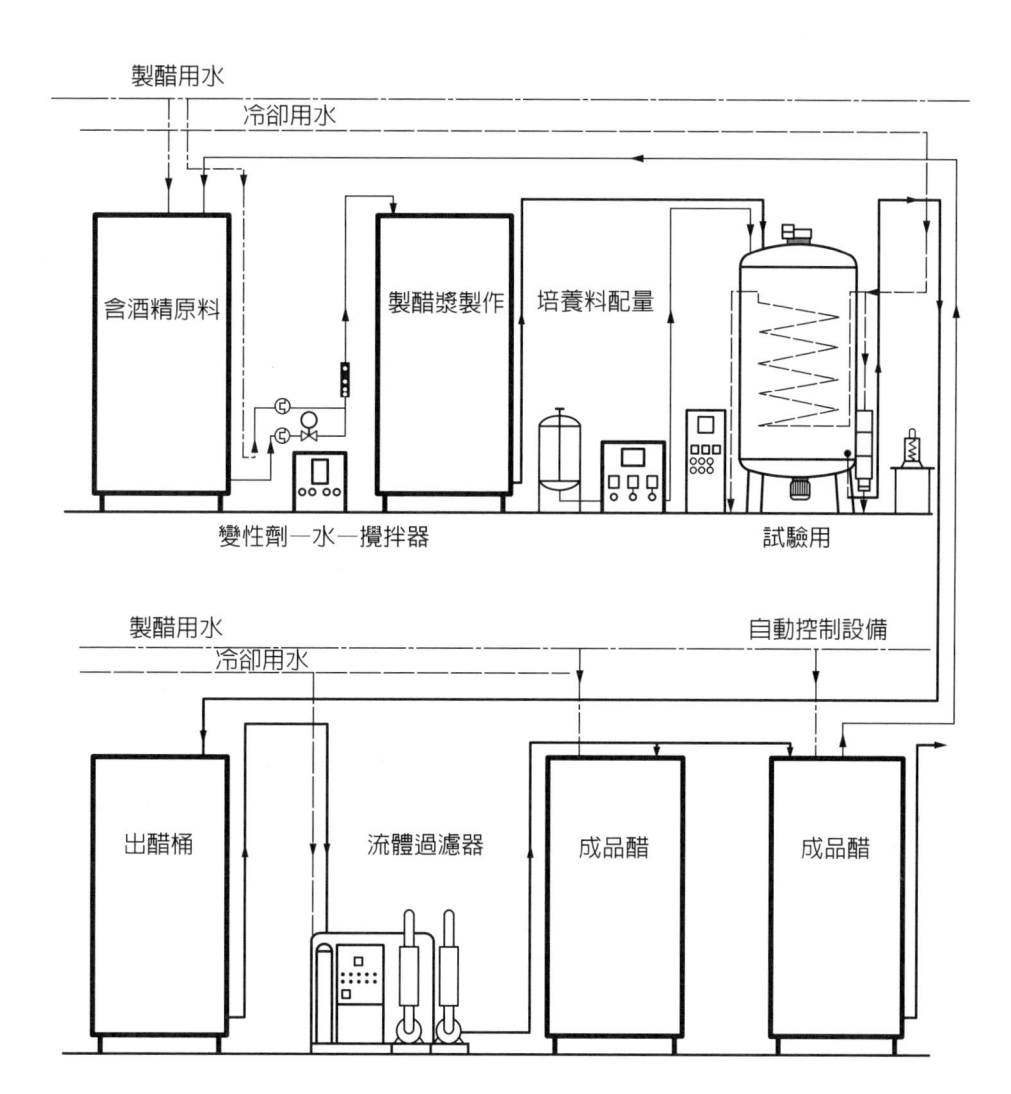

製醋用水
冷卻用水

含酒精原料　製醋漿製作　培養料配量

變性劑—水—攪拌器　　　　　　　　試驗用

製醋用水　　　　　　　　　　自動控制設備
冷卻用水

出醋桶　　流體過濾器　　成品醋　　成品醋

小博士解說

老式食用醋用傳統製法，在製程中因含雜菌作用，醋成品會產生類似臭襪味、或梅乾味。改正方法需使用純醋酸菌製造。

11.7 食鹽

李明清

　　鹽乃百味之祖，人不可一日或缺，歷史上，對鹽的發現，最早聞名的是「夙沙氏」煮海為鹽的傳說，古時候在山東半島南岸膠州灣一帶，有一個部落，部落裡有個聰明能幹的人名叫夙沙，臂力過人，擅長以網捕獵，有一天夙沙在海邊煮魚吃，他跟往常一樣提著陶罐從海裡打半罐水回來，剛放到火上煮，突然一頭野豬跑過，夙沙見了拔腿就追，等他扛著戰利品回來，罐裡的水已經熬乾了，罐底留下一層白白的細末，他用手指沾點到嘴裡一嚐，味道鹹又鮮，夙沙用它就著烤豬肉來吃，味道好極了，那白白的細末就是海水煮出來的鹽，夙沙的部落長期與海為鄰，首創煮海為鹽。

　　早期的晒鹽法是在海邊引入海水，經過晒鹽及洗鹽兩道手續，引入的海水經過5天在5個大蒸發池中各停留1天，蒸發水分及沉澱雜物，分別把泥土、氧化鐵及碳酸鈣去除，然後經過3個小蒸發池各1天，共3天把碳酸鈣去除，最後在第九天引入結晶池，此時鹽水濃度會達到波美度（Be）25度（比重1.21）以上，而有氯化鈉結晶析出成為粗鹽，挖出的粗鹽經過篩鹽、洗鹽、靜置排泄、離心分離、乾燥、篩分等手續就可得到所需的食鹽。

　　離子交換膜電透析製鹽技術，是1950年美國人鳩德所發明的，日本在1965年引進使用，台鹽公司1969年去日本考察之後，於1975年8月正式在通霄生產，從離岸1.6公里水深12公尺處抽取海水，經過砂濾、離子交換膜電透析去除重金屬、界面活性劑、農藥、戴奧辛等雜物之後，再經過濃縮、結晶、分離、乾燥而得到產品，品質比一般晒鹽法高，以得到的精鹽做基礎，也可以發展多樣的複方料理鹽新產品。

　　早期的鹽很昂貴，希臘羅馬時期，曾經以鹽來代替薪餉發放，印度的皇妃也曾經使用鹽來得到好處，印度皇帝因為妃子太多，不知如何選擇臨幸的妃子，每晚騎馬溜達，如果馬停在那個妃子門前則選擇之，有位聰明的妃子，常常把鹽水灑在門前，馬因為白天勞累缺鹽而讓這聰明的妃子每每如意，這聰明的妃子對鹽還真有研究呢！

小博士解說

海水成分（ppm）：

氯離子	18980	鈉離子	10561
硫酸根	2649	鎂	1272
鈣	400	鉀	380
碳酸氫根	142	溴	65
其他	34		

食鹽製造流程

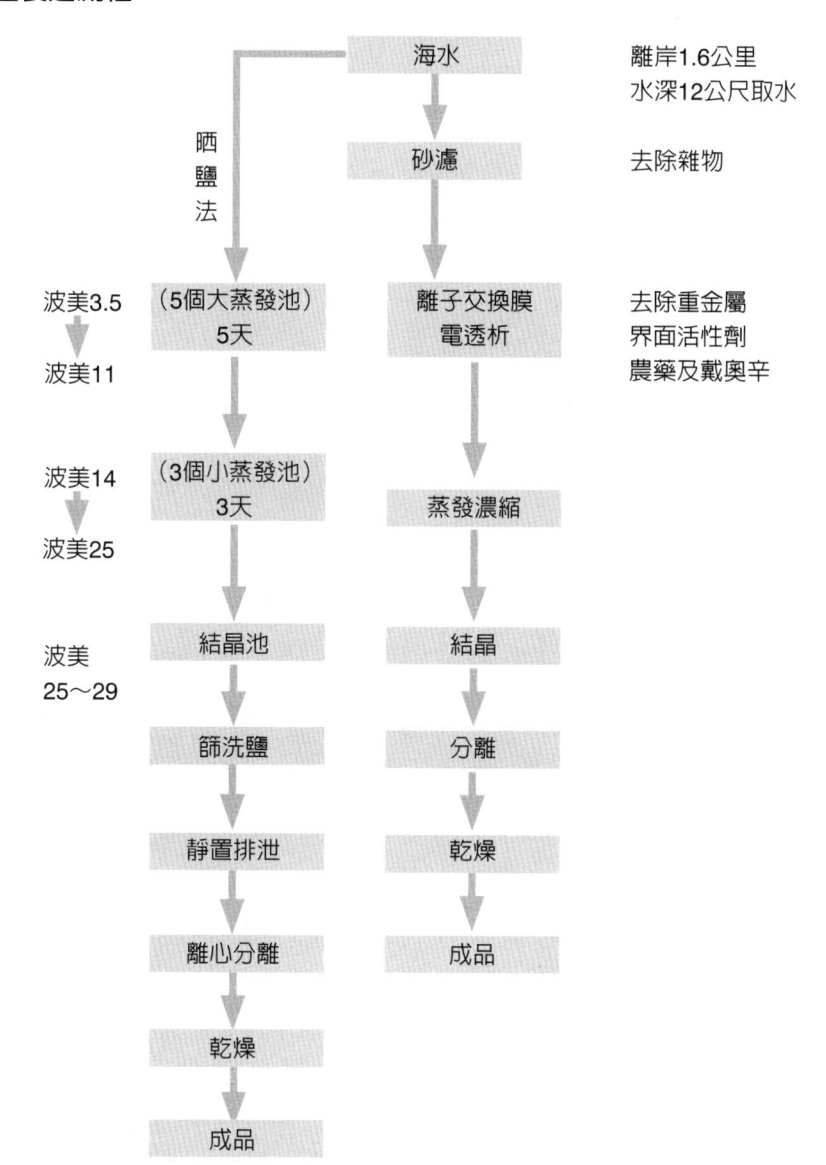

```
                              海水 ──────→ 離岸1.6公里
                               │          水深12公尺取水
                    晒         ↓
                    鹽        砂濾 ──────→ 去除雜物
                    法         │
                    │         ↓
波美3.5      (5個大蒸發池)   離子交換膜 ──→ 去除重金屬
  ↓             5天         電透析        界面活性劑
波美11            │            │          農藥及戴奧辛
                 ↓            ↓
波美14      (3個小蒸發池)    蒸發濃縮
  ↓             3天            │
波美25            │            ↓
                 ↓            結晶
波美            結晶池          │
25～29           │            ↓
                 ↓            分離
               篩洗鹽          │
                 │            ↓
                 ↓            乾燥
               靜置排泄         │
                 │            ↓
                 ↓            成品
               離心分離
                 │
                 ↓
                乾燥
                 │
                 ↓
                成品
```

➕ 知識補充站

鹽的補充：
健康人<6克／人・天
糖尿、非高血壓<5克／人・天
高血壓<3克／人・天
糖尿高血壓<2克／人・天

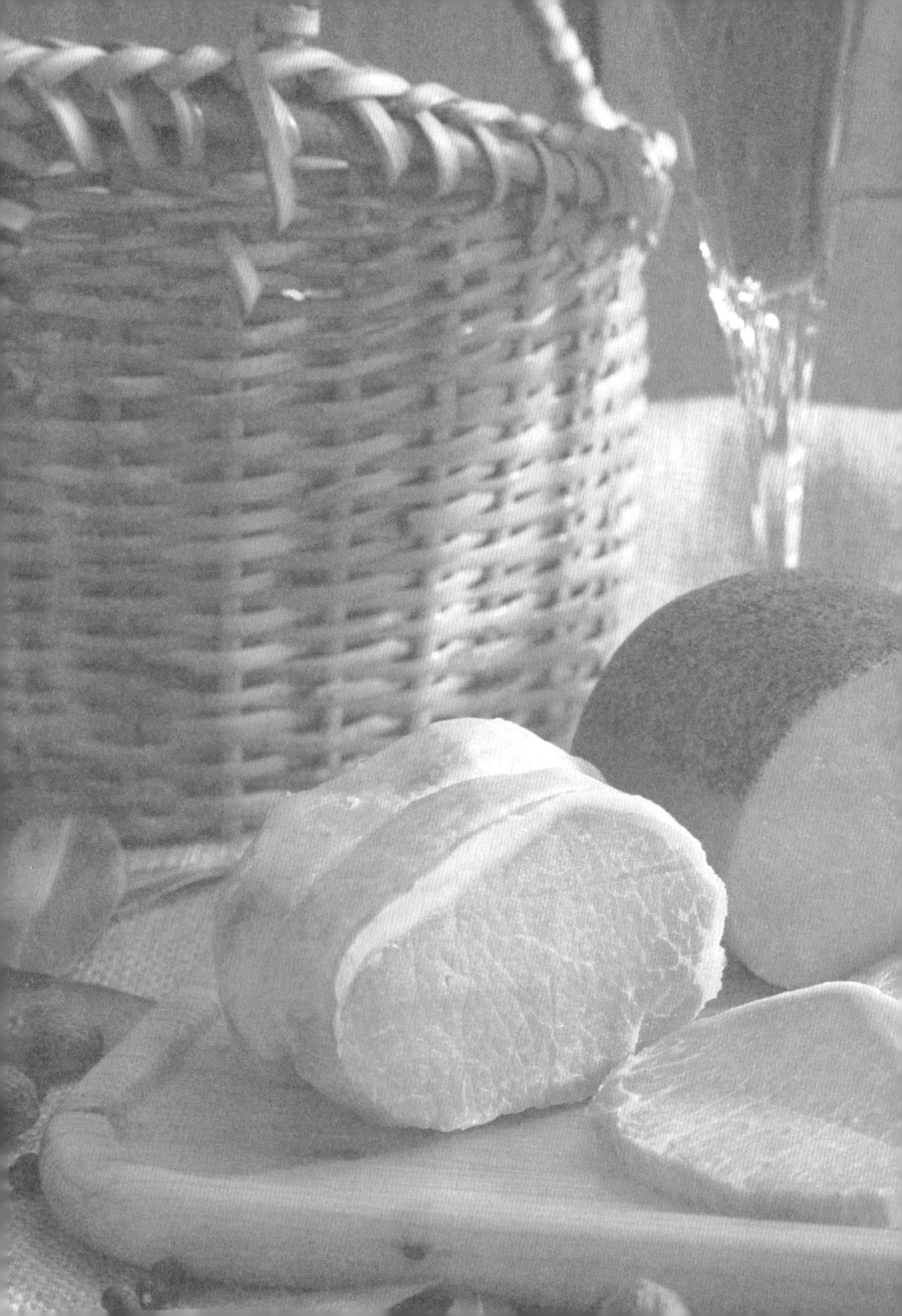

第12章
甜味劑的製造

12.1　砂糖（一）
12.2　砂糖（二）
12.3　澱粉糖（一）
12.4　澱粉糖（二）
12.5　麥芽飴（一）
12.6　麥芽飴（二）

12.1 砂糖（一）

顏文俊

　　砂糖是蔗糖的工業製品總稱，其糖質成分主要就是蔗糖（Sucrose），大多從甘蔗採收產製，少量從甜菜產製。大多稱呼砂糖，大陸稱白糖或白砂糖。

　　蔗糖的分子式$C_{12}H_{22}O_{11}$，是由葡萄糖和果糖結合之雙醣，無色透明單斜晶系結晶體砂粒狀，屬於非還原糖，吸濕性很小，但是砂糖有不純物存在時，吸濕性大增，砂糖的吸濕性與溫度和相對濕度有關。高純度蔗糖化合物，其熔點為185～186℃，若為不純砂糖之混合物，其熔點範圍分布變化很大。

　　砂糖的風味來自甘蔗濃縮產生的還原糖灰分等不純物，因此細粒砂糖和特級砂白糖的糖香風味較淡，其他如二號砂白糖、紅糖、黑糖具有濃郁複雜的香氣。

　　砂糖因原料、製法、精製程度、色相等不同，而有各種分類，如依原料別分成甘蔗糖、甜菜糖、椰子糖等；依製法工藝分含蜜糖、分蜜糖；依精製程度分粗製糖、精製糖；依色澤分白砂糖、赤砂糖、紅糖、黑糖、添加顏色糖等；依形狀分冰糖、角塊糖、顆粒糖、粉糖等。

　　台灣50年代生產砂糖每年可達87萬噸，還可外銷賺取外匯，糖廠數目曾有24座之多，台灣環境改變，後來有溪湖、虎尾、北港、蒜頭、南靖、善化、仁德、旗山、南州、新營、高雄、屏東、台東、花蓮等十多工廠，有的工廠已沒有甘蔗壓榨，只有進口糖或進口粗糖來精製或副產品廠與高科技廠。

　　耕地直接生產砂糖的製程，大致分1.壓榨、2.清淨、3.濃縮、4.結晶、5.分蜜、6.包裝六大工程。

1. 壓榨工程

　　甘蔗從農場採收運到工廠，利用卸蔗機卸下甘蔗，清洗輸送到蔗刀機切斷，經撕裂機（Shredder）將甘蔗撕裂以利壓榨，然後經過五組壓榨輥輪提出蔗汁。整座糖廠電力是蔗渣（Bagasses）燃燒產生超高壓蒸汽之氣電共生，發電渦輪排出之高壓蒸汽可以動力帶動這些巨大壓榨輥輪，壓榨產生的粗混蔗汁（Raw juice）約含糖分13%、轉化糖2～3%、非糖雜質（Non-sugar inpurity）1～2%、水分84%。

2. 清淨工程

　　粗蔗汁的非糖雜質是還原糖、五碳糖、果膠、胺基酸、植酸、有機酸、色素、灰分、無機物等，利用石灰法、碳酸法、亞硫酸法、離子交換法去除，這就是清淨工程（Clarification），加熱蔗汁利用添加熱石灰水作用，再通入二氧化碳或二氧化硫，產生鈣質沉澱時順便吸附大量雜質，再經過粗濾、真空過濾機分離過濾，得到清淨汁（Clean juice）。

（接續下單元）

小博士解說

甘蔗→(1)壓榨→粗蔗汁→(2)清淨→清淨汁→(3)濃縮→糖漿→(4)結晶→糖膏→(5)分蜜→粗原料糖→(6)溶解→糖液→(7)脫色→精製糖液→(8)濃縮結晶分蜜→精製砂糖→(9)加工→冰砂糖、角方砂糖、粉糖、咖啡冰糖、晶彩冰糖等。

砂糖製造流程

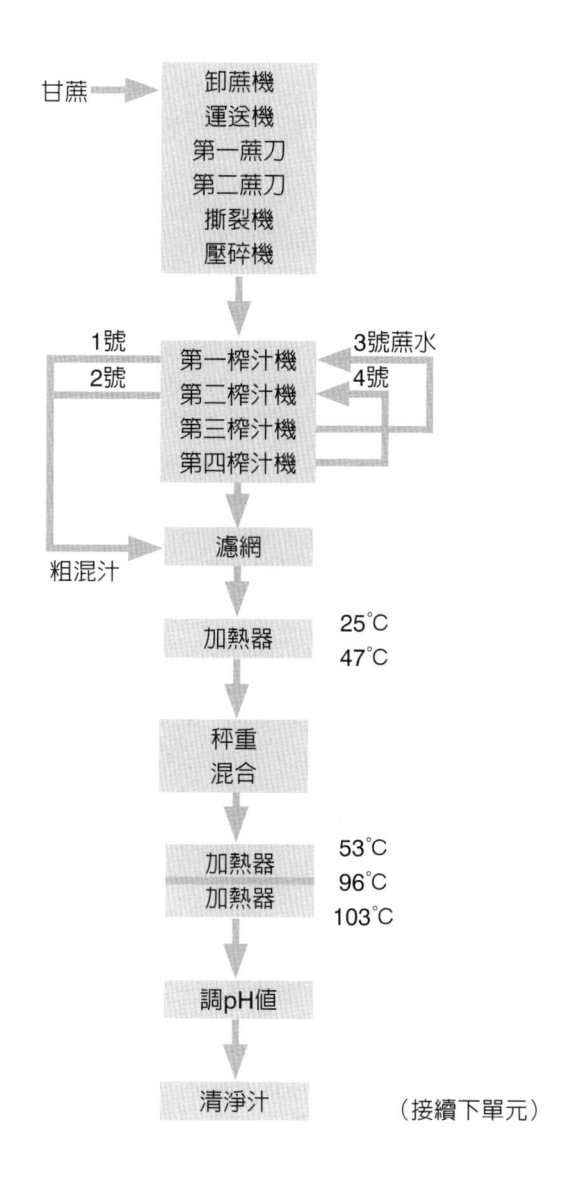

```
甘蔗 → 卸蔗機
       運送機
       第一蔗刀
       第二蔗刀
       撕裂機
       壓碎機
         ↓
1號 →  第一榨汁機  ← 3號蔗水
2號 →  第二榨汁機  ← 4號
       第三榨汁機
       第四榨汁機
         ↓
粗混汁 → 濾網
         ↓
       加熱器    25°C
                 47°C
         ↓
       秤重
       混合
         ↓
       加熱器    53°C
       加熱器    96°C
                 103°C
         ↓
       調pH值
         ↓
       清淨汁     （接續下單元）
```

12.2 砂糖（二）

顏文俊

3. 濃縮工程
糖廠使用各種多效真空濃縮系統，將清淨蔗汁濃縮成Bx60～64的粗糖漿（Syrup），準備結晶。

4. 結晶工程
溶解度是在某溫度下，100克水所能溶解溶質的最大克數。濃縮的糖漿加入砂糖晶種，慢慢冷卻養大結晶。

5. 分蜜工程
傳統黑糖是將濃縮糖漿在開口鍋二重釜繼續加熱熬煮，不斷攪拌，最後會產生全部微細粉末結晶狀，挖出冷卻排掉剩餘水分，因此黑糖是含蜜糖，蔗汁糖漿的非糖質的糖蜜（Molasses）全部在黑糖中，因此黑糖很香，含有很高成分的鐵礦物質，也有相當比率的轉化糖，容易吸濕結塊。最近消費者公認黑糖是健康自然食糖，售價比精製砂糖還貴。

大型糖廠結晶工程後濃縮糖漿變成糖膏（Mascuite），必須用離心機將砂糖結晶與不能結晶的糖蜜分開，這時分離出的砂糖結晶外表多少有糖蜜薄膜層，稍微用蒸汽噴洗烘乾，含非糖質量仍高，稱為粗糖二砂或原料糖。如果蒸汽噴洗較為乾淨，烘乾潔白即為特號砂白糖。

國內最近從國外進口原料糖來精製成各種砂糖，其製程大致是加水溶糖，再用活性炭或離子交換來脫色清淨，同樣再經濃縮、結晶、分蜜等製程，生產各種規格的產品。國內產品有：精製細沙、精製特砂、特號砂白糖、二號砂白糖、粉糖、冰糖、紅糖等。

小博士解說

砂糖因應各種消費群的特殊需求，如香氣、粗細、水溶性、色澤、口感等，製成各種品質的糖，並做成各種大小包裝，供消費者選用。

項目名稱	製程	旋光糖度（pol.）	水分（%）	還原糖（%）	灰分（%）
精製砂糖	(1)～(8)	99.7 以上	0.1 以下	0.04 以下	0.04 以下
精製特砂	(1)～(8)	99.7 以上	0.1 以下	0.04 以下	0.04 以下
粉糖	(1)～(9)	99.7 以上	0.1 以下	0.04 以下	0.04 以下
冰糖	(1)～(9)	99.7 以上	0.1 以下	0.04 以下	0.04 以下
特號砂白	(1)～(5)	99.5 以上	0.1 以下	0.1 以下	0.1 以下
二號砂白	(1)～(5)	98.3 以上	0.4 以下	0.3 以下	0.3 以下
紅糖	(1)～(4)	80.0 以上	6.0 以下	8.0 以下	3.5 以下

（續前節右頁圖）

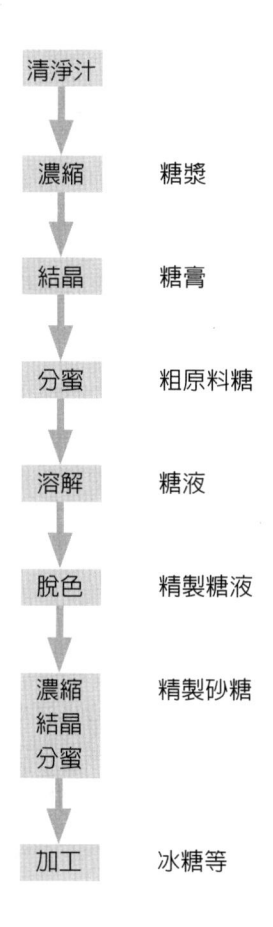

```
清淨汁
  ↓
濃縮 —— 糖漿
  ↓
結晶 —— 糖膏
  ↓
分蜜 —— 粗原料糖
  ↓
溶解 —— 糖液
  ↓
脫色 —— 精製糖液
  ↓
濃縮
結晶 —— 精製砂糖
分蜜
  ↓
加工 —— 冰糖等
```

12.3 澱粉糖（一）

顏文俊

　　喜愛甜食是文明世界普遍的嗜好，自古甜食點心在各國文化都占有非常重要角色，也是人際應酬重要禮品。

　　甜味料通常分成糖質甜味料和非糖質甜味料，糖質甜味料大致是蔗糖、澱粉糖（Starch Sugars）、蜂蜜、乳糖、楓糖、椰子糖等，其中澱粉糖變化最多。澱粉是由葡萄糖組合成大分子，最近生物科技進步，社會需求，研發利用各種天然酵素或生物技術產製酵素來分解改造發酵，再組合成各種特殊糖質供應市場。目前一些糖質歸類如下頁表。

　　澱粉糖特性：

一、甜度

　　糖漿的甜度主要來自葡萄糖、麥芽糖及果糖，其他糖都不具甜度，因此DE值愈高的糖漿則愈甜。但是濃度也直接影響糖漿甜度，如DE值不變，調整糖漿濃度會改變甜度，Bx20濃縮至Bx60甜度增加。

二、黏度

　　黏度是澱粉糖重要特性，糖果製造時可塑性的物性的來源，影響因素主要有溫度、濃度、DE值，DE值愈低，表示水解程度較低，高分子糖多，因此黏度高。改變濃度也會增加黏度，提高溫度黏度降低，溫度降低黏度上升，這原理用在熬煮糖果。

三、平衡相對濕度（Equilibrium Relative Humidity, ERH）

　　澱粉糖的ERH表示其某相對濕度（Relative Humidity）下，不吸濕也不放濕。ERH單位是百分率，若以小數點表示，即水活性值（Aw），這是相當重要的指標。測定澱粉糖的ERH可以了解其吸濕特性，在何種相對濕度下是否會吸濕？而且可以了解各種澱粉糖微生物發酵性。

（接續下單元）

小博士解說

　　澱粉加水分解成各種澱粉糖，其加水分解的程度，全世界都用DE值（Dextrose Equivalent 葡萄糖當量），表示這批澱粉糖還原糖比率。

$$DE = 還原糖量（以葡萄糖表示）÷固形分×100$$

各類糖質特徵與製程原料

分類			主要特徵	糖質名稱	製程原料
低甜度甜味料	一般糖類	一般單雙糖類	不只提供食品甜度，也提供食品加工特性與營養熱量。除果糖甜度最甜外，其他都低於蔗糖。	蔗糖、各種砂糖（Sucrose）、轉化糖漿（Invert sugar）	砂糖
				葡萄糖（無水結晶、含水結晶、普通）（Dextrose, Glucose）	澱粉糖
				異構化液糖、高果糖糖漿（H.F.C.S）	澱粉糖
				果糖（Fructose）、異構化糖砂糖混和糖漿	澱粉糖
				麥芽雙糖（Maltose）	澱粉糖
				麥芽飴（水飴、玉米糖漿）、高麥芽飴、超高麥芽飴	澱粉糖
				乳糖（Lactose）、異構化乳糖（Lactulose）	牛奶
				木糖（Xylose）、木酮糖（Xylulose）	纖維素
				海藻糖（Trehalose）、海藻酮糖（Trehalulose）	砂糖、澱粉糖
				甘露糖（Mannose）	砂糖、澱粉糖
				蜂蜜（Honey）、楓糖（Maple）、椰子糖	蜂蜜、楓糖
		砂糖誘導體	針對預防蛀牙開發之甜味料，但與砂糖相同具有消化、吸收與熱量。	偶合砂糖（Coupling sugar）	砂糖
				巴拉金糖（異麥芽酮糖Palatinose）	砂糖
				乳果糖（Lactosucrose）	砂糖、乳糖
		寡糖	3～10個單糖集合之糖質，有類似膳食纖維的功能，但物性與纖維不同，其分子量不大，添加入食品中不會影響原來質地。加工運用尚可取代部分砂糖、麥芽飴等，比糖醇類更具健康天然形象。難消化性，可活化腸內Bifidus菌，改善腸內菌叢進行體內環保，改善便秘。歐美國家將寡糖視為水溶性膳食纖維	麥芽糖寡糖（直鏈）（Malto-oligosaccharides）	澱粉糖
				異麥芽糖寡糖（枝鏈）（Isomalto-oligosaccharides）	澱粉糖
				高麥芽三糖糖漿（High maltotriose syrup）	澱粉糖
				果糖寡糖（Fructo- oligosaccharides）	砂糖
				木糖寡糖（Xylo- oligosaccharides）	玉米穗、棉實殼
				菊糖寡糖（Inulo- oligosaccharides）	菊芋塊莖
				纖維素寡糖（Cello- oligosaccharides）	纖維水解物
				半乳糖寡糖（Galacto-Oligosaccharides）	牛奶

（接續下單元）

12.4 澱粉糖（二）

顏文俊

四、沸點上升與冰點下降程度

沸點上升與冰點下降程度和原料滲透壓有關，沸點上升與冰點下降程度與溶液中溶質摩耳數（mole）成正比，因此同樣重量時，分子量愈小的摩耳數愈多，因此影響沸點上升與冰點下降程度愈大。DE值愈高就是糖化水解程度高，平均分子量比較小，沸點上升與冰點下降程度愈大。

澱粉糖生產原理

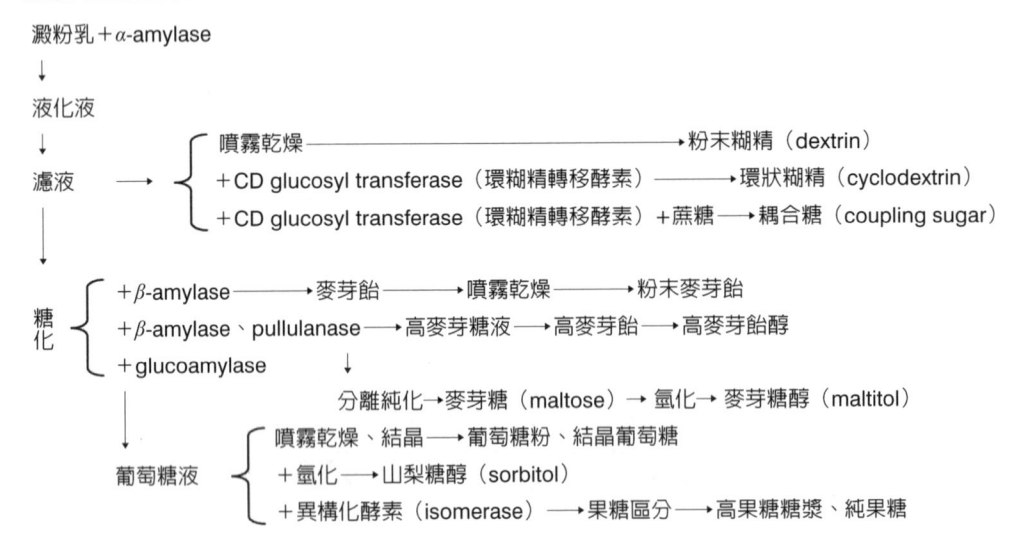

澱粉乳＋α-amylase
↓
液化液
↓
濾液 → ┌ 噴霧乾燥 ─────────────→ 粉末糊精（dextrin）
　　　 │ ＋CD glucosyl transferase（環糊精轉移酵素）─────→ 環狀糊精（cyclodextrin）
　　　 └ ＋CD glucosyl transferase（環糊精轉移酵素）＋蔗糖 → 耦合糖（coupling sugar）
↓
糖化 ┌ ＋β-amylase ──→ 麥芽飴 ──→ 噴霧乾燥 ──→ 粉末麥芽飴
　　 │ ＋β-amylase、pullulanase ──→ 高麥芽糖液 → 高麥芽飴 → 高麥芽飴醇
　　 └ ＋glucoamylase
↓　　　　　　　　　　　↓
　　　　　　　　　分離純化→麥芽糖（maltose）→ 氫化 → 麥芽糖醇（maltitol）
葡萄糖液 ┌ 噴霧乾燥、結晶 ──→ 葡萄糖粉、結晶葡萄糖
　　　　 │ ＋氫化 ──→ 山梨糖醇（sorbitol）
　　　　 └ ＋異構化酵素（isomerase）──→ 果糖區分 ──→ 高果糖糖漿、純果糖

小博士解說

麥芽飴中只有葡萄糖和果糖可直接參與非酵素褐變梅納反應，產生色素，DE值愈高，分解的還原單糖愈多，褐變反應愈強。另一種褐變是焦糖化反應（Caramelization），這是碳水化合物在高溫時熱裂解脫水碳化反應，因此和溫度與熬煮時間有關。

各類糖質特徵與製程原料

（續前節右頁圖）

分類			主要特徵	糖質名稱	製程原料
低甜度甜味料	一般糖類	寡糖	3～10個單糖集合之糖質，有類似膳食纖維的功能，但物性與纖維不同，其分子量不大，添加入食品中不會影響原來質地。加工運用尚可取代部分砂糖、麥芽飴等，比糖醇類更具健康天然形象。難消化性，可活化腸內Bifidus菌，改善腸內菌叢進行體內環保，改善便秘。歐美國家將寡糖視為水溶性膳食纖維。	轉移半乳糖寡糖（Transgalactosylated-Oligosaccharides）	乳清
				大豆寡糖（Soybean- oligosaccharides）	大豆乳清
				甜菜寡糖（Raffinose- oligosaccharides）	甜菜糖蜜
				巴拉金糖寡糖（Palatinose- oligosaccharides）	砂糖
				龍膽糖寡糖（Gentio- oligosaccharides）	澱粉糖
	糖醇類		原料糖質在高壓狀態加氫反應物。因為不易被人體吸收，通常被當成低熱量糖質原料使用。糖醇有保水性，多量食用後會有不同程度的腹瀉之現象。	山梨糖醇（Sorbitol）	澱粉糖氫化
				麥芽糖醇（Maltitol）	澱粉糖氫化
				氫化麥芽飴（Hydrogenated corn syrup）	澱粉糖氫化
				木糖醇（Xylitol）	木糖氫化
				乳糖醇（Lactitol）	乳糖氫化
				巴拉金糖醇（Palatinit, Isomaltitol異麥芽酮糖醇）	巴拉金糖氫化
				丁四糖醇、赤蘚糖醇（Erythritol）	葡萄糖發酵
				甘露糖醇（Mannitol）	糖蜜
				各種寡糖醇（Oligo-sugar alcohol）	各種寡糖
高甜度甜味料	天然物		高甜度甜味料優點是高甜度使用量少，食用帶來熱量幾乎零，不會引起蛀牙機制，可供糖尿病、肥胖者食用。缺點是甜味感與蔗糖有異，有苦澀味或金屬味，健康安全性也被懷疑！	甜菊糖（Stevioside）200、甜菊雙糖（Rebaudioside）	甜菊
				索馬甜（Thaumatin）	植物
				甘草素（Glycyrrhizin）200	甘草
	合成物			阿斯巴甜200、甜味素（Aspartame）、阿力甜（Alitame）	合成
				阿賽甜（Acesulfame-K）600	合成
				阿里甜（Alitame）、三氯蔗糖（Sucralose, T.G.S）600	合成
				糖精（Saccharin）、甜蜜素（Cyclamate）、甘精（Dulcin）	合成

12.5 麥芽飴（一）

顏文俊

　　歐美早期用酸水解法生產麥芽飴（Corn Syrup），東方中國和日本很早就懂得用小麥發芽的酵素把糯米漿糖化分解成優質麥芽飴，石油危機能源昂貴，歐美也效法東方國家使用酵素生產澱粉糖，開發許多高效率糖化酵素。

　　澱粉糖最多是麥芽飴、葡萄糖、高果糖糖漿三種，其中麥芽飴是糖果工業重要的原料，日文稱「水飴」，歐洲書本稱呼「glucose syrup」（葡萄糖漿），美國書本稱呼「corn syrup」（玉米糖漿），其實是一種複雜的澱粉糖混合物，雖然以麥芽雙糖為主，並非單純只有麥芽雙糖，還有葡萄糖、麥芽三糖、麥芽四糖、麥芽糊精等複雜澱粉糖，故稱之為麥芽飴較適當。

　　澱粉是脫水葡萄糖（Anhydroglucose）的聚合物，各種澱粉水解酵素對澱粉的作用位置都不盡相同。普通澱粉糖常用的澱粉水解酵素有：(1) α澱粉水解酵素（α-amylase），又稱液化酵素、(2) β澱粉水解酵素（β-amylase），又稱麥芽糖糖化酵素、(3) 葡萄糖糖化酵素（Glucoamylase）、(4) 澱粉枝切酵素（Debranching enzyme）有異澱粉水解酵素（Isoamylase）和普魯南酵素（Pullulanase）。

　　一串樹枝狀澱粉分子只具有一個還原糖端，卻有無數個非還原糖端。液化酵素分解膨潤糊化澱粉直鏈分子的α-1,4鏈，分解點比較隨機，大多分配在兩枝鏈點之間，成為糊精。麥芽糖糖化酵素也是分解膨潤糊化澱粉直鏈分子的α-1,4鏈，但是從外圍非還原端開始，每二個葡萄糖（麥芽糖）切斷，逐漸向內切，產生麥芽糖，生產麥芽糖時通常要先把澱粉糊化液化成較小分子量糊精後，才加入麥芽糖糖化酵素分解。葡萄糖糖化酵素也是從外圍非還原糖端開始，以葡萄糖為單位逐次水解α-1,4或α-1,6鏈結，生產葡萄糖。澱粉枝切酵素只作用於α-1,6鏈結（如枝鏈澱粉分枝點）的酵素，可以把枝鏈澱粉完全分解成直鏈澱粉（參見下頁圖）。

小博士解說

　　一般澱粉由直鏈澱粉（Amylose）與枝鏈澱粉（Amylopectin）組成，直鏈澱粉是以數百至二千個葡萄糖以α-1,4鍵脫水結合聚合成螺旋狀直鏈，枝鏈澱粉由數萬個脫水葡萄糖成樹枝狀聚合組成，直鏈部分以α-1,4鍵結合，約25個葡萄糖直鏈就有一處分枝，分枝以α-1,6鍵結合，一般植物澱粉約含15～35%直鏈澱粉。

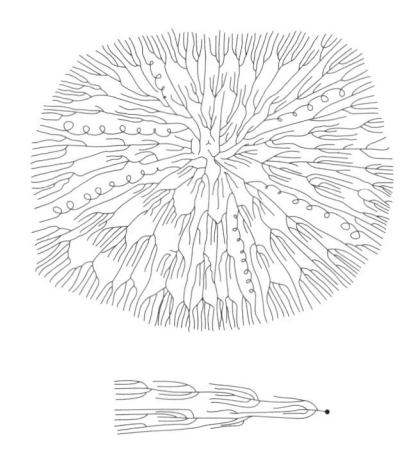

```
                    amylose            reducing end
                                β-limit dextrin



                              amylopectin

⟵  amylo (1.4) dextrinase (α-amylase)
⟵  amylo (1.4) maltosidase (β-amylase)
⟵  amylo (1.4 1.6) glucosidase (glucoamylase)
⟵o amylo (1.6) dextrinase (iso-amylase)
```

枝鏈澱粉分子構形 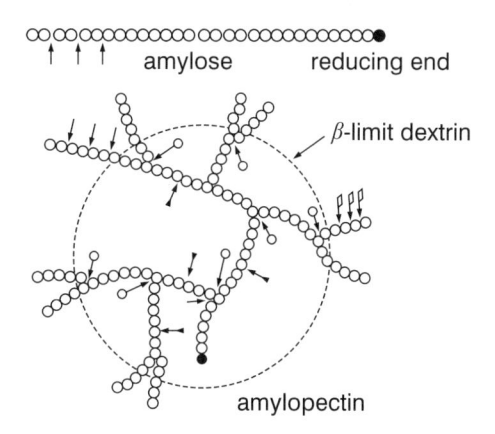　　　　　澱粉分子構造與各糖化酵素作用點

幾種澱粉糖組成成分

澱粉糖種類	產品規格 DE範圍	產品規格 含水率	組成成分（以乾固物計算）例 DE	G1%	G2%	Gn%
無水結晶葡萄糖	99.5～100	0.5%以下	99	98.9	0.1	1.0
含水結晶葡萄糖	99.0～100	8.0～10.0%	99	98.9	0.1	1.0
精製葡萄糖粉	97～98	10.0%以下	97	96.5	0.5	3.0
低糖化麥芽飴	25～34	15%～25%	25	8.0	7.5	84.5
普通麥芽飴	35～48	15%～25%	42	10.3	45.1	44.6
高糖化麥芽飴	50～60	15%～25%	60	37.0	31.5	31.5
高麥芽飴	40～50	15%～25%	45	8.0	65.0	27.0
超高麥芽飴	40～50	15%～25%	46	5.0	78.0	17.0
高果糖糖漿	92～98	25%～30%	97	96.5	0.5	3.0
粉飴	18～22	10%以下	22	2.0	10.0	88.0
麥芽糊精	13～17	10%以下	16	1.0	7.5	91.5
糊精	9～12	10%以下	12	0.5	6.5	93
低水解糊精	4～8	10%以下	6	0.0	4.0	96

12.6 麥芽飴（二）

顏文俊

一、酸水解法製程

澱粉→調配澱粉乳（加水39%DS，調酸pH1.8～2.0）→加熱轉化（噴加蒸汽增溫增壓135～140℃，維持5～8分鐘DE10～15、30～45分鐘DE20～25）→瞬間釋壓霧化冷卻→碳酸法澄清→過濾→降溫調整（55～60℃、pH5.5～6.0、添加β-amylase 0.2%DS）→糖化（保溫55～60℃，24～48小時）→多效真空濃縮→活性炭脫色→過濾→離子交換脫鹽→最後濃縮→麥芽飴（噴霧乾燥至取粉末麥芽飴）

麥芽飴DE42，組成成分G1=31%、G2=36%、G3=13%、Gn=20%

（註：DS=Dry Solid乾固物量，G1葡萄糖、G2麥芽糖、G3麥芽三糖、Gn糊精）

二、酵素水解法製程

澱粉→調配澱粉乳（加水25%DS，調酸pH5.0～5.5，添加Ca 100ppm、0.02%DS of Termamyl α-amylase）→加熱液化（噴加蒸汽增溫增壓135～140℃，維持5～10分鐘，使澱粉粒充分膨潤DE<3）→瞬間釋壓霧化冷卻→降溫調整（55～60℃、pH6.0～6.2、添加0.4%DS of β-amylase from barly or malt and pullulanase）→糖化（保溫55～60℃，24～48小時）→多效真空濃縮→活性炭脫色→過濾→離子交換脫鹽→最後濃縮→麥芽飴（噴霧乾燥至取粉末麥芽飴）

麥芽飴的組成比，可以從酵素用量與製程來控制，通常需要麥芽雙糖G2比率較多，例如高麥芽飴DE47，組成成分G1=1.5%、G2=71.5%、G3=10%、Gn=17%，最近被廣泛用來製造較不甜和不黏牙的各種軟糖。澱粉可糖化水解生產高麥芽飴、純麥芽雙糖、麥芽糖醇等。也可用枝切糖化酵素生產低分子量直鏈澱粉（Low molecular amylase, LMA）和高分子量直鏈澱粉（High molecular amylase, HMA），HMA可以取代在來米粉用於米粉絲或冬粉絲。

小博士解說

麥芽飴品質規格通常以DE值、Bx濃度、透明度與熬煮變色溫度來決定。DE值只是大概表示澱粉水解程度，如果更換麥芽飴供應商，最好要求提供組成糖的詳細比率，這是相當重要的。

樹薯澱粉	倒粉調配澱粉乳	加熱液化
活性炭脫色過濾	瞬間釋壓霧化冷卻	糖化槽
離子交換脫鹽	多效真空濃縮	麥芽飴成品貯存槽

➕ 知識補充站

樹薯澱粉→倒粉調配澱粉乳→加熱液化→瞬間釋壓霧化冷卻→降溫調整準備糖化→糖化活性炭脫色→過濾→離子交換脫鹽→多效真空濃縮→麥芽飴成品（裝入槽車或市售桶）

※感謝台南正裕麥芽廠林老闆授權實地拍攝

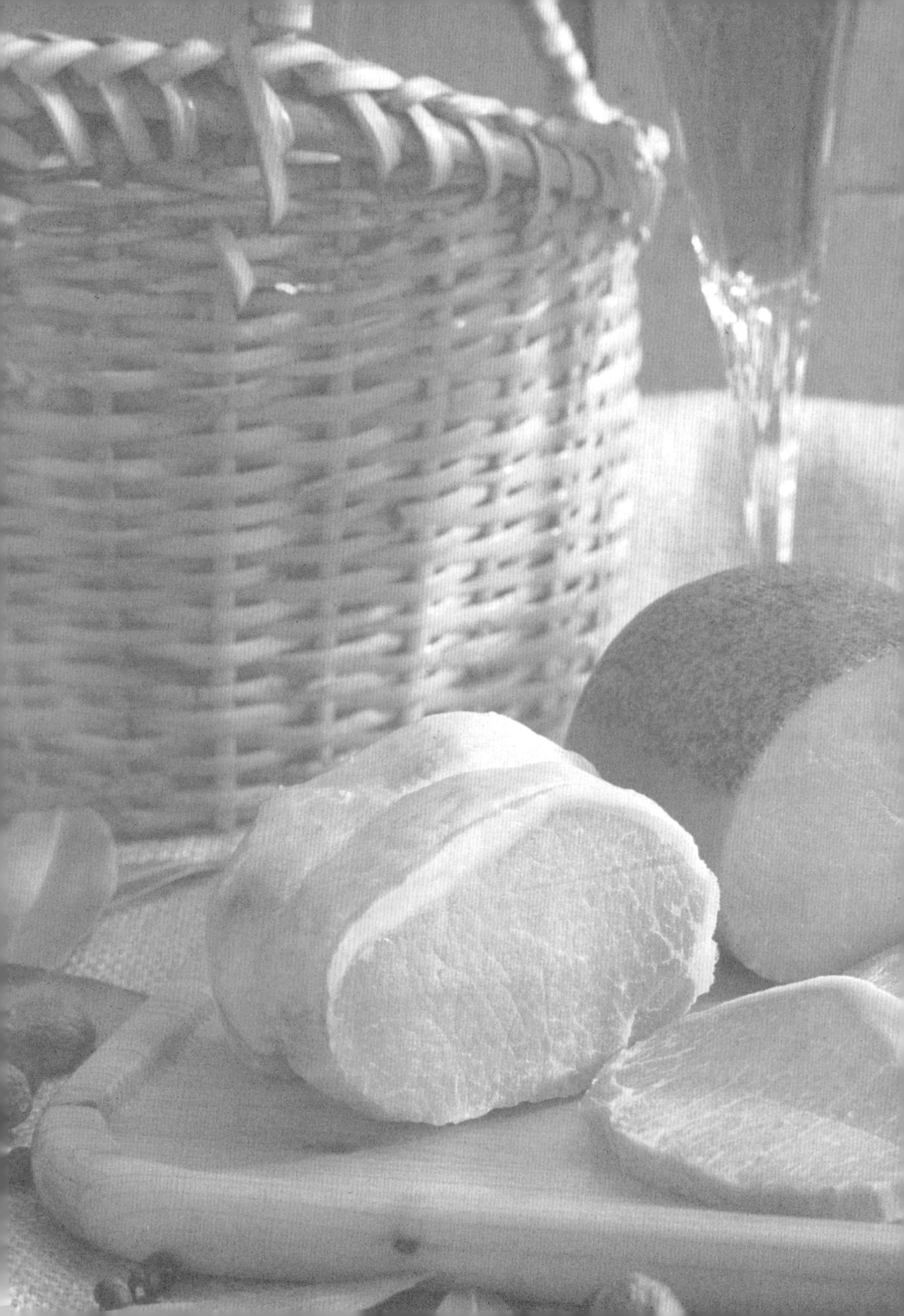

第13章
嗜好品類的製造

13.1 茶葉

13.2 茶包裝飲料

13.3 即溶咖啡

13.4 咖啡包裝飲料

13.5 可可粉

13.1 茶葉

陳忠義

　茶葉依製程的發酵程度可分類為：不發酵茶：如綠茶、龍井茶、煎茶；半發酵茶：如包種茶、鐵觀音茶、白毫烏龍茶；全發酵茶：如紅茶。
　一般茶葉的製造流程為：

採摘：採摘是用食指與拇指挾住葉間幼梗的中部，藉兩指的彈力將茶葉摘斷，不同的茶採摘部位也不同，有的採一個頂芽和芽旁的第一片葉子叫一心一葉，有的多採一葉叫一心兩葉，也有一心三葉。

日光萎凋：採摘下來之茶菁需於日光下攤晒，日晒溫度30℃下進行日光萎凋10～20分鐘，視茶菁水分消散情形輕翻二至三次使萎凋均勻或利用熱風使茶菁水分適度蒸散，減少細胞水分含量，降低其活性並除去細胞膜之半透性，使細胞中各化學成分亦得以藉酵素氧化作用引起發酵之進行。

室內萎凋：茶菁經萎凋後移入屋內靜置，使茶菁走水平均，再利用雙手輕輕地翻攪茶菁，讓鮮葉相互摩擦破壞部分葉緣細胞，促使空氣順利進葉肉組織，加速發酵作用的進行，攪拌後攤平於笳藶上靜置。

炒菁：將萎凋後之茶菁放入炒菁機中，以350～400℃高溫給予炒菁，炒菁時間隨茶菁性質及投入量而異，炒至無臭菁味以手捏之葉有疏鬆感，芳香撲鼻即可，以高溫炒菁破壞葉中酵素活性停止發酵的續繼進行，並可除去鮮葉中的臭菁味，而鮮葉亦因水分的蒸散而便於揉捻。

揉捻：茶葉殺菁完成取出後，以手翻動二至三次使熱氣消散，隨即將炒菁後之茶葉置入揉捻機內，使其滾動並形成捲曲狀，放鬆解塊揚去熱氣，由於受到搓壓，遂有部分汁液被擠出而黏附於表面，如此在沖泡時便可很容易地溶解於茶湯之中，不同的茶其揉捻程度也不一樣。

初乾：將冷卻後之茶葉置於乾燥機中進行初乾過程，使茶葉表面無水，握之柔軟有彈性不黏手之半乾情況。

團揉：將初乾之茶葉以炒菁機加熱回軟，再裝入布球袋中，以速包機束緊布球袋，再置入揉捻機進行揉捻，此為「精揉」。精揉過程中宜不時解袋鬆茶，再覆火回軟，再速包，再揉捻，反覆數次使茶葉中水分慢慢消散。團揉過之後的茶葉茶身將更為緊結而形成半球形或球形茶。

乾燥：乾燥是利用乾燥機熱風溫度以80～90℃為宜。以熱風烘乾茶葉。使含水率低於百分之四，利於儲藏運銷，通常為了能使內外烘乾一致，常採用二次乾燥法。先使其達到七、八成乾燥，然後取出回潮，再進行第二次的乾燥。

揀選烘焙：上述之步驟過程稱為茶葉之粗製，其製品稱為粗製茶或毛茶，為求提升茶葉品質，首先經選別機去除茶梗使茶葉外觀更美，然後再經烘焙機烘焙，隨著溫度與時間之控制，改善茶葉之香氣與滋味，烘焙對部分發酵茶而言其目的是降低茶葉的水分含量，以減緩茶葉品質變劣的速度，同時亦改善或調整茶葉的香氣滋味及茶湯水色，以補救粗製過程中的缺陷並便於分級迎合不同消費者的口味。

茶葉製造流程

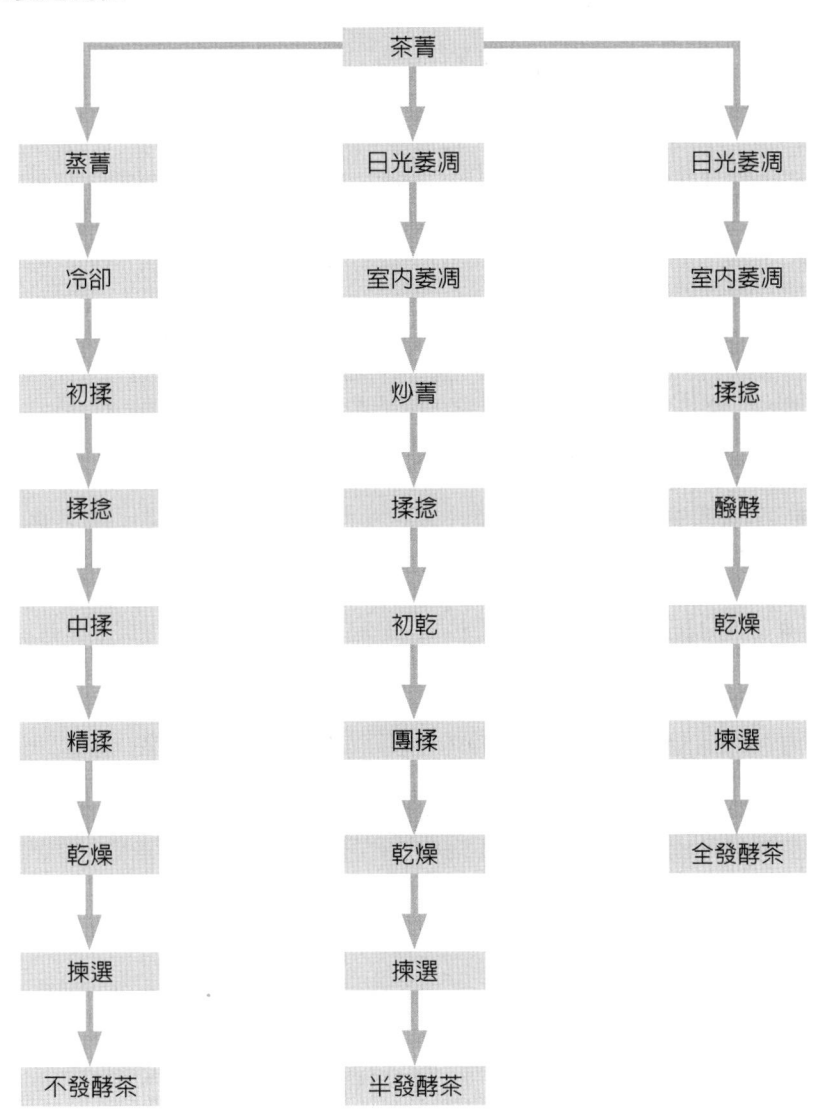

```
                        茶菁
       ┌─────────────────┼─────────────────┐
       ↓                 ↓                 ↓
      蒸菁             日光萎凋            日光萎凋
       ↓                 ↓                 ↓
      冷卻             室內萎凋            室內萎凋
       ↓                 ↓                 ↓
      初揉              炒菁              揉捻
       ↓                 ↓                 ↓
      揉捻              揉捻              醱酵
       ↓                 ↓                 ↓
      中揉              初乾              乾燥
       ↓                 ↓                 ↓
      精揉              團揉              揀選
       ↓                 ↓                 ↓
      乾燥              乾燥             全發酵茶
       ↓                 ↓
      揀選              揀選
       ↓                 ↓
    不發酵茶           半發酵茶
```

＋知識補充站

烘焙溫度高低是決定茶葉品質的主要因子，當溫度升高時，茶葉中的水分逐漸蒸發出來，而後香氣伴隨著水分蒸發出來，大部分香氣成分中的芳香精油類沸點均在150℃以上，因此烘焙的溫度應在150℃以下，通常以不超過110℃為宜。

13.2 茶包裝飲料

陳忠義

萃取：茶葉的萃取有浸泡式茶汁萃取及橫軸式翻轉煮茶機兩種。前者是以茶葉放置於提籃內，再將提籃放入熱水桶浸泡以萃取茶汁。萃取溫度為60～70℃，時間為15～25分鐘。其間可提籃二至三次。翻轉煮茶機的操作是先將60～70℃的熱水放入萃取罐，再將茶葉投入。然後翻轉攪拌。操作人員可以通過觸摸屏設定不同產品所需溫度、滯空、時間等生產參數，然後根據不同產品選用預設在PLC中的記憶程式即能自動操作生產特殊風味的茶。這種翻轉煮茶機的萃取方式，用較少的茶葉就可以得到浸泡式茶汁萃取的相同量萃取液。

震動篩過濾：浸泡式茶汁萃取後之茶萃取液經400 mesh震動篩過濾即得較澄清之茶萃取液。橫軸式翻轉煮茶機於每批茶葉處理完畢後經濾網將茶渣過濾，茶渣再經由底部的自動閥門排放，然後通過傳送帶輸送至茶渣容器。

降溫靜置：過濾後之茶萃取液經熱交換器以冰水冷卻至15℃以下。然後放置於儲存桶靜置5～10分鐘使茶乳沉澱。

清淨機、濾袋過濾：靜置後之茶萃取液以清淨機將茶乳分離後，再以濾袋過濾。清淨機一般設定以7200rpm、8000 L/H操作。濾袋則使用1μ過濾。茶萃取液經過濾後即置入中繼桶備用。

調配：依設定之配方將定量備用之茶萃取液及經軟水機、RO水過濾機處理過之RO水置入調配桶，然後依配方再加入添加物並檢驗確定達成設定之產品規格。

超高溫瞬間殺菌：經調配完成之飲料以超高溫瞬間殺菌機進行殺菌。殺菌條件為溫度升高至130～135℃再維持20～30秒，如為熱充填系統則在殺菌後冷卻至90～92℃再送至熱充填機充填。如為無菌充填系統則冷卻至30℃以下再送至無菌充填機充填。

熱充填系統：洗瓶、熱充填、封蓋：經殺菌冷卻至90～92℃之茶飲料送至熱充填機充填至保特瓶再封蓋。目前熱充填機皆設計為三合一型式，即將洗瓶機、充填機及封蓋機組合在一起以方便操作並節省空間。充填溫度控制在88～90℃。

倒瓶瓶蓋殺菌：封蓋後之保特瓶飲料送至倒瓶輸送帶，利用倒瓶時以瓶內之高溫飲料將瓶蓋殺菌。倒瓶時間為30～45秒。

冷卻：因倒瓶瓶蓋殺菌後之保特瓶飲料仍有約85℃之高溫，因此需進隧道式冷卻機利用冷水淋浴方式逐步使其降至約38℃。

噴印日期批號、套標、裝箱：冷卻後之保特瓶飲料經噴印機噴印日期及批號，再用套標機套標收縮，然後裝箱即為保特瓶茶飲料成品。

無菌充填系統：無菌充填、封蓋：茶飲料經超高溫瞬間殺菌並冷卻至30℃以下後即維持在無菌狀態下送至無菌充填機，無菌充填機即在無菌室內無菌狀態下進行保特瓶充填及封蓋。保特瓶空瓶為防止汙染，通常為線上吹瓶。吹好的保特瓶經殺菌處理後即送進無菌充填機充填。無菌充填系統是封低溫充填，因此可維持較好的口味、香味及顏色。封蓋後之產品即可逕行噴印日期批號、套標、裝箱而成為保特瓶茶飲料成品。

茶包裝飲料製造流程

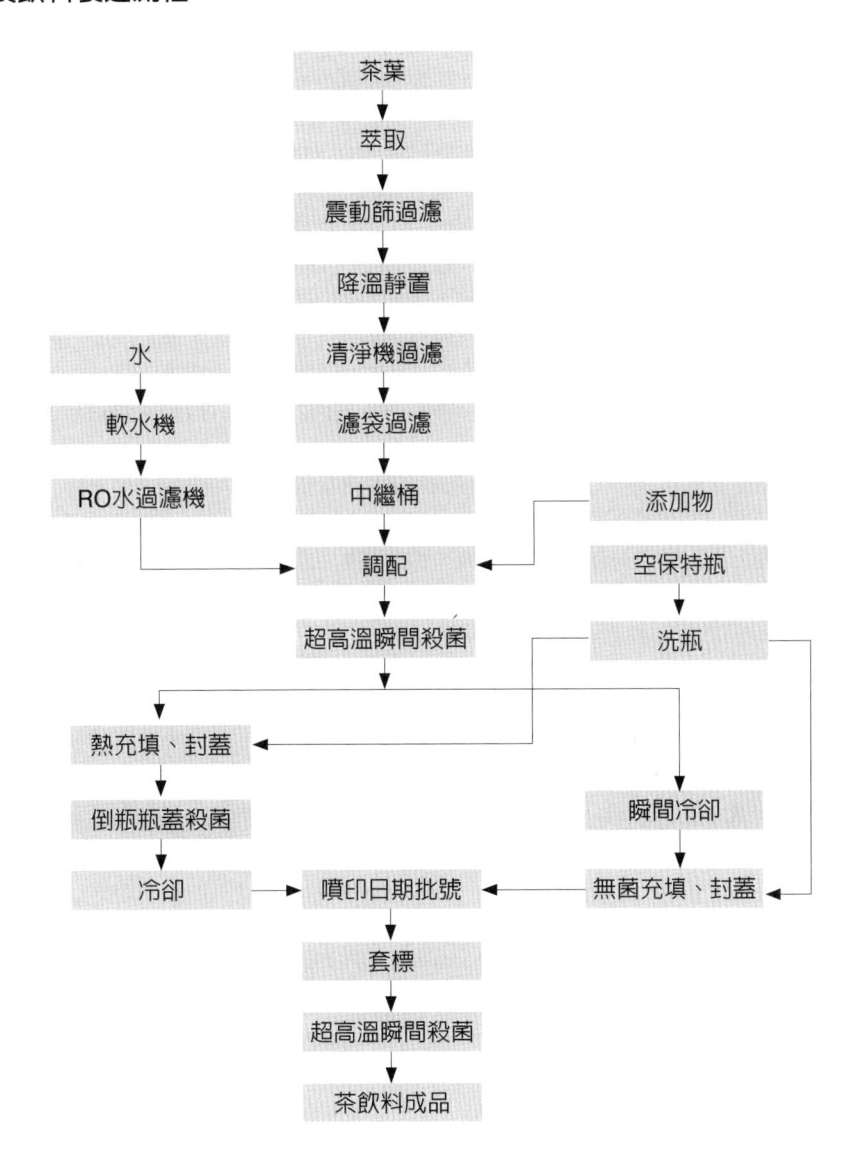

```
                          茶葉
                           ↓
                          萃取
                           ↓
                        震動篩過濾
                           ↓
                        降溫靜置
                           ↓
         水              清淨機過濾
         ↓                 ↓
       軟水機             濾袋過濾
         ↓                 ↓
    RO水過濾機            中繼桶          添加物
         ↓                 ↓              ↓
         └──────→       調配  ←──────   空保特瓶
                           ↓              ↓
                      超高溫瞬間殺菌      洗瓶
                           ↓              │
                    ┌──────┴──────┐      │
                    ↓              │      ↓
              熱充填、封蓋 ←────────┘   瞬間冷卻
                    ↓                     ↓
              倒瓶瓶蓋殺菌            無菌充填、封蓋
                    ↓                     │
                  冷卻 ────→  噴印日期批號 ←┘
                                 ↓
                                套標
                                 ↓
                          超高溫瞬間殺菌
                                 ↓
                            茶飲料成品
```

> **＋知識補充站**
>
> 　　超高溫瞬間殺菌有管式及片式兩種型式。其最高溫度一般設計皆為142℃，保持管則可依需要設計為10、15、20、30秒。管式造價較高但較穩定且維修費用較低，因此目前使用者愈來愈多。

13.3 即溶咖啡

陳忠義

　　現代即溶咖啡是由Dr. Kato（一名於芝加哥工作的日本化學家）於1901年發明。並由美國人G. Washington發明了大規模生產即溶咖啡的技術，於1910年將其推向市場。後來巴西政府為了應付咖啡豆過剩的問題，在1938年與雀巢公司發展出了更先進的噴霧乾燥法，用於即溶咖啡製造。下面介紹關於即溶咖啡的主要製造流程。

烘焙：生咖啡豆經精選後即進行烘焙，以帶出咖啡豆的味道和香氣。當咖啡豆的溫度達到165℃並伴隨著爆裂聲時，烘焙即開始，這烘焙約8〜15分鐘完成。從生豆、淺焙、中焙到深焙，水分一次次釋放，重量減輕，體積卻慢慢膨脹，咖啡豆的顏色加深，芬芳的油質逐漸釋放出來，質地也變得爽脆。在生豆中，蘊涵大量的氯酸，隨著烘焙的過程，氯酸會逐漸消失，釋放出令人熟悉而愉悅的水果酸。

研磨：將烘焙好之咖啡豆磨到顆粒約0.5〜1.1毫米的粉狀，以使咖啡可以溶於水中。研磨一般是粉碎而不是切削咖啡豆。

萃取：烘焙和研磨後，將研磨過的咖啡粉放入萃取機以溶解咖啡在水中。這時將溫度提升至155至180℃，這樣可以濃縮咖啡水到約含有15〜30％的咖啡重量。將咖啡液萃取出後，馬上送入分離機、過濾機，將沉澱物去除後即產生濃縮咖啡液。在乾燥過程之前，可以真空蒸發或冷凍濃縮以進一步濃縮。

乾燥：即溶咖啡其製造過程中依其乾燥方法的不同，而產生三種不同的產品。

1. 噴霧乾燥法（spray dry）：由高度約25〜30公尺的高塔，經由高壓噴嘴將濃縮咖啡液以噴霧狀由上向下噴，在其過程中因是以熱風噴灑，故可將微粒子中的水分蒸發掉，因而就會在高塔底部留積微粒子或微粉末，此就為俗稱的第一代即溶咖啡。咖啡粉呈現的是細細的粉末。由於在加工過程中，是以加熱方法來乾燥，以致咖啡的香味會跑掉，因此對第一代即溶咖啡在包裝時，有些廠商會添加些許咖啡香料進去。

2. 噴霧乾燥結晶法（agglomerated）：通稱Agglomeration，即凝集塊狀之生產方法。此方法是以由上述噴霧乾燥法所生產出的第一代即溶咖啡粉，注入咖啡液後再加溫溶解，使濕潤顆粒產生凝聚作用並形成較大顆粒，其平均顆粒大小可提高到直徑1400微米，再經流動床熱風乾燥後並進行冷卻，即會產生塊狀結晶即溶咖啡，此即被俗稱為第二代即溶咖啡，其品質與噴霧乾燥的咖啡相同，只有外觀形狀不同，此種即溶咖啡更容易溶解於水中，故可用在泡製冰咖啡。

3. 凍結乾燥法（freeze dry）：此種方法是將濃縮咖啡液以−40℃至−50℃冷凍，並置入高度的真空機後，再將凍結之顆粒狀濃縮咖啡萃取液置於淺盤或輸送帶上，於真空狀態下予以加溫，使水分直接昇華而凝集在冷凝器上，並進行乾燥。咖啡粉會呈現「片塊狀」，而且通常顏色比較淺。由於此生產過程全是以低溫乾燥的方式進行，香氣油脂都很少跑掉，因此咖啡的香味不會被破壞，此即被俗稱為第三代即溶咖啡，其口感與厚實度都非常飽足，而且非常香醇，可說近乎研磨咖啡的風味。

即溶咖啡製造流程

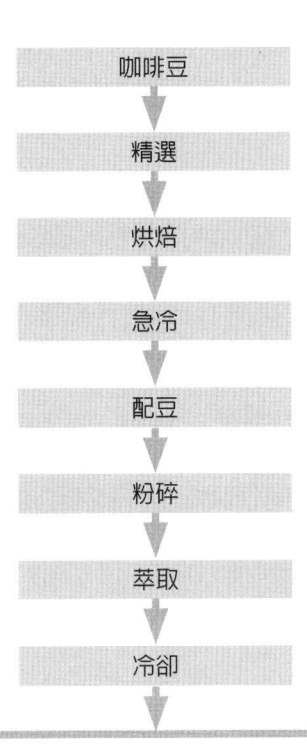

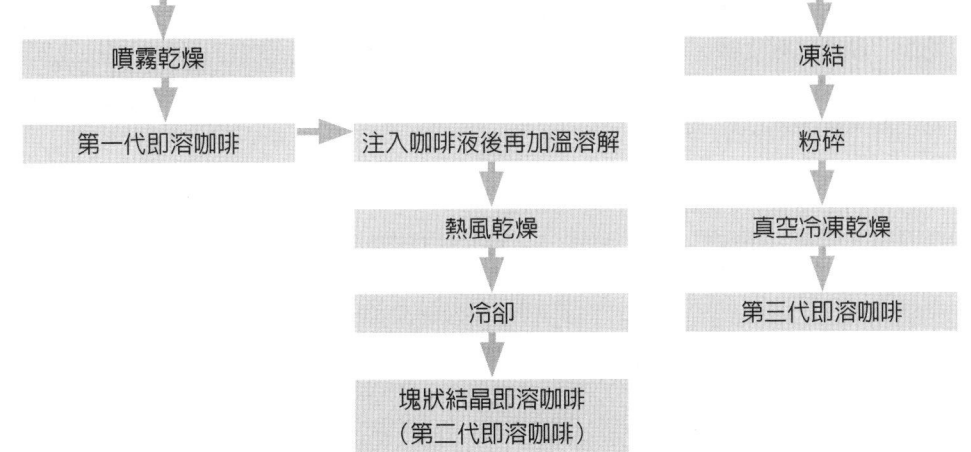

```
咖啡豆
  ↓
精選
  ↓
烘焙
  ↓
急冷
  ↓
配豆
  ↓
粉碎
  ↓
萃取
  ↓
冷卻
 ↙ ↘
噴霧乾燥        凍結
  ↓              ↓
第一代即溶咖啡 → 注入咖啡液後再加溫溶解   粉碎
                  ↓              ↓
                熱風乾燥        真空冷凍乾燥
                  ↓              ↓
                冷卻           第三代即溶咖啡
                  ↓
            塊狀結晶即溶咖啡
            （第二代即溶咖啡）
```

> **＋知識補充站**
>
> 　　在烘培過程中，咖啡豆的屬性與炒豆過程是在處理生豆時，發展咖啡香氣與口味的主要過程，所散發出來的香氣與口味是由每種生豆的原有特性所決定。炒豆的深淺度取決於生豆的種類與市場需求。

13.4 咖啡包裝飲料

陳忠義

　　咖啡包裝飲料的包裝形態有鐵罐、冷藏保特瓶或PP瓶、利樂包等，其前處理製程都是一樣。在超高瞬間殺菌後始依不同的包裝有不同的製程。現將主要製程說明如下：

原料：咖啡包裝飲料的主要原料為RO水、咖啡、奶粉、奶精、砂糖及添加物等。咖啡可使用咖啡萃取液或即溶咖啡粉，也可兩者並用。咖啡萃取液是以咖啡豆經烘焙和研磨後，將研磨過的咖啡粉放入萃取機再溶解咖啡在水中。這時將溫度提升至155至180℃，這樣可以濃縮咖啡水到約含有15～30%的咖啡重量。將咖啡液萃取出後，馬上送入分離機、過濾機，將沉澱物去除後即產生咖啡萃取液。其他原料之使用係依研發之配方而定，如生產黑咖啡飲料則不添加奶粉或奶精，如為無糖則不添加砂糖。

調配：依配方將準備好之各種原料置入調配桶，經攪拌均勻後即抽樣檢驗是否達到設定之產品規格。如有不符應即調整至符合產品規格。

超高溫瞬間殺菌、冷卻：調配好之飲料經超高溫瞬間殺菌機殺菌並冷卻。殺菌溫度一般設定為將溫度升高至130～135℃再維持20～30秒，然後冷卻，如為生產鐵罐裝則冷卻至90～92℃即送至充填機充填，如為生產冷藏保特瓶或PP瓶裝則冷卻至5℃以下再送至充填機。如為利樂包裝則冷卻至30℃以下再送至充填機。

罐裝咖啡飲料製程：熱充填、封蓋：經殺菌冷卻至90～92℃之咖啡飲料送至熱充填機充填至經洗滌之鐵罐內再封蓋。充填溫度為88～90℃。

殺菌釜殺菌、冷卻：封蓋後之罐裝咖啡飲料放置於鐵篩上再送進殺菌釜殺菌。殺菌溫度為120～125℃維持20～25分鐘。殺菌後再冷卻至約38℃。

乾燥、噴印日期批號、真空打檢、裝箱：冷卻後之罐裝咖啡飲料由殺菌釜送出後即用熱風吹乾再行噴印日期批號。以自動真空打檢機將真空不良的產品自動剔除，然後就可裝箱成為罐裝咖啡飲料成品。

冷藏保特瓶或PP瓶咖啡飲料製程

冷充填、封蓋：經殺菌冷卻至5℃以下之咖啡飲料送至充填機進行保特瓶或PP瓶充填及封蓋。因為是低溫充填，為防空瓶汙染，空瓶需經洗條及殺菌處理後再送進充填機充填。因充填系統是低溫充填，因此可維持較好的口味、香味。封蓋後之產品即可逐行噴印日期批號、套標、裝箱再送進冷藏庫儲存而成為冷藏保特瓶咖啡飲料成品（保存期限為16～20天）。

利樂包裝咖啡飲料製程

利樂包充填、封包：經殺菌冷卻至30℃以下之咖啡飲料需維持無菌狀態送至利樂包充填機，在無菌狀態下充填、封包、成形而成為利樂包咖啡飲料產品。

貼吸管、裝箱：封包成形後之產品經貼吸管、裝箱即為利樂包裝咖啡飲料成品。

咖啡飲料製造流程

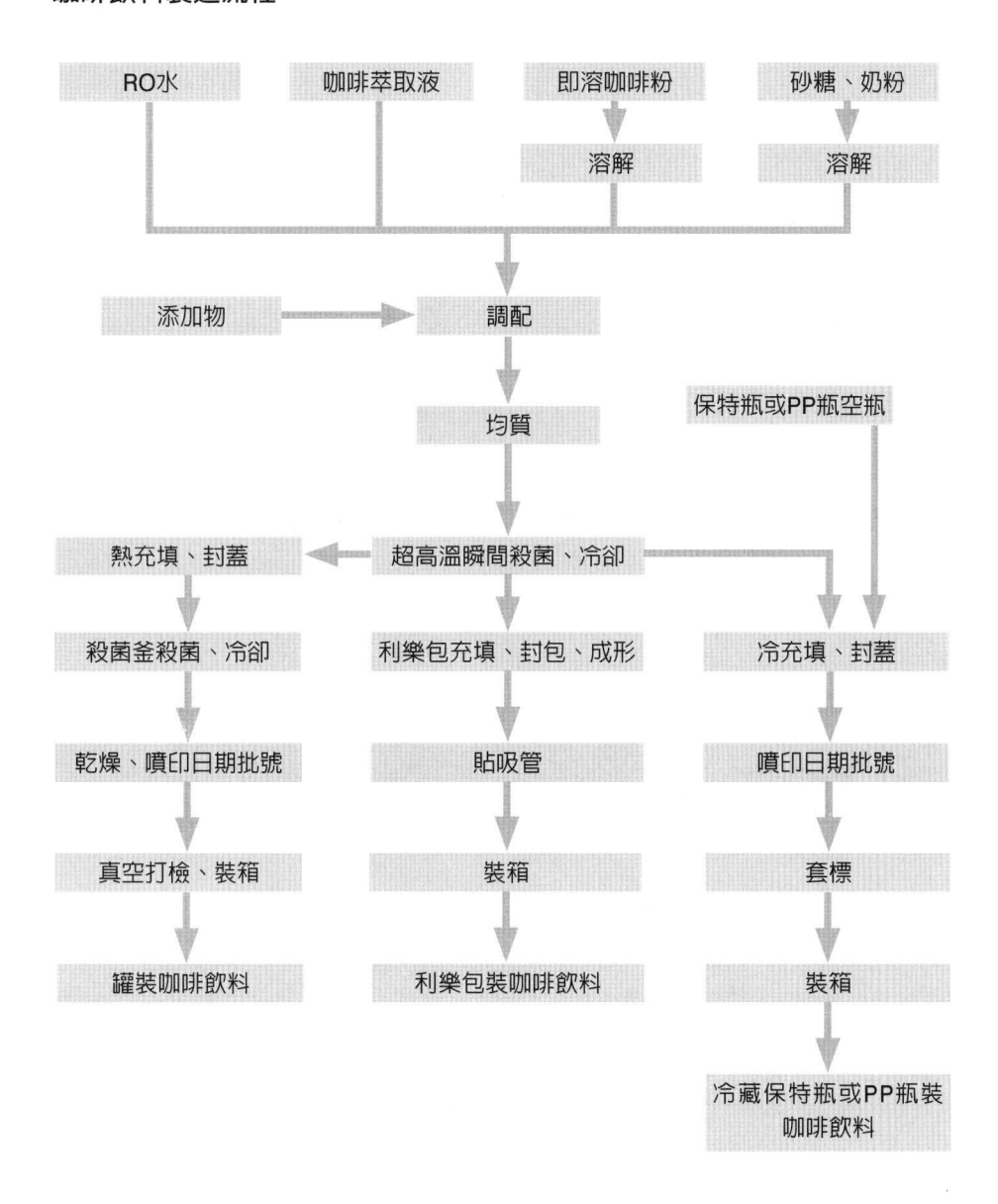

```
RO水      咖啡萃取液      即溶咖啡粉      砂糖、奶粉
                             ↓              ↓
                            溶解            溶解
   └──────┴───────────────┬──┴──────────────┘
                          ↓
         添加物  ───→    調配
                          ↓
                         均質
                          ↓                    保特瓶或PP瓶空瓶
                          ↓                          ↓
熱充填、封蓋 ←── 超高溫瞬間殺菌、冷卻 ──────────────┐
      ↓                   ↓                          ↓
殺菌釜殺菌、冷卻    利樂包充填、封包、成形        冷充填、封蓋
      ↓                   ↓                          ↓
乾燥、噴印日期批號       貼吸管                  噴印日期批號
      ↓                   ↓                          ↓
真空打檢、裝箱           裝箱                        套標
      ↓                   ↓                          ↓
罐裝咖啡飲料        利樂包裝咖啡飲料                 裝箱
                                                     ↓
                                            冷藏保特瓶或PP瓶裝
                                                咖啡飲料
```

➕ 知識補充站

- 咖啡飲料使用的添加物一般為乳化劑、安定劑及香料。
- 冷藏保特瓶或PP瓶空瓶殺菌可使用含150 ppm的PAA（過醋酸）的水溶液噴洗。

13.5 可可粉

陳忠義

可可豆就是可可果裡面的可可籽。這些可可豆被包裹在一層白色黏稠、甜而微酸的果肉裡，取出裡面的可可豆。約20顆可可果才能收到約一公斤的乾燥可可豆。可可豆經以下生產流程即可產製可可粉及原料巧克力。

發酵：把可可豆堆放進桶內，用布（傳統用香蕉葉）蓋緊，不要讓發酵中產生的熱溫散掉，同時讓廢水排除掉。發酵中，溫度會提升至40～45℃以上，經過5～7天完成發酵。如果發酵中沒有使溫度提升，可可豆會出現發芽現象。發酵過程中，會產生酒糟味，酒精味，麵包味等香氣。

乾燥：發酵完成的可可豆舖在地面上進行日照乾燥，乾燥過程中要經常翻動，使可可豆乾燥平均。否則會造成乾燥不平均情形，貯存中容易受潮發霉。

烘焙：烘焙前把雜物撿掉，再依大小分級。可使烘焙結果品質一致。大小參差不齊時，烘焙出的品質，有的會太過火，有的則會太生未熟。烘焙溫度為120～130℃，烘焙時間為30分鐘至2小時。烘焙時間依所要達成的品質效果而定。

碾碎及脫殼：把可可豆碾碎，再把硬殼吹掉。得到碎粒可可豆。並將胚芽去除。

研磨：利用研磨機把可可豆碎粒研磨即成可可醬。

生產可可粉：鹼處理：添加碳酸鈉1～2%以改良風味及調整澀味。可可粉按加工方法不同分為天然粉和鹼化粉兩類，天然可可粉的pH值為5.4～5.7多用於巧克力生產，而鹼化可可粉的pH值為6.8～7.2，溶化後色澤較鮮艷多用於飲料。

壓除油脂：把原漿灌進大型水壓機裡加壓排除掉其中的脂肪成分，壓出的黃色液狀物即為可可脂，用來加入可可醬製造巧克力。加壓製成的餅狀物即為可可餅。

粉碎、研磨與過篩：可可餅再經過粉碎、研磨與過篩的步驟就會變成可可粉。

生產原料巧克力：混合砂糖、乳粉等：原味可可醬添加更多的可可脂。可可脂能替巧克力添加風味，並且可將它更加液化、變得更柔軟。此時，就可以加進像是糖、牛奶、香草等其他素材，以做出各種不同風味的巧克力。

微粒化及精煉：混合後的原材料將在軋輥中被磨碎，直到混合物中的每一顆分子都小於20微米為止。微粒化後的混合物放在精煉機器裡加熱攪拌，滾動揉捏，讓可可與糖的粒子變小，直到舌頭感覺不出來的程度，這樣巧克力才算真正地滑順。在逐漸升高的溫度中。水蒸汽將混合物中的一些不必要的香味蒸發。混合物中所有粒子都將被油質包圍，這時巧克力的味道開始顯現，巧克力的味道愈來愈明顯而飽滿。精煉過程大約持續一到三天，溫度控制在50℃到80℃間。完成降至30℃。

小博士解說

可可粉由於加工處理方法不同，製得的可可粉含脂量有高、中、低三種，高脂可可粉含脂為22～24%，中脂可可粉含脂量為10～12%，低脂可可粉含脂量為5～7%。由於可可粉的含脂量在10%以下，加工要求高，因此目前大多採用含脂量為10～12%用於代脂巧克力生產。

可可粉製造流程

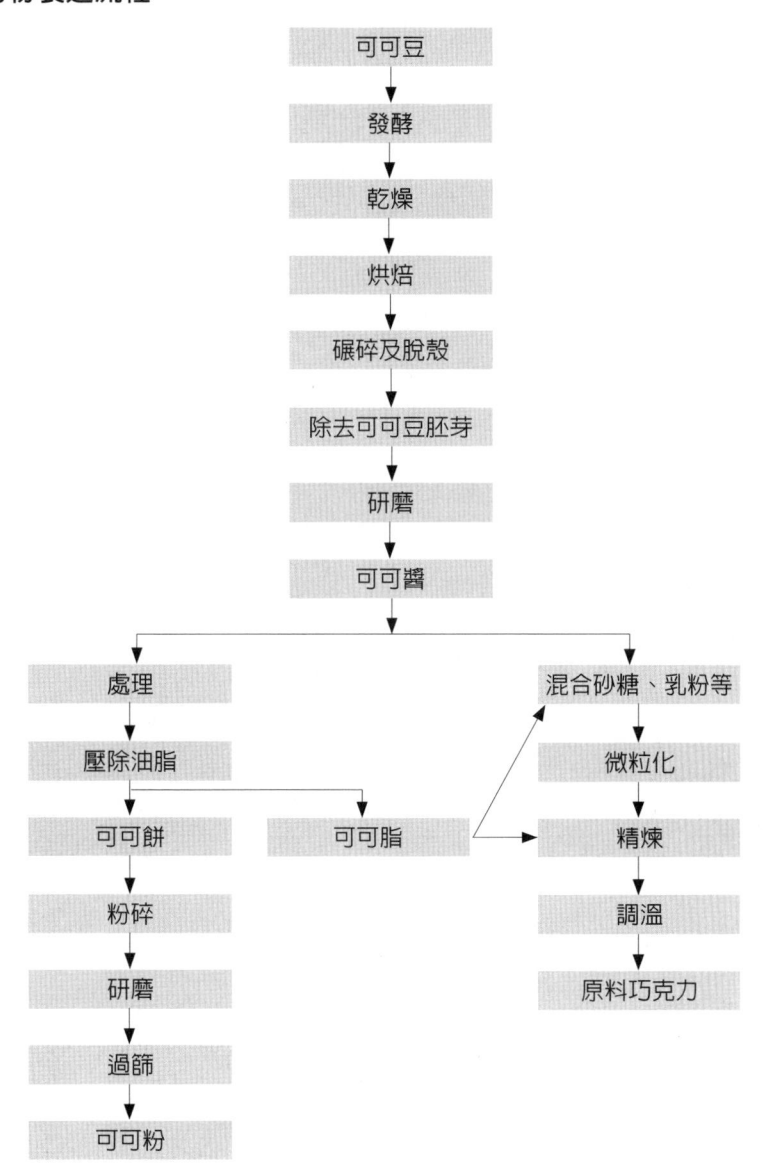

```
可可豆
  ↓
發酵
  ↓
乾燥
  ↓
烘焙
  ↓
碾碎及脫殼
  ↓
除去可可豆胚芽
  ↓
研磨
  ↓
可可醬
 ↙   ↘
處理    混合砂糖、乳粉等
 ↓       ↓
壓除油脂  微粒化
 ↓       ↓
可可餅 → 可可脂 → 精煉
 ↓       ↓
粉碎    調溫
 ↓       ↓
研磨    原料巧克力
 ↓
過篩
 ↓
可可粉
```

➕ 知識補充站

決定巧克力質量的，不僅是它的味道，融化口感及最佳亮度也非常重要，但卻是在巧克力製造過程中是最難掌握的。一般情況下，這種必要的結晶過程是通過對巧克力的所有混合材料進行適當的冷卻緊接著加熱產生的效果。此即「調溫」流程。

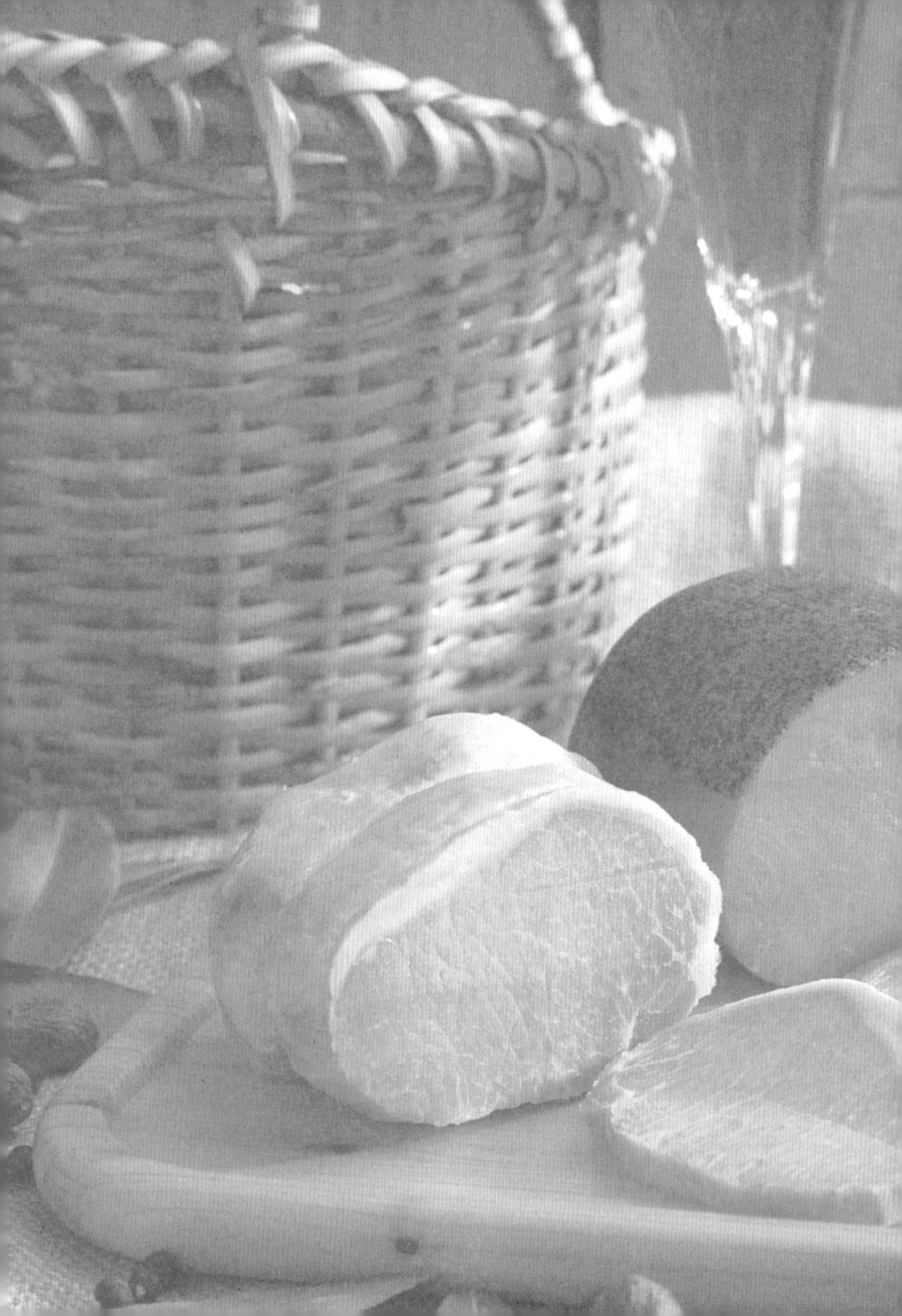

第14章
烘焙糖果餅乾的製造

14.1　牛軋糖
14.2　中秋月餅
14.3　蘇打餅乾
14.4　蜂蜜蛋糕
14.5　巧克力
14.6　薄脆餅乾

14.1 牛軋糖

顏文俊

　　Nougat這個產品名稱是砂糖和核果仁混合熬煮的糖果。相傳最早是中國內地的杏仁與糖熬煮再成型的產品，十五世紀從中亞經過演變修改傳入歐洲，傳到北方歐洲是褐色杏仁糖塊（Nougat brun），是將砂糖和檸檬汁熬煮呈褐色融熔漿狀，再放入細粒杏仁或杏仁片熬煮，然後倒出揉壓成團，做成各種造型糖果裝飾。另一種傳到歐洲南方法國、德國是白色杏仁蛋白糖（Nougat blanc），當地稱Nougat de Montelimar，當地配方有嚴格規定，是使用蛋白或明膠打發加入熬煮的糖漿，添加以杏仁為主之堅果仁30%以上，冷卻切塊成白色比重輕的糖果，就是現在我們家家戶戶喜歡的年節牛軋糖，今天針對白色輕飄牛軋糖來探討。

　　牛軋糖（Nougat Candy）在糖果分類上，是屬於充氣型半軟糖的一種，顏色以潔白為佳品，乾爽不易吸濕，比重約0.85，加上大量堅果仁後的產品，放入冷水中有時還會懸浮。基本上使用新鮮蛋白和砂糖打發，再緩緩倒入熬煮高溫的砂糖麥芽飴糖漿混合熟化蛋白，然後再快速打發類似傳統拉糖蔥原理把糖充分打發，再放進奶粉、奶油、抹茶粉、可可粉等粉末或油脂材料，混合均勻，最後放入全重30%以上的堅果仁，壓平冷卻切塊包裝。牛軋糖質地有硬質和軟質，糖果軟硬大多決定在糖果的含水率，含水率6～8%的質地是硬質牛軋糖，如果有充分打發，不會變形，含在嘴中二分鐘後，再咀嚼有咬勁，含水率較多8～10%是軟質牛軋糖，容易變形，常用來夾蘇打餅乾或夾心酥。半軟糖的質地控制是一門相當複雜的學問，通常盡量控制相同條件，保持恆定的品質。

小博士解說

原料名	配方1	配方2	製程要求	產品變化
細砂糖	300g	200g	可取100g以乳糖取代	口味變化：
麥芽飴	600g	720g	DE40±2、Bx80	(1) 綠茶口味：綠茶粉25克與奶粉混合
水	100g	80g	熬糖溫度：夏天130℃、春秋128℃、冬天126℃	(2) 咖啡口味：即溶咖啡20克加入蛋白泡沫混合，繼續打發至硬性發泡
食鹽	8g	8g		(3) 巧克力口味：苦甜巧克力80g取代奶油
冷開水	42g		使用新鮮蛋白50g與砂糖20g	使用蛋白霜40g時水42g砂糖20g
蛋白粉	8g		放袋內乾混合		(4) 肉鬆口味：肉鬆酥150g + 海苔條25g取代花生仁100g
細砂糖	50g				(5) 水果口味：水果乾或蔓越莓乾200g取代100g核果仁，熬糖溫度提高
地瓜粉	25g		蛋白微發後加入糖攪至硬性發泡	
	夏天	春秋	冬天		核果仁變化：
安佳奶油	50g	50g	100g	冰硬切丁	(1) 花生仁600g、(2) 杏仁400g、(3) 核桃500g、(4) 腰果400g、(5) 松子400g、(6) 花生仁500g+黑芝麻200g、(7) 花生仁300g+南瓜仁200g+枸杞100g
全脂奶粉	150g	120g	120g		
熟花生仁	600g		事先預熱		
	產品重約1600～1700g				

牛軋糖品質問題與解決對策

品質不良現象	發生可能原因	解決對策
1.糖果太硬	1.煮糖溫度太高 2.熬糖後添加之材料水分太少	1.降低煮糖溫度 2.增加蛋白用量或其他水量
2.糖果較軟	1.煮糖溫度不足 2.熬糖後添加之材料水分太多	1.升高煮糖溫度 2.減少蛋白用量或其他水量
3.糖果易吸潮濕黏	1.砂糖麥芽飴配合比不對 2.糖漿熬煮太久，砂糖轉化太多 3.添加蜂蜜或轉化糖漿 4.糖漿酸鹼度偏酸 5.麥芽飴不純物多	1.減少麥芽飴增加砂糖 2.大火快煮，縮短熬煮時間 3.減少蜂蜜或轉化糖漿用量 4.檢查麥芽飴的酸鹼度 5.使用精製透明麥芽飴
4.糖果黏牙	1.糖果水分太少 2.麥芽飴比率太高 3.麥芽飴DE較低糊精多 4.糖果沒有產生微細再結晶	1.降低煮糖溫度以增加水分 2.麥芽飴減少 3.使用DE38的麥芽飴 4.添加糖粉或翻糖促進結晶
5.比重太重	1.蛋白糖打發超過或放置太久 2.堅果仁放入後攪拌過度 3.油脂添加太多	1.控制蛋白在熬糖完成時打發 2.用慢速拌勻即可 3.減少油脂添加量
6.過度冷流變形 （cold flow）	1.麥芽飴的DE太高 2.砂糖轉化嚴重 3.存放空間溫度高 4.煮糖溫度不足	1.使用正確麥芽飴或減少用量 2.控制煮糖時間，每鍋量減少 3.存放乾燥低溫空間 4.提高煮糖溫度
7.結晶粗軟化	1.糖漿砂糖多易結晶 2.溶糖水量不足，糖未完全溶化 3.後段糖粉奶粉翻糖添加過多 4.倒置冷卻板未迅速冷卻 5.存放溫度過高或溫度經常變化	1.減少砂糖或增加麥芽飴用量 2.溶糖用水增加 3.減少後段糖粉奶粉量 4.糖團要迅速冷卻 5.放在較低倉庫保持固定溫度
8.質地有硬粒	1.後段放入之糖粉太粗 2.配方中明膠未完全吸水膨潤	1.要選用細糖粉且過篩 2.明膠浸水要半小時以上

＋ 知識補充站

配料→熬糖→蛋白打發→→熱糖漿加入拌勻→快速攪打→加入奶油、奶粉拌勻→加入預熱花生仁拌勻→取出放盤→壓平冷卻→切塊→包裝

14.2 中秋月餅

徐能振

　　相傳元朝末年，人們忍受不了元朝統治者的殘暴，朱元璋軍師劉伯溫想了一計策，散布將有瘟疫的流言，要大家於中秋節買月餅以避禍，將寫有要起義的時間紙條夾在月餅中，用這個暗中串聯傳遞情報，約定在中秋之夜，共同推翻元朝統治者，結果一舉成功。另一種說法，月餅真正與中秋節有關聯是在明代，當時出現了一種以果做餡的月餅，人們會在中秋節自己製作月餅，用於自食和贈送親朋好友，以表達團圓和祝賀之意。

　　月餅的種類繁多，大略分為傳統月餅、廣式月餅、蛋黃酥、綠豆凸（椪）、狀元餅、麻糬酥、鳳梨餅、鳳梨酥、芋頭餅、地瓜餅⋯⋯等，餡料則有五仁、核桃、核桃棗泥、棗泥、綠豆沙、白豆沙、紅豆沙、巧克力、咖啡、松子、花生、桂圓、蓮蓉、桂花、芝麻、栗子、紅酒、金棗、香菇魯肉、山藥、地瓜、芋頭⋯⋯等；搭配起來更是五花八門。

　　餡料包入餅皮、印模脫模後放入烤盤，烘焙前需先採蛋，二次採蛋，顏色更佳，出爐後要完全冷卻，中心溫度35℃以下方可包裝。

　　餅皮包餡時，餅皮先壓扁，餡放在餅皮中央，用虎口將月餅餅皮慢慢收合，接口朝上，放入月餅模中，壓緊壓平，再敲出裝盤，裝盤時要等距離放入鐵盤中，若沒有等距離放入，成品側邊會有著色不均的情形，鐵盤使用過後要將餅屑刮除乾淨，必要時將鐵盤擦上薄薄的一層油，高溫烤乾後，再使用，就不會有黏盤的問題。

　　隨著機械化生產，量產時包餡機已取代了手工包餡，也不用木模了，用包餡機包好的半成品，放在輸送帶上面，經打模機印模後，用氣壓將其打出，直接就可裝烤盤，經採蛋後，就可入爐烘焙。

　　中秋月餅是應節產品，銷售時間很短，業者為維持其機器利用率，開發了常年性的商品，改變了規格大小或包裝，如中式訂婚喜餅、鳳梨酥、芝麻酥餅、核桃餅、冬瓜肉餅、狀元餅、 咖哩魯肉酥、芋頭麻糬餅椰子餅、地瓜餅、蓮子酥等休閒食品，在市場上仍占了很大的空間。

小博士解說

1. 月餅花紋呈現關鍵，餡放得多比較容易出花紋。
2. 餡最好選擇硬一些，比較好操作。
3. 刷蛋黃液時，不要貪多，薄薄一層，均勻分布就好，最好刷兩次，烘焙中間要再刷一次蛋黃液，爐中採蛋產品更加完美。
4. 月餅烤後1～2天會回油，餅皮變軟，風味更佳。

中秋月餅製造流程

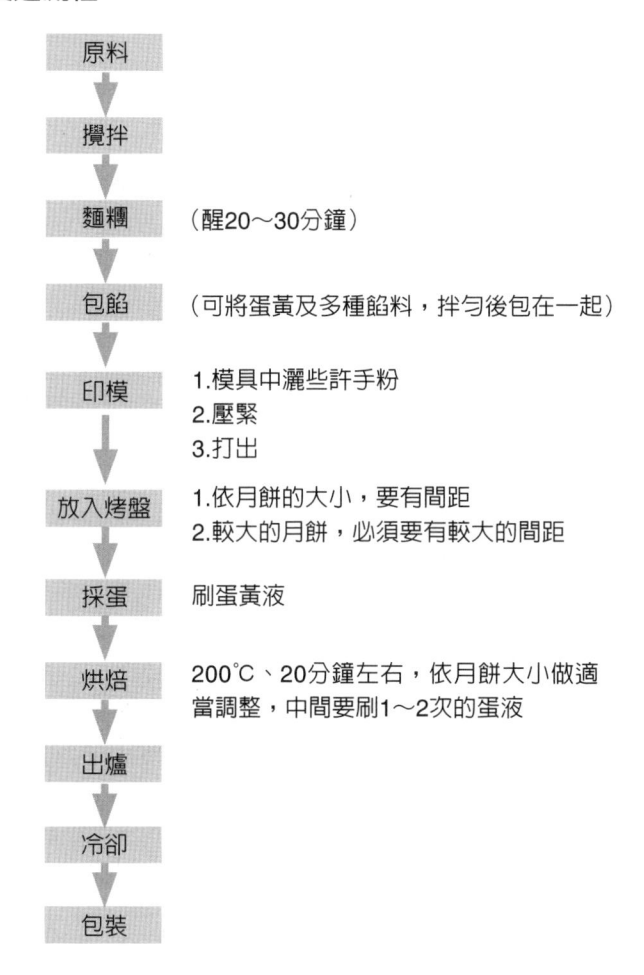

原料
↓
攪拌
↓
麵糰　（醒20～30分鐘）
↓
包餡　（可將蛋黃及多種餡料，拌勻後包在一起）
↓
印模　1.模具中灑些許手粉
　　　2.壓緊
　　　3.打出
↓
放入烤盤　1.依月餅的大小，要有間距
　　　　　2.較大的月餅，必須要有較大的間距
↓
採蛋　刷蛋黃液
↓
烘焙　200℃、20分鐘左右，依月餅大小做適當調整，中間要刷1～2次的蛋液
↓
出爐
↓
冷卻
↓
包裝

➕ 知識補充站

1. 參考配方（酥皮類）：
   油皮：低筋粉80g，高筋或中筋20g，糖粉10～20g，油45g，乳化劑1.5g，水35g，攪拌完成後，需鬆馳20～30分鐘，方可分割，包油酥。
   油酥：低筋或中筋麵粉180g，油120g，拌勻即可。
2. 油皮酥皮的比例為3：2，若要更酥可以1：1，但易破酥，熟手較易成功，包著好後用麵棍平捲起3～5次備用包餡。
3. 企業化大量生產，油皮包酥皮已被包餡機取代。
4. 廣式月餅餡多皮薄，使用之糖液為轉化糖漿，成品的顏色較均勻。
5. 轉化糖的做法：
   砂糖500g，水160g，檸檬汁45g，水煮約20分鐘後熄火，小蘇打1g加入10g的水中，溶解後加入上述糖水中，冷卻後即不再結晶。

14.3 蘇打餅乾

徐能振

　　蘇打餅乾大都為鹹味，有些添加鮮蔥或全麥粉，以中種法製造為多，以酵母作為膨鬆劑，中種發酵18～20小時，主麵糰發酵4小時，採連續式生產，亦有以直接發酵法製造，但品質較差。

　　為了組織層次好，攪拌混合發酵後的麵糰，成形時回收的麵皮，都需經過延壓摺疊，使其形成均勻的麵皮，摺疊的次數愈多愈好，通常8～12層，通常先用水平式摺疊機，再用直立式摺疊機，在直立式五滾輪延壓時要添加酥粉，摺疊後的麵糰要再經過三段式輥輪壓薄至2～3mm，再經成形機成形。

　　成形印模階段，模型都有針模，針孔可釋放氣體，使產品形狀較平坦，麵皮很薄，速度快，鬆馳不夠易收縮，因此在模型的設計上方型的產品，模型要設計為長方型，圓型產品模型要設計為橢圓形，針孔的數量和深度與產品的膨脹性有關，應做適度的調整。

　　麵糰太濕易黏模，可撒一些手粉於麵皮或開風扇吹風，防止黏模，模型的設計與剩餘麵糰有關，方形剩餘麵糰最少，所以在模型設計上剩餘麵糰太多，回收再印模，影響生產效率及品質。

　　餅乾的烘焙過程，經過傳導、對流、輻射的作用，餅皮溫度近100℃，蛋白質變性，澱粉糊化，水分蒸發，餅乾體積膨大，餅乾表面顏色形成，連續式烤爐通常使用網狀烤帶，上火與底火的不正確，將造成餅乾變形或燒焦。

　　餅皮在成形前，有時會使用灑糖、灑鹽機，烘焙完後使用噴油機、噴調味機等，冷卻階段通常要冷卻至35℃以下，利用輸送帶來回旋轉，並配合空調，最後接上金屬探測器、整列機、包裝機並標示有效日期。

小博士解說

1. 成品規格長寬度要長期監測，並控制5片或10片的平均重量，偏離重量應調整麵糰的厚度。
2. 發酵室的溫濕度，麵糰的溫度，pH值，攪拌用水的溫度影響產品的品質，季節性溫度的不同，應做適當的調整，夏季溫度較高，除降低原料的溫度外，原料水可加碎冰一起攪拌，以降低麵糰的溫度。
3. 發酵桶務必加蓋，以防止麵糰表皮乾燥，使桶內的水分平衡。
4. 蘇打餅乾發酵，適合乾冷的天氣，通常在冬天更能做出可口優質餅乾。

蘇打餅乾製造流程

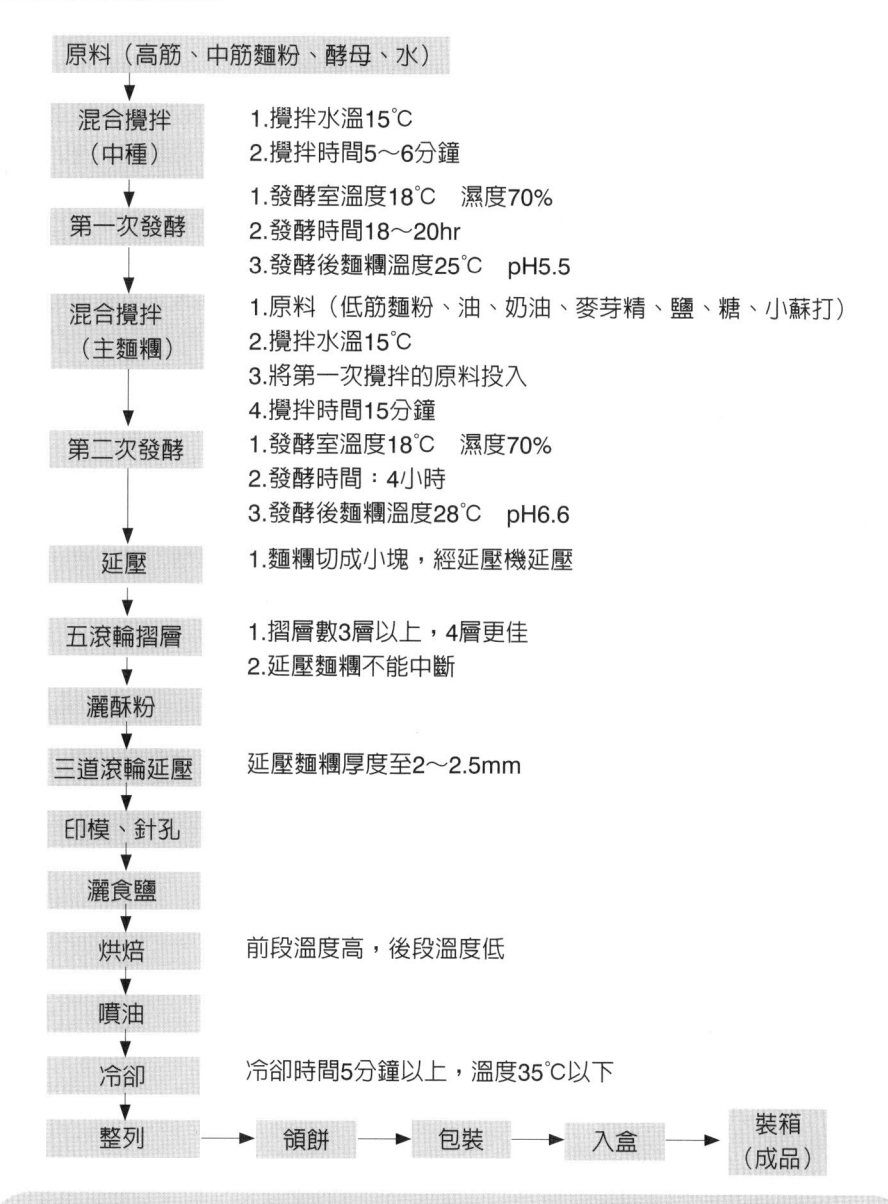

```
原料（高筋、中筋麵粉、酵母、水）
        ↓
   混合攪拌        1.攪拌水溫15°C
   （中種）        2.攪拌時間5～6分鐘
        ↓
                   1.發酵室溫度18°C    濕度70%
   第一次發酵      2.發酵時間18～20hr
                   3.發酵後麵糰溫度25°C    pH5.5
        ↓
   混合攪拌        1.原料（低筋麵粉、油、奶油、麥芽精、鹽、糖、小蘇打）
  （主麵糰）       2.攪拌水溫15°C
                   3.將第一次攪拌的原料投入
                   4.攪拌時間15分鐘
        ↓
                   1.發酵室溫度18°C    濕度70%
   第二次發酵      2.發酵時間：4小時
                   3.發酵後麵糰溫度28°C    pH6.6
        ↓
     延壓          1.麵糰切成小塊，經延壓機延壓
        ↓
   五滾輪摺層      1.摺層數3層以上，4層更佳
                   2.延壓麵糰不能中斷
        ↓
     灑酥粉
        ↓
   三道滾輪延壓    延壓麵糰厚度至2～2.5mm
        ↓
   印模、針孔
        ↓
     灑食鹽
        ↓
     烘焙          前段溫度高，後段溫度低
        ↓
     噴油
        ↓
     冷卻          冷卻時間5分鐘以上，溫度35°C以下
        ↓
   整列 → 領餅 → 包裝 → 入盒 → 裝箱（成品）
```

✚ 知識補充站

1. 餅乾下陷表示底火太強，上火不足，上凸表示上火太強，下火不足。
2. 蘇打餅乾使用高筋粉取其筋性，使用低筋粉取其擴展性，通常會使用高、中低筋粉，混合使用，因每批麵粉筋性不同，使用比例應做適當的調整。

14.4 蜂蜜蛋糕

徐能振

　　蜂蜜的成分，除了葡萄糖、果糖外，還含有各種維生素、礦物質、胺基酸等，是由蜜蜂從植物的花中採得的花蜜，在蜂巢中釀造出來的蜜，蜂蜜是糖的過飽和溶液，低溫時會產生結晶，生成結晶的是葡萄糖，不產生結晶的部分，主要是果糖，冬天易結晶，但若把蜂蜜的雜質過濾過，也不會結晶，因為蜂蜜是由單糖類的葡萄糖和果糖組成，可以被人體直接吸收。

　　相傳早期葡萄牙人將CASTELLA傳至日本長崎，原料為雞蛋麵粉及砂糖，並沒有添加蜂蜜，受到日本人的喜愛，稱之為長崎蛋糕，後來引進台灣，經烘焙師添加了蜂蜜，廣受歡迎，台灣賣的長崎蛋糕就變成了蜂蜜蛋糕。

　　蜂蜜蛋糕的製造流程介紹如下：
1. 首先將蜂蜜、全蛋、細砂糖倒入容器中，拌合一下，再一起攪拌至乳白色的蛋糊備用。
2. 以奶水乳化液態油，拌合後稍靜置，二次拌合乳化，備用。
3. 將低筋粉及中筋粉過篩後，再分三次與牛奶液態油交錯拌入蛋糕內，並用打蛋器將其拌勻成麵糊，先慢速拌合，再以高速打發15分鐘，加乳化劑，中速攪拌15分鐘，當麵糊達到適當的比重，完成的麵糊應該有光澤，若霧霧的表示油沒有完全乳化，會影響外觀及品質。
4. 將拌好的麵糊倒入四週已鋪烘烤紙的框中，先以上下火170℃烤約2分鐘後取出，在麵糊的表面噴上均勻的水氣，反覆兩次。
5. 再以上火160℃，下火150℃烤約20分鐘，待表面上色後再蓋上一張蛋糕紙，防止烤焦，再續烤25分鐘即成可口的蜂蜜蛋糕。

小博士解說
1. 蛋、糖、蜂蜜先行拌勻，長時間慢速攪拌備用，以增加其均勻度及穩定度。當要生產時，再打成乳白色的蛋糊。
2. 牛奶和液態油先行攪拌乳化備用，比兩者直接加入品質好很多。

蜂蜜蛋糕製造流程

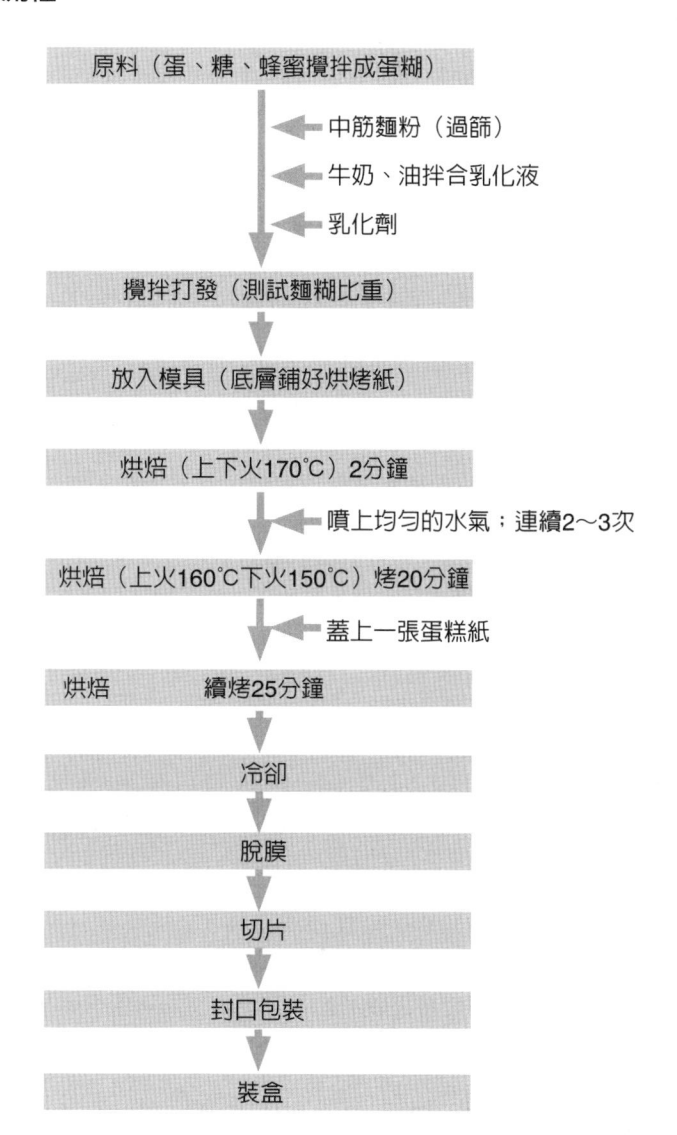

```
原料（蛋、糖、蜂蜜攪拌成蛋糊）
        ↓ ← 中筋麵粉（過篩）
        ↓ ← 牛奶、油拌合乳化液
        ↓ ← 乳化劑
攪拌打發（測試麵糊比重）
        ↓
放入模具（底層鋪好烘烤紙）
        ↓
烘焙（上下火170℃）2分鐘
        ↓ ← 噴上均勻的水氣；連續2～3次
烘焙（上火160℃下火150℃）烤20分鐘
        ↓ ← 蓋上一張蛋糕紙
烘焙　續烤25分鐘
        ↓
冷卻
        ↓
脫膜
        ↓
切片
        ↓
封口包裝
        ↓
裝盒
```

✚ 知識補充站

1. 參考配方：
   全蛋液450g，細砂糖250g，低筋粉200g，中筋粉50g
   沙拉油70g，蜂蜜100g，牛奶30g，再添加50～100g的蛋黃，組織更綿密。
2. 為增加風味，可添加味淋、起士。

14.5 巧克力

謝壽山

　　從巧克力發展的歷史來看，這原本屬於神仙美食的食品一直為人們所寶貴，因此，在國外世界各地對於巧克力產品之定義十分嚴格而且明確：凡是由可可膏（Cocoa Mass）、天然可可脂、加入砂糖、乳粉（全脂、脫脂）、乳化劑等，經過攪拌混合、磨細、精煉等加工過程，所得到之液狀巧克力，再加以調溫、成型、冷卻之步驟，所得到之產品才能稱為「巧克力」。而巧克力中最重要之原料——可可脂（Cocoa Butter）其物理及化學特性一直是人們所追求及仿製之對象。因此如果不使用天然可可脂而改以其他代用油脂，僅能稱為Compound Coating（調合巧克力），以便消費者能有所區別。

　　巧克力之原料很簡單，包括可可原料（可可膏、可可粉、可可脂），砂糖、奶粉（如全脂或脫脂奶粉）、乳化劑及香草精等，靠這些原料，經過下面之加工過程即可得到香濃可口的巧克力。

1. **攪拌混合**：除了一部分油脂及乳化劑以外，全部原料在這個階段加入，藉著攪拌機拌和，把原料捏拌混合成軟糰狀（Paste），攪拌機本身有特殊形狀之漿葉，而外缸循環水夾層中的溫水可以使原料保持一定之溫度，油脂只加入全數之40～60%並非全部加入，否則攪拌過軟會致接下去的細磨過程操作有問題。

2. **細磨**：以五段滾輪式來細磨攪拌好之原料，牽涉粉碎、研磨、細磨等機械力量，把可可原料、砂糖、奶粉等固形原料磨細，以達到我們舌尖無法感覺之粒度，一般要求是在25 micron以下，巧克力得以細膩香醇。

3. **精煉**：可可豆的品種或是巧克力之配方會影響巧克力的風味，但是，精煉過程卻關係到風味的成熟與濃厚，在歐洲有許多百年老店仍標榜著他們使用早先設計的精煉機，在長達三、四天的時間，煉製出獨特風味之巧克力；精煉通常分為乾式及濕式兩種，其原理是藉著迴旋式或往復式的機械作用，使巧克力達到去除原料中所含之水分、調整黏度、去除揮發性成分、充分乳化作用使品質更為細膩、平滑。

4. **調溫**：可可脂是大自然所有油脂中最高貴的一種，而最穩定的結晶是Beta型（ß型），藉者融解、降溫、誘導穩定Beta型結晶形成作為晶母再促進其他形態之結晶穩定下來，這時之溫度接近26～27℃停止，然後再慢慢地升高溫度約1～2℃，形成光滑、亮面狀即告完成。若使用替代油脂時，則升溫至油脂結晶完全融熔，再降溫至43℃即可。

5. **充填、成型**：利用調溫好的巧克力予以成型，可做出不同造型變化的產品，如片狀、粒狀、糖衣型等。

小博士解說

神仙美食的產品皆須有優良的原料與細膩的加工過程，巧克力也不例外，可可原料之選用尤其重要，調溫過程亦不可忽視，完整的調溫才有穩定的結晶、才易脫模、並賦予光滑的表面。操作過程中忌水、需隔水融解、保溫，操作空間溫、濕度控制，防止油霜、糖霜之產生。

巧克力製造流程

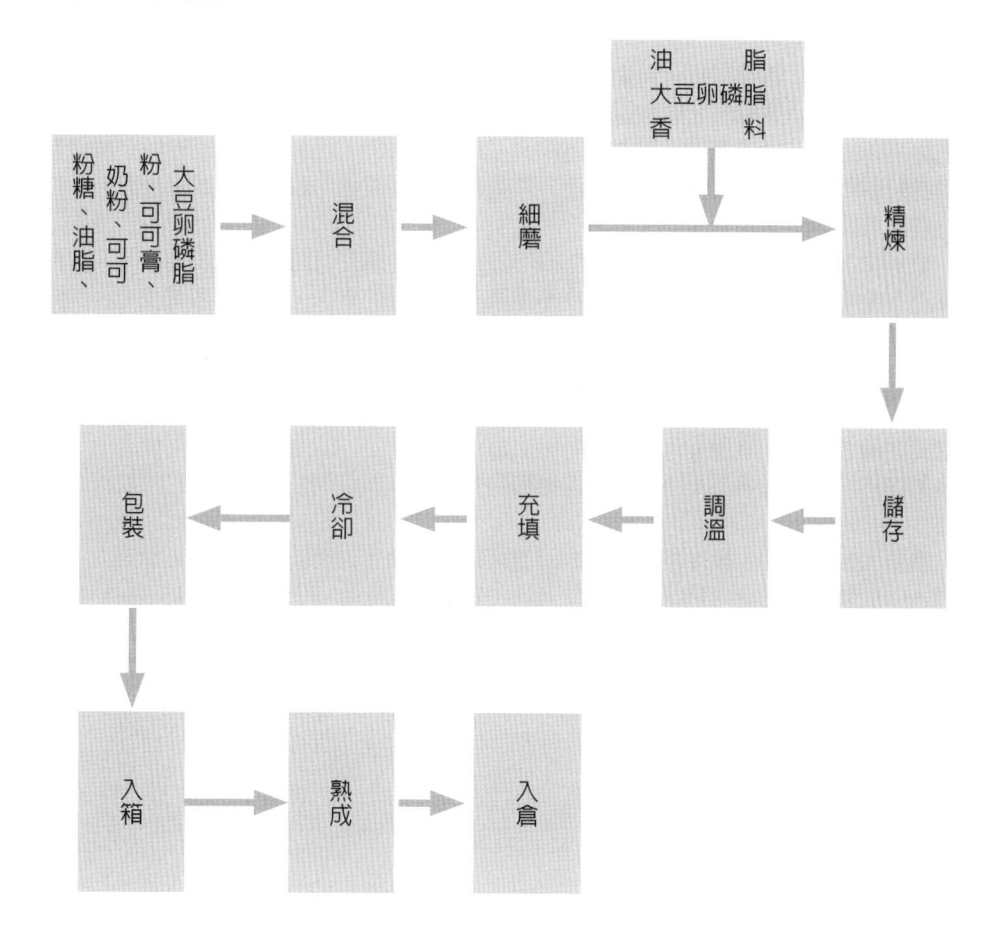

粉糖、油脂、奶粉、可可粉、可可膏、大豆卵磷脂 → 混合 → 細磨 → (油脂、大豆卵磷脂、香料) → 精煉 → 儲存 → 調溫 → 充填 → 冷卻 → 包裝 → 入箱 → 熟成 → 入倉

細磨機

精練機

14.6 薄脆餅乾

徐能振

　　薄脆餅乾屬於硬質餅乾，通常使用化學膨鬆劑（碳酸氫銨、小蘇打、發粉）讓麵糰膨發，麵粉以中筋粉配低筋粉為多，一般以直接法攪拌，麵糰溫度達38℃，酵素類餅乾更高達40℃，攪拌要攪拌到完全出筋，完成後要有半小時到一小時的鬆馳，酵素類餅乾鬆馳時間更長，為使產品多樣化，有些在配方中添加馬鈴薯澱粉或玉米澱粉，口感有更多的變化。

　　整形後，除少數產品經摺疊機，有的不經摺疊機，即經三段滾輪漸次壓薄，甚至麵皮厚度壓至1mm以下，再送入滾模或壓模機，依產品的需求，可灑糖或灑鹽。

　　烘焙以連續式燧道爐烤焙，因餅乾較小且較薄，烤爐溫度較蘇打餅乾為低，但速度較快，烘焙後接著噴油以增加色澤和風味。

　　薄脆餅乾因餅薄，烘焙速度快，烤爐的溫度控制尤其重要，若底火太強，上火不足餅乾餅體會凹陷，週邊著色差，若上火太強，下火不足，則餅乾餅體中間會上凸，周邊易烤焦，故控制爐溫及速度外，對麵糰的軟硬度，原料配方，攪拌時間的控管很重要。

　　薄餅因產品特性，後段需要有較大的空間擺放自動化的包裝設備，才有競爭力；薄餅未來的趨勢，將走向調味休閒包裝方式，也就是從產品的生產設計開始，在印模成型時採用無剩餘回收邊料的餅模，經烘焙出爐後，隨即壓裂為小餅體，經噴油加粉調味冷卻後再包裝。另一個趨勢就是健康導向，添加紅麴、綠藻、藍藻、乳酸菌、酵母抽出物等健康食品，或添加青蔥、蔬菜等以爭取市場需求。

小博士解說

1. 近年來，產品更加成熟，有添加紅麴、綠藻、藍藻、酵母粉等產品。
2. 薄脆餅乾，通常使用小蘇打做為膨鬆劑。
3. 依產品的特性，有些產品不經摺疊機，直接倒入三段滾輪漸次壓延成薄麵皮。
4. 有些薄餅，印模成形時，餅模設計為無剩餘回收邊料，出爐後再以滾輪壓裂分割，噴油，調味，一貫作業，生產效率高。

薄脆餅乾製造流程

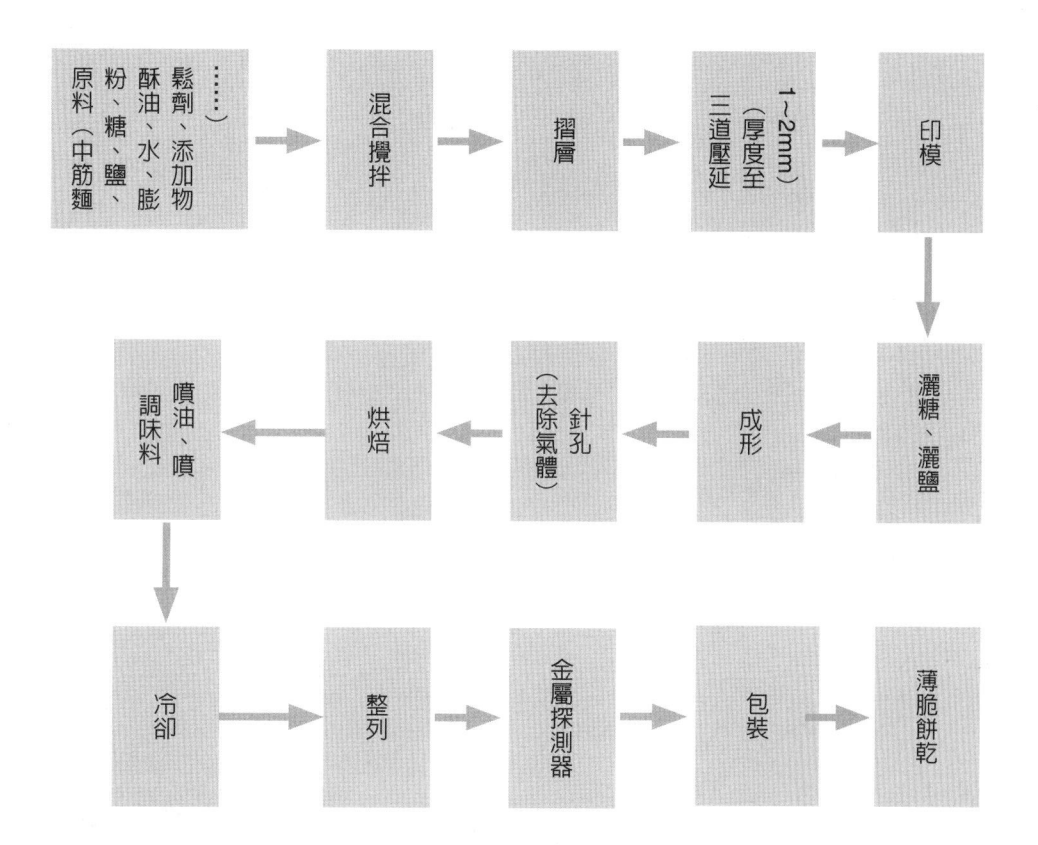

原料（中筋麵粉、糖、鹽、膨酥油、水、鬆劑、添加物……） → 混合攪拌 → 摺層 → 1~2mm（厚度至三道壓延） → 印模 → 灑糖、灑鹽 → 成形 → 針孔（去除氣體）→ 烘焙 → 噴油、噴調味料 → 冷卻 → 整列 → 金屬探測器 → 包裝 → 薄脆餅乾

> **✚ 知識補充站**
> 1. 化學膨鬆劑在高溫或酸鹼中和下，能產生氣體來幫助餅乾膨大及酥鬆，最常用的有蘇打粉、阿摩尼亞、發粉。
> 2. 蘇打粉又稱小蘇打，化學名稱為碳酸氫鈉（$NaHCO_3$）為鹼性，可控制產品的酸鹼值，會降低麵粉的筋度，增加其擴展性，但使用太多，產品會扁平，有肥皂味，影響產品的品質。
> 3. 阿摩尼亞，用於烘焙的銨鹽有碳酸氫銨（NH_4HCO_3）及碳酸銨$(NH_4)_2CO_3$，受熱後才會分解成氨、二氧化碳及水，這三種生成物都是氣體，都是膨大的來源，但氨氣使人有不悅的味道，量不能加太多。
> 4. 發粉（Baking powder）：
> 發粉是最常見的膨發劑，主要由小蘇打、酸性鹽及填充劑所構成，酸性鹽用於中和小蘇打的鹼性，和水作用也會產生CO_2，填充劑是避免蘇打粉和酸性鹽在保存期間就中和而失去效用，由於酸性鹽類種類的不同，發粉反應的速度有快慢之分，有快性發粉、慢性發粉和雙重發粉，慢性發粉作用慢，入爐受熱才放二氧化碳，對烤焙時間長的產品，適合選用慢性發粉或雙重發粉，如製造蛋糕，對烤焙時間短的產品，則選擇快發性發粉，如小西餅。

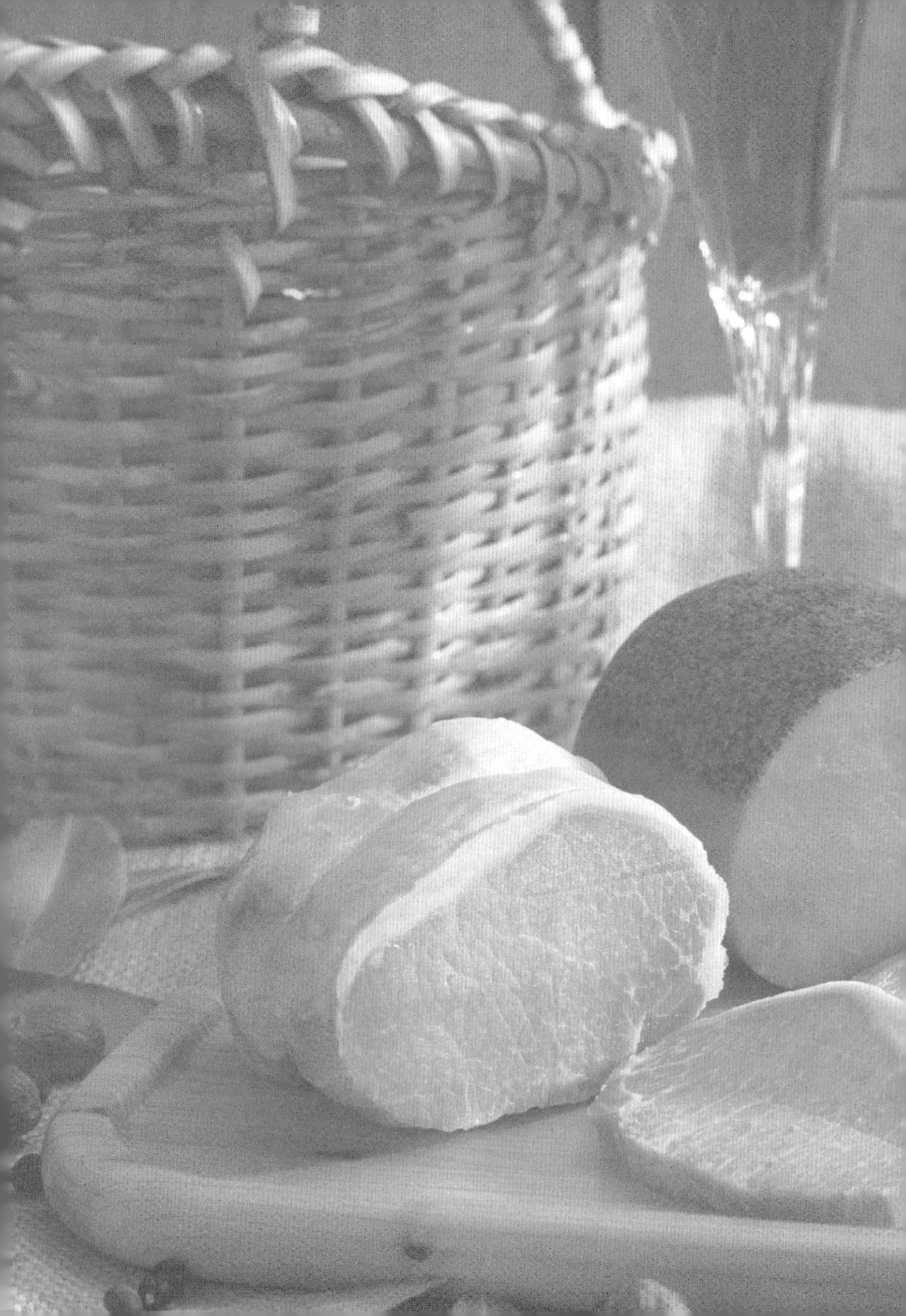

# 第15章
罐頭食品的製造

15.1 鳳梨罐頭
15.2 蘆筍罐頭
15.3 果醬罐頭
15.4 竹筍罐頭
15.5 洋菇罐頭
15.6 八寶粥罐頭（一）
15.7 八寶粥罐頭（二）
15.8 仙草蜜罐頭

15.1 鳳梨罐頭

黃種華

鳳梨驗收：不帶冠芽，成熟度良好。無過熟果，未熟果，病蟲害及畸型者。規格：一級品：直徑130mm以上；二級品：115～130mm；三級品：直徑115～100mm；格外品100mm以下。驗收後倒入水槽中用循環水流帶動至分級機前。水槽沖洗可洗除果皮外表附著之泥土、灰塵、小蟲及雜質。水槽容量可以緩衝原料之貯存堆積，調節原料處理速度。

分級：水槽中鳳梨，由輸送鏈送進分級機上分級。依鳳梨直徑大小分為一級品、二級品、三級品及格外品。分別送入不同直徑去皮去果芯機。去皮、去芯、切頭尾（GINACA機）：利用壓縮空氣之推進，切除鳳梨頭部、尾部，並去除外皮及果芯。果皮殘留之果肉，經由刮肉刀刮下，供生產鳳梨碎肉及鳳梨果汁之原料。

取芽目：鳳梨去皮後，用水沖洗果肉外表附著之殘渣、皮屑。熟練工人用取芽夾，剔除殘留果肉小芽目。芽目過深或殘留果皮，需用刀修整。

切片：去皮後鳳梨果肉，經由單刀迴轉切片機的刀片。切片厚度配合鳳梨組織，殺菌後收縮率，注意調整，以符合成品要求之固體量。

選別：依成品之品質，規格、選擇適當色澤、成熟度、外觀。先選取色澤一致，形態均勻，外表整齊，無修整或輕微修整，做為整片或半片，四分片之原料。其次選取色澤，形態均勻，外表略有輕微修整，可沖切成扇形片，扇形片之大小，依銷售需要調整之，扇形片之色澤要均勻，形體整齊良好。不具形體者或色澤不同者，應排除。最後破崩片供碎片原料，剩餘不具形態或大小不一，色澤不均勻供碎肉或果汁之用。

稱重：除整片、半片、四分片依片數裝罐，不再稱重。扇形片、碎片、碎肉片裝罐後皆需每罐稱重，以求成品品質之穩定。

注液：鳳梨罐頭液汁有糖液（濃糖液、淡糖液），果汁（澄清鳳梨果汁）和水。不同濃度糖液，需事先調配妥當。果汁亦經壓榨，過濾之澄清液汁備用。鳳梨原料，因季節不同，果肉本身糖度亦略有差異，應注意糖液之濃度酌以調整之。

脫氣、封蓋：脫氣有三種，真空脫氣、蒸氣噴射脫氣，加熱脫氣法。真空脫氣需使用真空封蓋機，當罐頭進入真空度16～22吋時，加以封蓋。蒸氣噴射脫氣，加入近100℃之濃縮液，封蓋前，噴吹蒸氣在罐頭上部，即以封蓋。加熱脫氣，使用脫氣箱，使罐中心溫度大型罐78±2℃，小型罐83±2℃為宜。

殺菌：鳳梨屬酸性食品，其pH值約3.4～4.0之間，可使用低溫殺菌。A2以下小型罐或A2-1/2罐通常用自動連續滾動式殺菌冷卻機。殺菌溫度98～100℃、20～25分鐘，冷卻12～16分鐘，大號罐A10有殺菌釜105℃，35分鐘。

冷卻，成品：殺菌，冷卻後，罐頭應保持約40～42℃，稍過溫之感覺，以蒸發罐頭外表之殘留水分。經冷卻後常經一強風吹乾罐外殘留水分，以防生鏽斑。成品即可堆於棧板上，每棧板，外圍貼以標記進入倉庫。

鳳梨罐頭製造流程

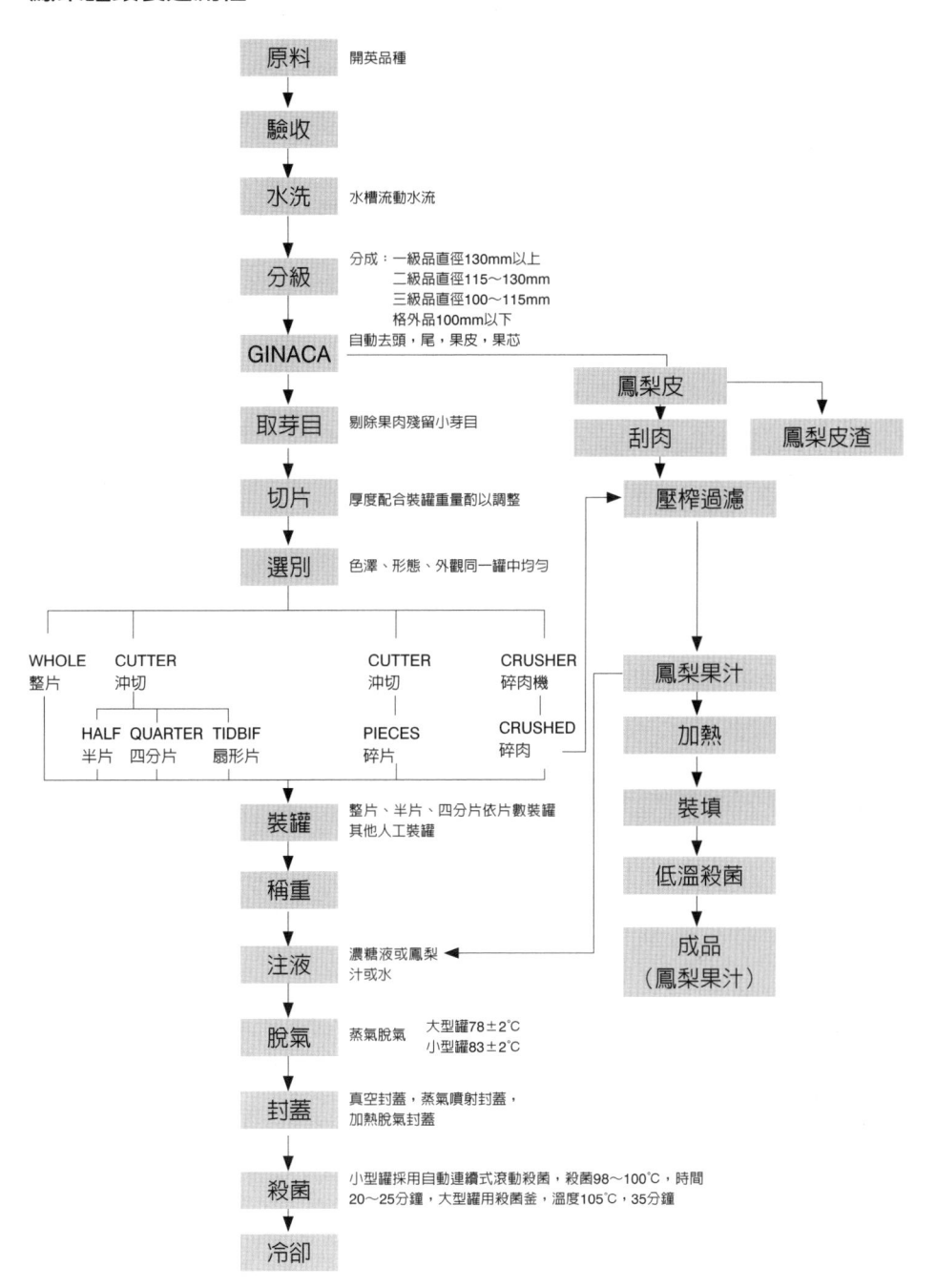

```
原料 ── 開英品種
  ↓
驗收
  ↓
水洗 ── 水槽流動水流
  ↓
分級 ── 分成：一級品直徑130mm以上
          二級品直徑115～130mm
          三級品直徑100～115mm
          格外品100mm以下
  ↓
GINACA ── 自動去頭，尾，果皮，果芯 ──→ 鳳梨皮 ──→ 刮肉 ──→ 鳳梨皮渣
  ↓                                               ↓
取芽目 ── 剔除果肉殘留小芽目                      壓榨過濾
  ↓                                               ↓
切片 ── 厚度配合裝罐重量酌以調整 ───────────→   鳳梨果汁
  ↓                                               ↓
選別 ── 色澤、形態、外觀同一罐中均勻             加熱
  │                                               ↓
  ├── WHOLE 整片                                 裝填
  ├── CUTTER 沖切 ── HALF 半片                    ↓
  │                  QUARTER 四分片              低溫殺菌
  │                  TIDBIF 扇形片                ↓
  ├── CUTTER 沖切 ── PIECES 碎片                 成品
  └── CRUSHER 碎肉機 ── CRUSHED 碎肉             （鳳梨果汁）
  ↓
裝罐 ── 整片、半片、四分片依片數裝罐
        其他人工裝罐
  ↓
稱重
  ↓
注液 ── 濃糖液或鳳梨汁或水
  ↓
脫氣 ── 蒸氣脫氣  大型罐78±2℃
                  小型罐83±2℃
  ↓
封蓋 ── 真空封蓋，蒸氣噴射封蓋，
        加熱脫氣封蓋
  ↓
殺菌 ── 小型罐採用自動連續式滾動殺菌，殺菌98～100℃，時間
        20～25分鐘，大型罐用殺菌釜，溫度105℃，35分鐘
  ↓
冷卻
```

15.2 蘆筍罐頭

黃種華

蘆筍原料驗收規格：全白蘆筍：全部為固有純白色，形態正常，鮮度良好，無病蟲害及其他損傷。綠尖蘆筍：筍尖帶綠色之部分不超過5cm，其他規格同上。分級：特大22～24mm，大筍17～21.9mm，中筍13～16.9mm，小筍11～12.9mm，長度17cm。不合格品之混合率不超過3%。

水洗、削皮、整切：運到廠後，即以冷水沖洗，洗除外部泥砂。立即削皮或移入冷藏庫暫存。削皮有機械削皮、人工削皮二種。削皮時從距離3～4cm處向筍莖基部削下，將外皮輕輕薄薄削下，保持外觀圓滑光亮。削皮後，同時分色澤大中小分別堆置。放入一盒筍尖向內，排整齊，截切筍基超長部分。同一規格之蘆筍裝入不鏽鋼籠中，筍尖朝上，排放整齊。

殺菁、冷卻：經整切和選別後蘆筍，筍尖向上，整齊裝進籠中，輸送鏈帶動，進入熱水中，莖部先入水中，經2～3分鐘，始將全筍枝浸入，再經約1分鐘，全部取出，立即用流動冷水冷卻完全。要嚴密控制殺菁時間，以免品質劣化。小中筍殺菁時間，視原料情況可以酌減。

截切、選別、裝罐：冷卻洗滌後蘆筍，依罐型之高度，截切適當長度，裝入罐中，切下短筍莖供製「截切與筍尖」原料。選別、蘆筍依筍尖、莖之色澤、大小選別：色澤：白色（WHITE）—全白或黃白色。綠尖白色（GREEN TIPPED& WHITE）—筍尖呈綠色或淡綠色，筍莖呈白色或黃白色。綠尖（GREEN TIPPED）—筍芽尖端起有一半或以上呈綠色或淡綠色、黃綠色。綠色（GREEN OR ALL GREEN）：全部呈綠色或黃綠色。大小：依筍莖粗細分有：極大（GIANT）（代號G，筍莖在25.4mm以上）；巨大（COLOSSAL）（代號C，筍莖在20.7～25.3mm）；特大（MAMMOTH）（代號E，筍莖在16.0～20.6mm）；大（LARGE）（代號L，筍莖在12.8～15.9mm）；中（MEDIUM）（代號M，筍莖在9.6～12.7mm）；小（SMALL）（代號S，筍莖在6.4～9.5mm）；混合（BLEND OF SiZES）（代號B，混合二種或二種以上不同大小者）。裝罐時筍尖朝上，莖端向下，整齊裝入罐中，稱重。裝罐量視殺菁程度和殺菌時間，收縮率約為5～10%，裝罐之固形量比開罐固形量要多裝約8%。

注液脫氣：裝罐後迅速注加熱水和鹽片或直接加鹽水即進脫氣箱脫氣。脫氣箱溫度要96°C以上，脫氣後小型罐罐中心溫度83±2°C，大型罐溫度78±2°C。蘆筍罐枝型複雜，嚴密注意罐蓋代號與內容物之符合。如使用真空封蓋機時，直接加入沸騰鹽水或熱水及鹽片。

封蓋殺菌、冷卻：封蓋後用熱水噴沖罐外，洗滌附著之鹽水。殺菌溫度125°C，時間大型罐18分鐘、小型罐16分鐘。殺菌後用強風吹乾罐表面水滴。筍尖朝上，排放整齊於棧堆上。

蘆筍罐頭製造流程

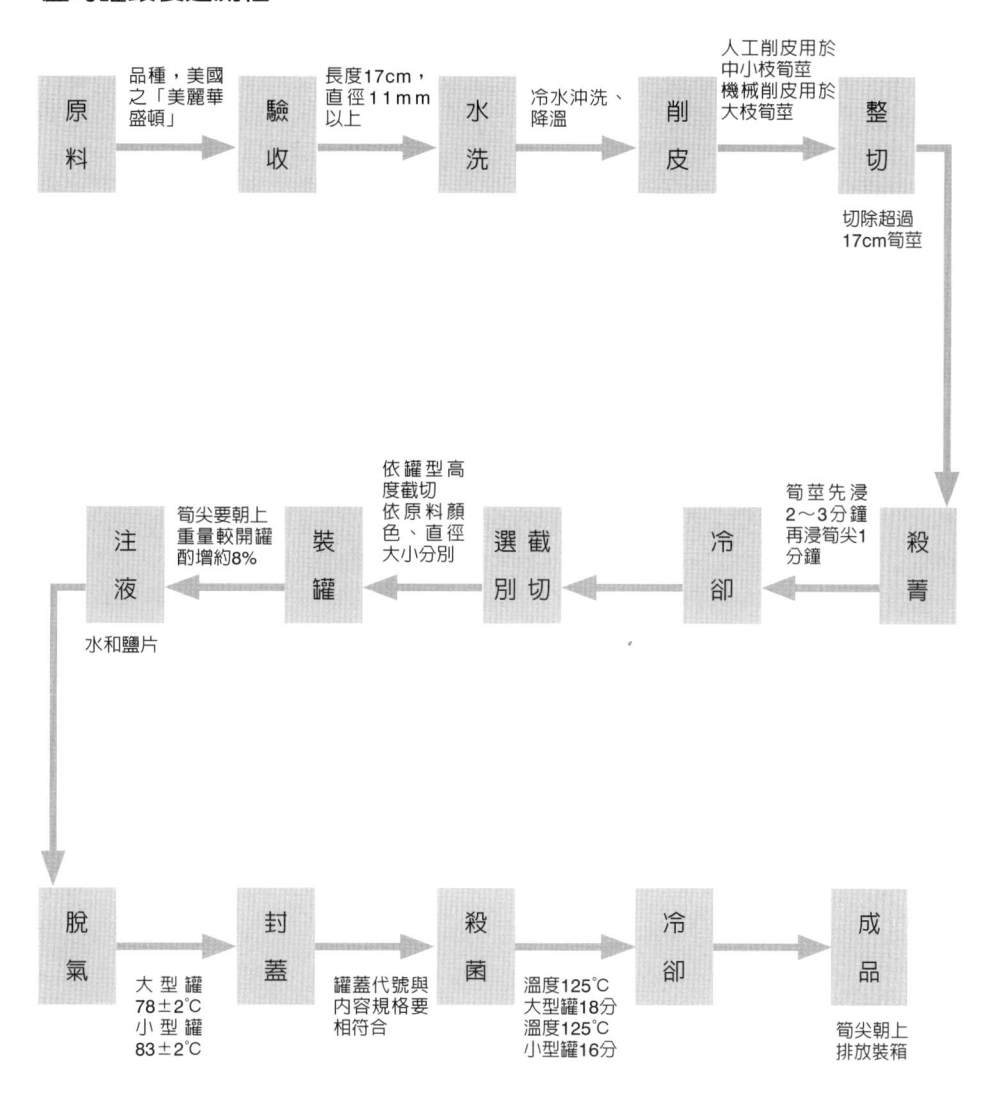

```
原料 →[品種,美國之「美麗華盛頓」]→ 驗收 →[長度17cm,直徑11mm以上]→ 水洗 →[冷水沖洗、降溫]→ 削皮 →[人工削皮用於中小枝筍莖 機械削皮用於大枝筍莖]→ 整切
                                                                                                                                                                    ↓ 切除超過17cm筍莖
                                                                                                                                                                    殺菁 [筍莖先浸2～3分鐘 再浸筍尖1分鐘]
                                                                                                                                                                    ↓
注液 ←[筍尖要朝上 重量較開罐酌增約8%]← 裝罐 ←[依罐型高度截切 依原料顏色、直徑大小分別]← 選別截切 ← 冷卻 ← 
(水和鹽片)
↓
脫氣 [大型罐78±2°C 小型罐83±2°C] → 封蓋 [罐蓋代號與內容規格要相符合] → 殺菌 [溫度125°C 大型罐18分 溫度125°C 小型罐16分] → 冷卻 → 成品 [筍尖朝上排放裝箱]
```

15.3 果醬罐頭

李明清

　　草莓洗淨要使它浸在水中，緩慢攪動使沙土及夾雜物上浮及沉降，然後將上浮雜質及下沉之泥土等去除，洗淨之草莓放置圓形滴水盤中，讓水自然滴除之後，進行選果及去除果蒂之作業，完成之後進行清水潤洗，再行滴乾成為原料草莓。

　　副原料的砂糖，大約是原料草莓的75%左右，果膠及檸檬酸之用量，依照各家成品品質自行實驗後決定之，糖酸比及黏度，可以幫助確定用量，原料放入二重釜中，原料砂糖分2～3次分批加入，先以小火慢慢加熱，等第一次砂糖溶解之後再加第二次砂糖，果膠及檸檬酸可在後期再加入，二重釜宜配用攪拌器在煮沸過程攪拌之，以免重物沉降，煮沸兼濃縮至固形物含量約66%即可，檸檬酸也可以在濃縮完成，再加入以調整pH值，濃縮完成之後，稍微冷卻至90℃左右即可裝瓶，瓶子以玻璃瓶為主，當冷卻時，如果有泡沫產生，可以使用調匙去除之。

　　趁熱充填一方面也可以讓玻璃瓶有殺菌之效用，充填時宜避免空氣的混入，可使用底部充填方式，充填之後立即密封，可以不必再加熱殺菌，如果保存期要長一點，則最好將密封好的產品，整瓶在95℃殺菌20分鐘，以上兩個選擇要自行做保存試驗以確定之，殺菌之後仍要冷卻至約35℃，然後外包裝成為商品。

　　從冰箱拿出來的果醬打不開時，先將果醬放在常溫約2～3分鐘，讓果醬瓶的汗冒的差不多，退冰接近常溫，然後把瓶上的水擦乾淨，再拿一塊止滑墊放在瓶蓋，要確認瓶子及瓶蓋是乾的，用力一轉，可以很容易就打開了。

　　果醬是長時間保存水果的一種方法，是一種以水果、糖及酸度調節劑製成的產品，主要用於早餐塗抹土司食用，是相當方便的食品，草莓、葡萄等小型果實或者李子、柳橙桃子等大型果實切片也可以當成原料，果醬製作時有時也會加入一些膠體物質，這包括果膠及豆膠等。

小博士解說

果醬一般做為蘸塗之用，糖酸比及固形物含量是主要的品質選項，每批草莓含糖分不同，因此製作前宜先測定草莓的含糖分，以決定糖酸比的配方。

加熱時的攪拌速度，不宜太快，才不致有太多的泡沫產生。

果醬罐頭製造流程

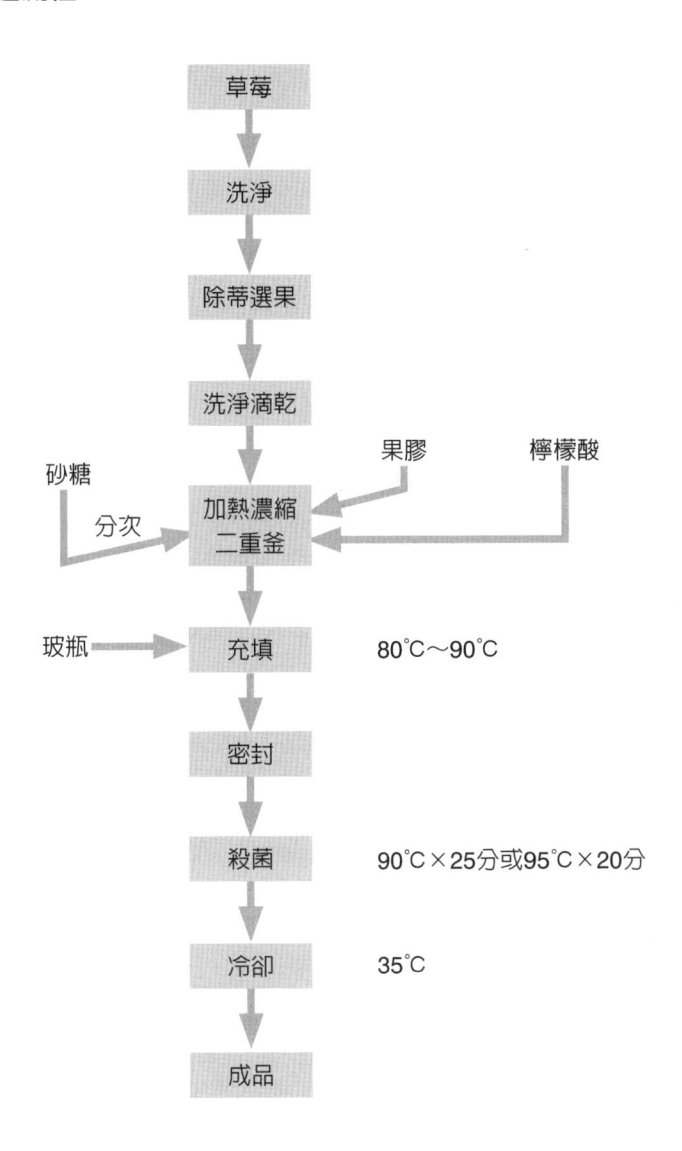

```
            草莓
             ↓
            洗淨
             ↓
           除蒂選果
             ↓
           洗淨滴乾
             ↓
砂糖 ──分次──→ 加熱濃縮  ←── 果膠
              二重釜    ←── 檸檬酸
                ↓
玻瓶 ───────→ 充填        80°C～90°C
                ↓
               密封
                ↓
               殺菌       90°C×25分或95°C×20分
                ↓
               冷卻       35°C
                ↓
               成品
```

＋知識補充站

冷卻時要控制冷卻水與內容物之溫差不要大於35°C，以免玻瓶破裂（採分段）。

15.4 竹筍罐頭

黃種華

原料驗收：台灣外銷竹筍罐頭以麻竹筍為大宗。其次是綠竹筍，其他品種較少。竹筍產期是五月開始迄八、九月結束。大出期間為七、八月。原料品質要大小適中，長度18～24cm為佳。其長度為基部直徑之3倍以內為原則。竹筍形態完整，品質幼嫩，新鮮、清潔、無損傷。色澤每筍需有1/2～1/4以上帶黃白色。驗收時排除不合格品，如裂損、病害、隔夜老化、變色、粗糙之筍基塊。

蒸煮、漂水：加壓蒸煮：原料驗收後，即放進蒸煮釜中，注水至滿筍面，加蓋栓緊，開蒸氣蒸煮，約105℃、60分鐘，排出釜中熱水，立即注入冷水冷卻，以流動方式充分冷卻，時間約為6～8小時。無加壓蒸煮：原料蒸煮桶桶底有蒸氣排管，原料進入桶內，注入清水淹至筍面，桶上面用多層布袋覆蓋，用蒸氣蒸煮，時間約80～120分鐘，蒸煮後移開上層布袋覆蓋，注入流動清水冷卻，至完全冷卻為止。

剝殼：以刀尖輕輕刮裂筍殼，送進剝殼機剝殼。唯應注意不可損折筍肉。亦有全部人工剝殼，但耗時較長。剝完外殼，放進流水中漂洗。

整修：用刀削除筍基部粗糙組織並以截切整修外觀，使筍基部切面平滑美觀。再用竹片繃弓尼龍絲或不鏽鋼線，刮除竹筍外表殘留細膜——筍衣，但應保留筍節週圍原有突出物，用清水沖除外表附著之碎屑筍膜。

整切：依竹筍原料品質，配合銷售市場之需要，選擇適合生產製造罐型和片型，加以適當整切。除切除筍基部汙染、粗糙部分，除去不可吃粗筍。切除面用手試摸，要平滑幼嫩，不覺有粗纖維殘留。竹筍規格有：整枝筍（WHOLE）：筍尖完整，形態良好，筍基部分占全長有2/5以上。半枝筍（HALF）：整筍對半切開品質同上。整筍尖（TOP WHOLE）：底基部為全長之1/4以上。筍尖（TOP）：底部之長度為10cm以上。筍片（SLICES）：筍基部切成長約45mm×寬約18mm×厚2.5mm之筍片。筍絲（STRIP）：筍基部切成長約50～100mm×寬約4mm×厚4mm之筍絲。筍角（DICED）：筍基部切成長約9mm×寬約9mm×厚9mm之筍角塊。

裝罐、秤重：整筍、半筍，整枝筍尖、筍尖等，整切後，用水沖洗殘渣即行裝罐。稱重要注意固形量之控制，一般要比開罐固形量增1～2%重量。同一罐中，筍枝大小要均勻，不可差異太大。筍絲筍片，筍角整切後立即裝罐稱重，裝罐量較開罐固形量增2～3%重量。

注液、脫氣、封蓋：注加清水，用脫氣箱脫氣，罐中心溫度大型罐78±2℃，小型罐83±2℃後隨時封蓋。

殺菌、冷卻、成品：採用高壓殺菌其溫度時間：大型罐A10：127℃，25分鐘。小型罐No2 1/2罐型127℃，17分鐘。殺菌後應迅速冷卻，使罐頭冷到40℃左右。大型罐要用加壓冷卻，以免罐頭有凸角等情形發生。冷卻後，用強風吹乾罐外表殘存水滴，堆棧板入倉庫。

竹筍罐頭製造流程

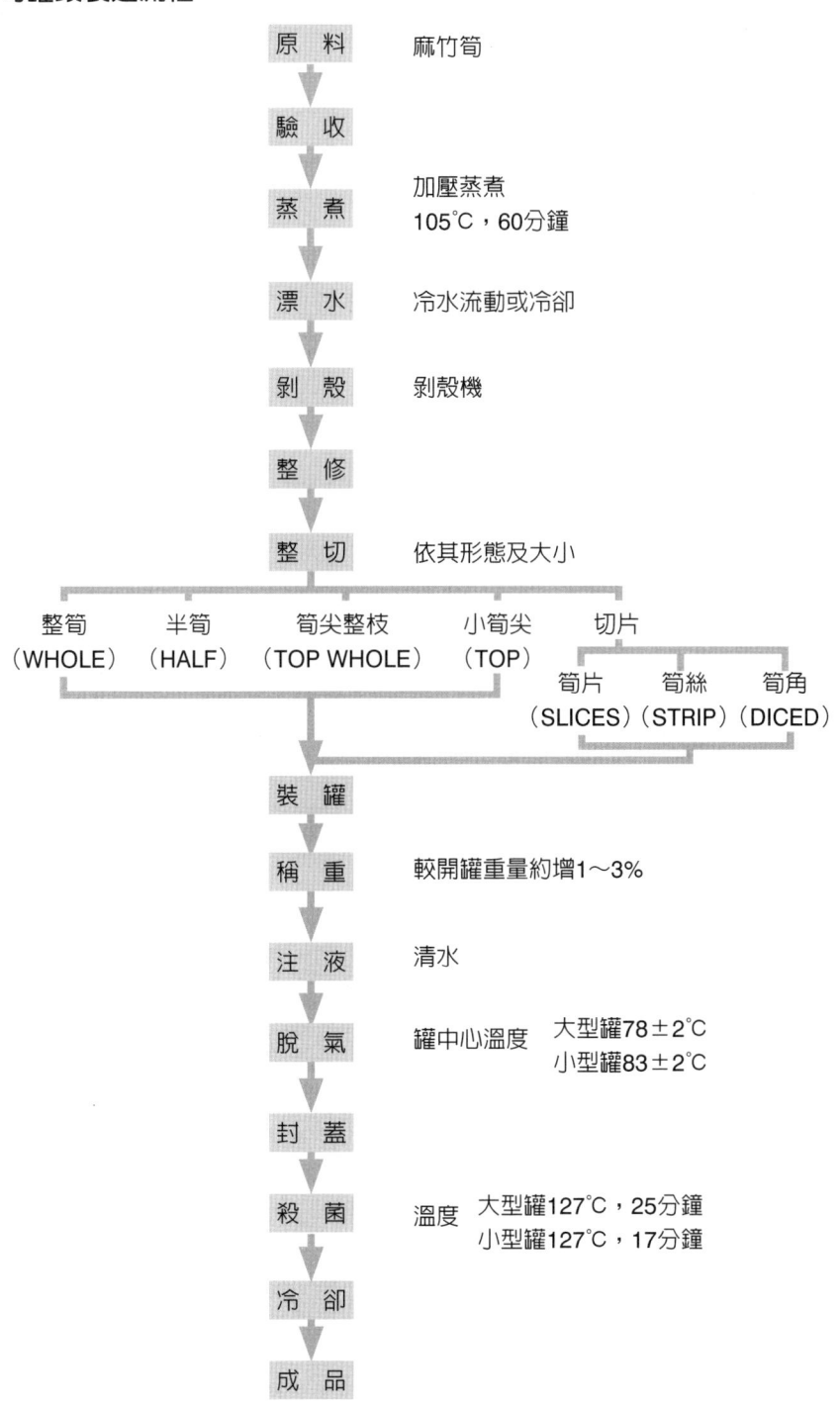

```
原　料 ── 麻竹筍
  ↓
驗　收
  ↓
蒸　煮 ── 加壓蒸煮
          105℃，60分鐘
  ↓
漂　水 ── 冷水流動或冷卻
  ↓
剝　殼 ── 剝殼機
  ↓
整　修
  ↓
整　切 ── 依其形態及大小
  ↓
```

- 整筍（WHOLE）
- 半筍（HALF）
- 筍尖整枝（TOP WHOLE）
- 小筍尖（TOP）
- 切片
  - 筍片（SLICES）
  - 筍絲（STRIP）
  - 筍角（DICED）

```
  ↓
裝　罐
  ↓
稱　重 ── 較開罐重量約增1～3%
  ↓
注　液 ── 清水
  ↓
脫　氣 ── 罐中心溫度　大型罐78±2℃
                      小型罐83±2℃
  ↓
封　蓋
  ↓
殺　菌 ── 溫度　大型罐127℃，25分鐘
                小型罐127℃，17分鐘
  ↓
冷　卻
  ↓
成　品
```

15.5 洋菇罐頭

黃種華

原料、驗收：合格品：菇冠直徑2～4cm，菇傘緊合，新鮮結實，純白色品種。無水傷斑點，病蟲害者。菇柄不超過1cm，切腳平整不帶泥土。不合格品：菇傘裂脫，張開，菇柄變黑，病蟲害，水傷，斑點，死菇等。原料依規格驗收後，倒入水槽迅速清洗附著之泥砂，撈起放入塑膠原料籠中，置於陰涼，無陽光直接照射之處。盡快運回工廠處理。

水洗：原料倒入原料水槽中浸漬去除泥砂、雜質（水中應含氯20ppm）。輸送帶送進殺菁槽中輸送過程，用加壓噴水沖洗（壓力3.5kg/cm^2）。

殺菁、冷卻：殺菁用迴轉式殺菁機，水溫在出口處保持97±2℃，殺菁時間7～8分鐘。殺菁水每二小時換一次，並隨時補水，以保持殺菁後洋菇色澤良好。殺菁後洋菇，沖以冷水，迅速完全冷卻。

分級：迴轉式分級機分級，原料之供應要均勻，不可過多避免影響分級精確，操作過程中，不斷自上面噴水。分級尺寸：最小粒12.7mm以下、特小粒12.7mm～16mm TINY、小粒16mm～22.2mm　SMALL、中粒22.2mm～28.6mm　MEDIUM、大粒28.6mm～41.3mm　LARGE、特大粒41.3mm以上　EXTRA LARGE，〔註〕最小粒以下和特小粒，特大粒除有特殊訂貨，一般都做「菇柄與碎片（Stems &Pieces）」。

選別：排除損傷，開傘、破裂、畸型、斑點等等供「碎片與菇柄」原料。正常品質良好原料，依市場買主要求，製成：整粒洋菇（WHOLE MUSHROOMS）：菇傘緊密，形態良好。整粒切片（WHOLE SLICES）：整粒洋菇沿著菇軸縱切之切片，厚度約3.2mm。鈕粒洋菇（BUTTON MUSHROOMS）：菇柄正橫，切除，菇傘未展開之整粒。鈕粒切片（BUTTON SLICES）：鈕粒洋菇沿著菇軸縱切之切片。切下之菇腳可供製「菇柄與碎片」之原料：菇柄與碎片（Stems & Pieces）：係不規則形體與大小之菇柄及碎片。不合於製整粒，鈕粒及切片之邊緣小片或修整整粒所餘之菇柄混合裝之。純柄部分含量不得多於40%。

裝罐、秤重：小型罐可用自動裝罐機以節省人工。大型罐裝罐後，再以秤重求固形量之穩定。洋菇原料經殺菁處理後，一般收縮率在27～30%之間。再經殺菌，可能再失重7%左右。

注液、脫氣：秤重後，加入鹽水或鹽片及少量維生素C或檸檬酸，依銷售地區國家要求而不同。裝罐秤重後，應盡快脫氣，不要放置超過30分鐘。脫氣箱溫度應在90℃以上，依罐型大小，調節脫氣後中心溫度大型罐A10脫氣約12分鐘，罐中心溫度75±2℃，小型罐罐中心溫度控制在80±2℃。可保持開罐真空度12±2吋。

封蓋、殺菌：脫氣後應立即封蓋、殺菌。封蓋後罐頭落入水池中之殺菌籃中，可以沖洗罐外之鹽汁，並防止罐頭碰衝。殺菌籃裝滿罐頭後吊入殺菌釜內殺菌之。殺菌溫度127℃，大罐型A10需26分鐘，小罐型#7需12分鐘。

冷卻產品：大罐型冷卻時，為防止罐頭減壓而變形，需加壓冷卻，待冷至36～40℃左右。冷卻後罐頭用強風吹乾罐外殘留之水滴，以保持罐外表之光澤。

洋菇罐頭製造流程

```
原料 — 純白種洋菇
  │
 驗收
  │
 水洗 — 水壓3.5kg/cm²
  │
 殺菁 — 溫度97±2°C
         時間7～8分鐘
  │
 冷卻
  │
 分級 — 迴轉式分級機
  │
 選別 ─────────────┬──── 不合整粒原料 → 特小粒、特大粒
  │                                      碎片機
 整粒（W）                               │
  ├── 切片機   切柄機                   碎片（SP）
  │   整粒切片（WS）  鈕粒（B） ─ 菇柄 ──┘
  │                   │
  │                  切片機
  │                   │
  │                  鈕粒切片（BS）
  │
 裝罐 — 注意原料之收縮率，酌以增減
  │
 注液 — 鹽水3%
         維他命C或檸檬酸
  │
 脫氣 — 罐中心溫度  大型罐75°C
                   小型罐82°C
  │
 封蓋 — 罐蓋符號要與內容符合
  │
 殺菌 — 127°C，大型罐26分鐘，小型罐12分鐘
  │
 冷卻
```

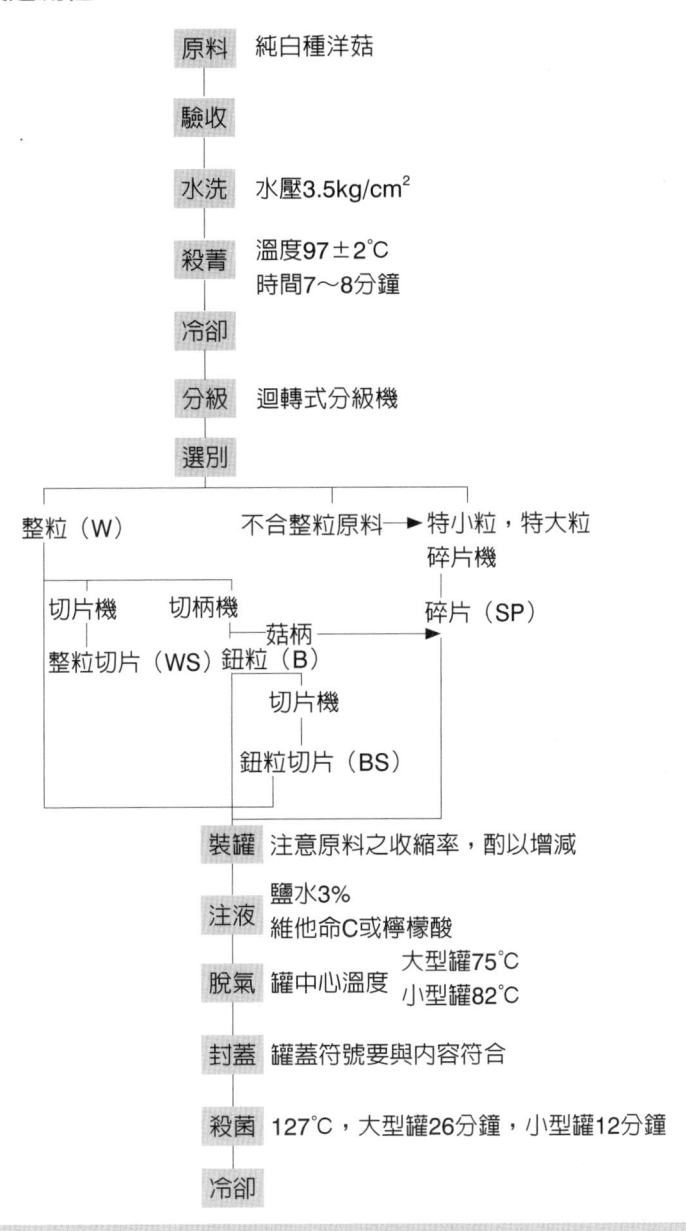

＋ 知識補充站

洋菇品種有三：
1. 褐色種（BROWN）：菇傘呈褐色，肉質緻密，香味較濃，產量高。
2. 乳白種（CREAM）：呈乳黃色，有鱗片，菇體較大，肉質較粗。
3. 純白種（WHITE）：菇傘，菇柄呈白色，形態美，市場鮮銷，製罐外銷主要品種。

15.6 八寶粥罐頭（一）

鄭建益

一、目的及原理

罐頭技術是使易腐蝕食品長久保存方法之一，在各種食品保存法中其歷史較淺。食品本身一般都含有微生物及酵素，酵素一般耐熱性不強，通常在裝罐前之加熱調理過程中（例如殺菁）就會失去活性，而微生物之耐熱性一般比酵素強，所以在罐頭為了使食品保存不腐壞之加熱處理的對象為腐敗微生物。微生物對於熱習性依種類而異，每一種微生物皆有最適生長溫度，在高於適當發育溫度環境下會漸漸死滅。加熱食品至某一高溫，保持該高溫狀態某一段時間使腐敗微生物失去活性，以保存食品之過程稱為「殺菌」。罐頭是把食品裝入密閉容器，於密封後進行殺菌處理者。而食品罐頭殺菌條件設計之過程如下：

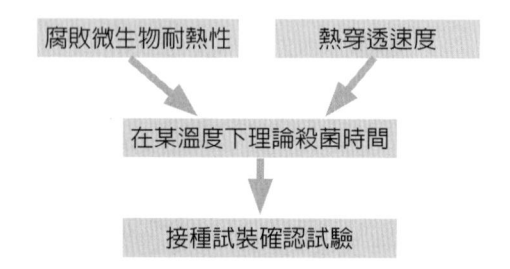

```
腐敗微生物耐熱性    熱穿透速度
        ↓              ↓
      在某溫度下理論殺菌時間
              ↓
         接種試裝確認試驗
```

高溫之應用及配合促進熱穿透速度之種種方法，加上殺菌時間計算使食品罐頭業快速伸展，對營養分之保存、品質之改進有很大的貢獻。殺菌值之決定條件需知道該食品中會危害的微生物中耐熱性最強的是哪一種，其為耐熱性值，即為D值和Z值。由於細菌死滅曲線可以以公式計算如下：$t = D(\log a - \log b)$，以達商業殺菌程度。

二、製程步驟

物料驗收：針對鐵罐進行罐徑、捲封厚度、捲封寬度、蓋深、蓋鉤及罐溝進行檢測，檢測標準依據「捲封各部位標準值與界限」並記錄驗收結果，之後進行空罐清洗。

原料驗收：將長糯米、燕麥、桂圓乾、花生片、花豆、紅豆、綠豆、大麥片依據原料驗收標準進行檢測，然後進行清洗，將製備完成之原料進行冷藏備用。將欲使用的長糯米、燕麥、桂圓乾、花生片、花豆、紅豆、綠豆、大麥片充填於鐵罐中。

總充填固形物量檢測：於生產線上檢測鐵罐內總充填固形物含量。

一次糖液充填：將水、砂糖依比例配置後，加入已檢驗的水進行調配，進行過濾。將過濾後的糖液充填放入八寶粥原料的鐵罐。

八寶粥鐵罐製造流程

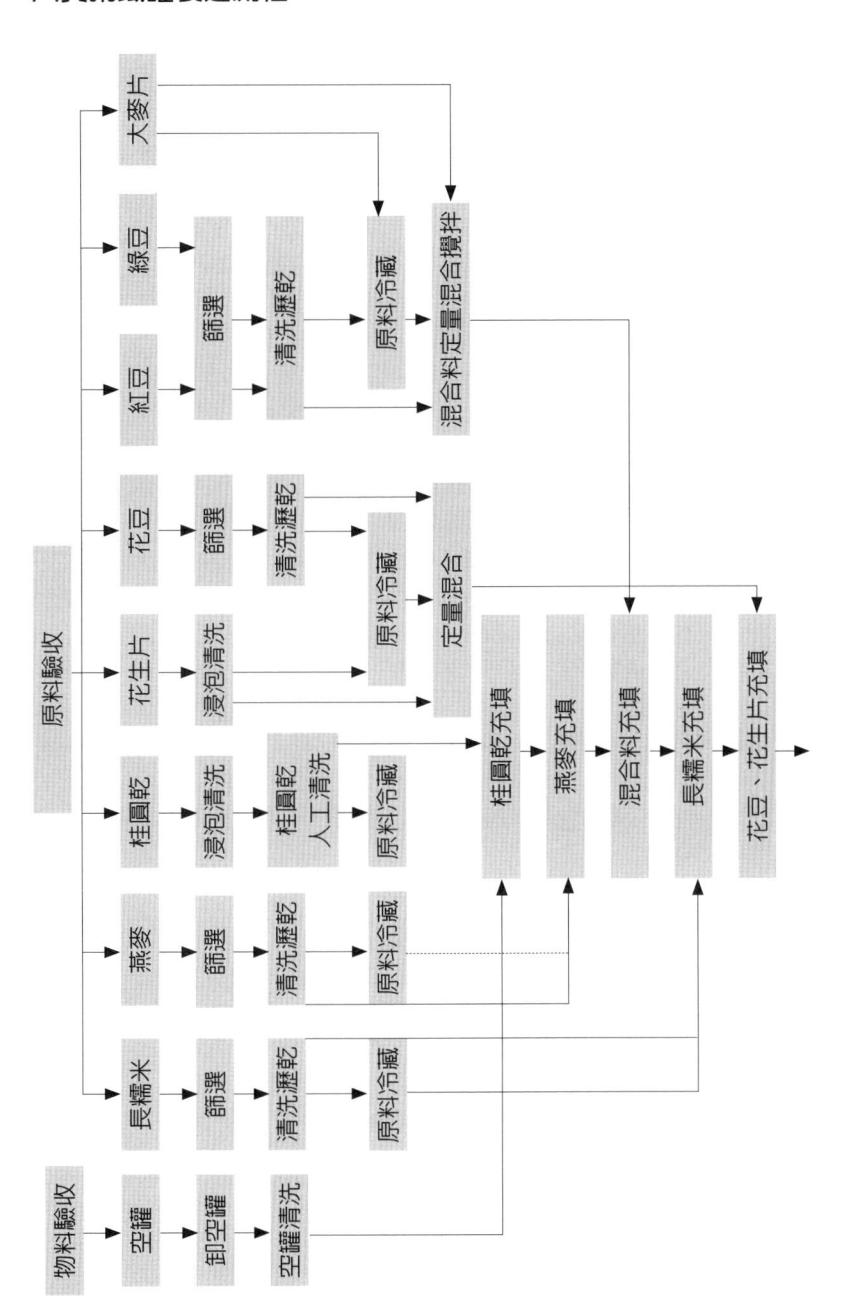

```
原料驗收 ─┬─ 大麥片 ──────────────────────────────┐
          │                                        ↓
          ├─ 綠豆 ─┬─ 篩選 ─ 清洗瀝乾 ─ 原料冷藏 ─ 混合料定量混合攪拌
          ├─ 紅豆 ─┘                              │
          │                                        ↓
          ├─ 花豆 ── 篩選 ─ 清洗瀝乾 ─ 原料冷藏 ─┐
          │                                      定量混合
          ├─ 花生片 ── 浸泡清洗 ─────────────────┘
          │
          ├─ 桂圓乾 ── 浸泡清洗 ─ 桂圓乾人工清洗 ─ 原料冷藏 ─ 桂圓乾充填
          │                                                    ↓
          ├─ 燕麥 ── 篩選 ─ 清洗瀝乾 ─ 原料冷藏 ─────────── 燕麥充填
          │                                                    ↓
          └─ 長糯米 ── 篩選 ─ 清洗瀝乾 ─ 原料冷藏 ──────── 混合料充填
                                                              ↓
                                                          長糯米充填
                                                              ↓
                                                      花豆、花生片充填

物料驗收 ── 空罐 ── 卸空罐 ── 空罐清洗
```

（接續下一單元）

15.7 八寶粥罐頭（二）

鄭建益

脫氣：將原料裝入罐內後，於密封之前，使用脫氣箱將罐內空氣排除。

二次糖液充填：將糖水充填至一定重量。

捲封：使用自動式捲封機將罐頭於裝罐脫氣後使容器與罐蓋相互結合，於生產線上使用自動噴印機直接噴印效期及批號後，放入殺菌籃車中以利後續殺菌。

殺菌條件設定：
1. 由相關資料得知在殺菌中罐內熱穿透速度測定結果，包括罐頭初溫、殺菌釜之殺菌溫度（121℃），利用此資料可求出F值，即可得知殺死一定量微生物數目所需要花費的加熱殺菌時間，即為制定罐頭加熱殺菌時間的依據。
2. 使用殺菌釜進行加熱殺菌，轉速避免太快或太慢以使八寶粥糖水分離。

冷卻：罐頭殺菌後，應速予冷卻，以免因餘溫加熱導致加熱過度而產品變質，如內容物色澤劣變、風味受損及營養損失。萬一容器內尚存有耐熱性細菌，高溫堆積易促進其孢子發芽導致腐敗。為使罐頭冷卻後之外表保持乾淨，通常冷卻終溫已38～40℃為宜，以便利用餘溫蒸乾水膜，避免罐頭生鏽。冷卻水應合乎衛生要求。

卸罐／堆棧／入庫：將已以冷卻完成的八寶粥於殺菌車上卸下，及堆於棧板中並完成入庫。

成品檢驗：每批成品應依工廠制定之成品規格及出廠抽驗標準，抽取代表性樣品，實施成品檢驗，罐頭成品應檢驗下列項目：內容物（如糖度）、固形量或內容量、pH值、真空度、風味、外來雜物。

保溫試驗：每批罐頭成品取出放置於保溫箱觀察，低酸性罐頭條件為37℃，14天進行。保溫期間，每天觀察一次，遇有膨罐應予取出檢查，保溫期間終了，取出放冷，作外觀檢查後，為了解有無平酸腐敗，試驗罐均要開罐檢查，如有異常，應做原因追查。

包裝入庫／出貨：依不同訂單進行不同數量之包裝及出貨。

小博士解說

1. 八寶粥其八種原料需分別控制其浸泡時間。
2. 脫氣後需30 min內盡速封罐。
3. 線上的真空檢測可使用超音波。
4. 線上內容量檢測可使用γ射線。
5. 旋轉殺菌釜需控制其轉速不宜過快或過慢。

八寶粥鐵罐製造流程

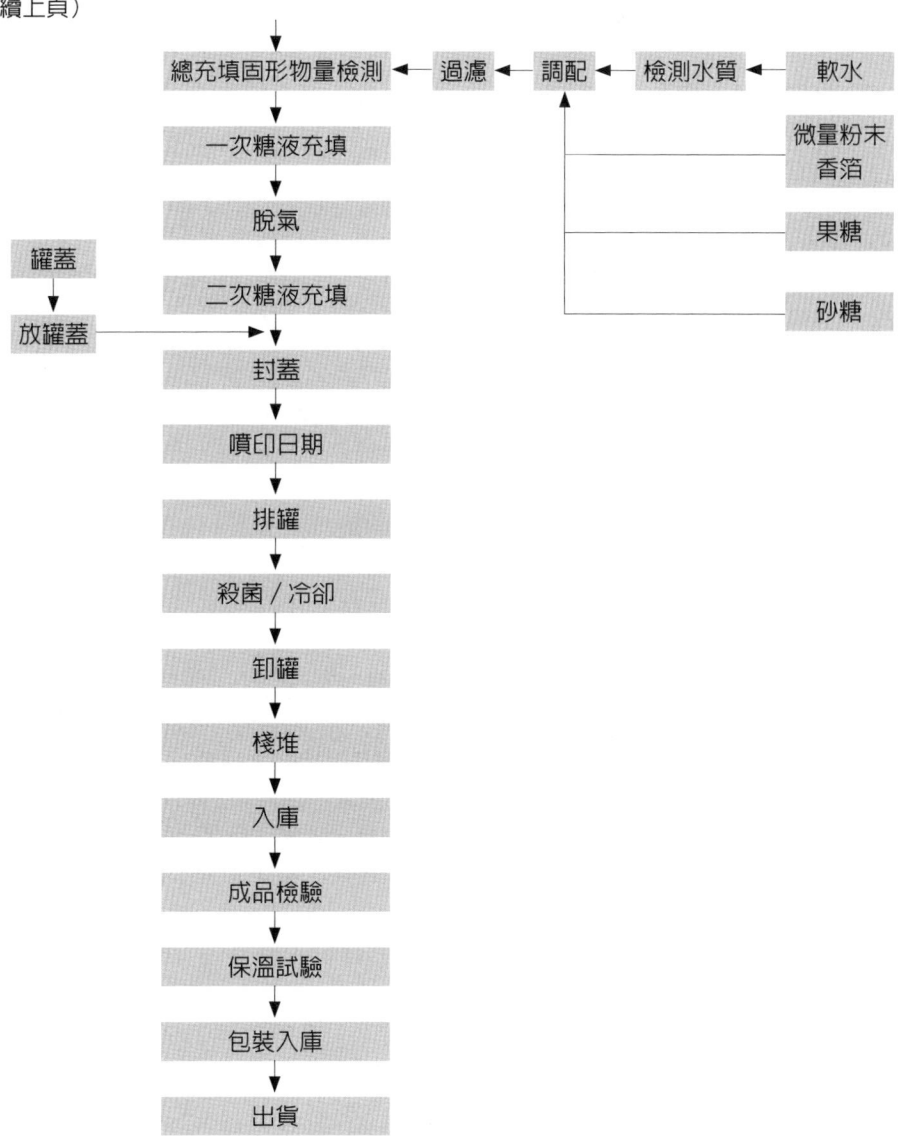

（續上頁）

```
                                        軟水
                                         ↓
總充填固形物量檢測 ← 過濾 ← 調配 ← 檢測水質
        ↓                    ↑
   一次糖液充填              微量粉末
        ↓                    香箔
       脫氣                    ↑
        ↓                    果糖
罐蓋   二次糖液充填             ↑
 ↓      ↓                   砂糖
放罐蓋 → 封蓋
        ↓
     噴印日期
        ↓
       排罐
        ↓
     殺菌／冷卻
        ↓
       卸罐
        ↓
       棧堆
        ↓
       入庫
        ↓
     成品檢驗
        ↓
     保溫試驗
        ↓
     包裝入庫
        ↓
       出貨
```

✚ 知識補充站

1. 自動充填時，以顆粒大小來分開充填。
2. 清洗過後原料須盡速冷藏保存。
3. 脫氣大罐罐中心溫度（77±2℃）小罐罐中心溫度（81±2℃）。
4. 糖不宜用果糖。

15.8 仙草蜜罐頭

鄭建益

　仙草蜜罐頭是利用脫氣的方法，除去容器內空氣，以方便保持適當眞空度。利用捲封而遮斷容器內外的流通，防止外部的微生物侵入容器內。裝入容器內的仙草蜜，利用加熱殺滅細菌。

脫氣：將罐頭內所含的空氣排除，使內部保持低壓狀態（適當眞空度）之操作，稱爲脫氣。可防止微生物滋生、防止凸罐、防止氧化、減少罐內壁腐蝕、熱傳導較好。

捲封（封蓋）：阻絕容器內外空氣之流通，防止罐外細菌之侵入汙染，爲密封之目的。金屬罐密封有賴二重捲封完成。

殺菌：殺菌條件之決定

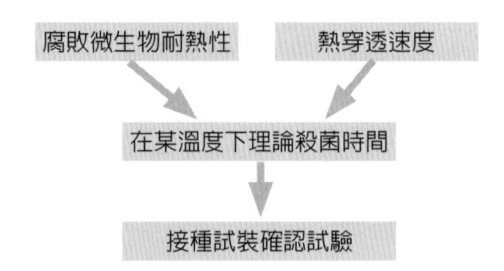

```
   腐敗微生物耐熱性      熱穿透速度
            ↘           ↙
           在某溫度下理論殺菌時間
                  ↓
            接種試裝確認試驗
```

　殺菌時間之計算，對於罐頭應做多少程度的殺菌（F值），可以依據危害該種罐頭食品微生物中耐熱性最強的汙染情形，其耐熱性（D值及Z值）資料，再考慮擬控制腐敗率發生程度決定之。罐頭初溫、殺菌釜之殺菌溫度（121°C），利用此資料可求出F值，即可得知殺死一定量微生物數目所需要花費的加熱殺菌時間。

冷卻：罐頭殺菌後，應速予冷卻，以免內容物色澤劣變、風味受損及營養損失。並免耐熱性細菌，高溫堆積促進其孢子發芽導致腐敗。通常冷卻終溫38～40°C爲宜，以便利用餘溫蒸乾水膜，避免罐頭生鏽。冷卻水應作氯化消毒，才合乎衛生要求。

成品檢驗：每批成品應實施成品檢驗項目：內容物（如糖度）、固形量或內容量、pH值、眞空度、風味、外來雜物。

保溫試驗：低酸性罐頭條件，37°C，14天及55°C，14天兩種同時進行。保溫期間，每天觀察一次，遇有膨罐應予取出檢查，保溫期間終了，取出放冷，作外觀檢查後，並開罐檢查，如有異常，應做原因追查。

出貨檢查：打檢、外觀檢查、罐蓋標示。

小博士解說

1. 仙草的填充液須注意水中的鈉含量不能太高，否則會溶解。
2. 脫氣後須30 min內盡速封罐。線上的真空檢測可使用超音波。
3. 線上內容量檢測可使用γ射線。注意不要使用潮解砂糖。

仙草蜜罐頭製造流程

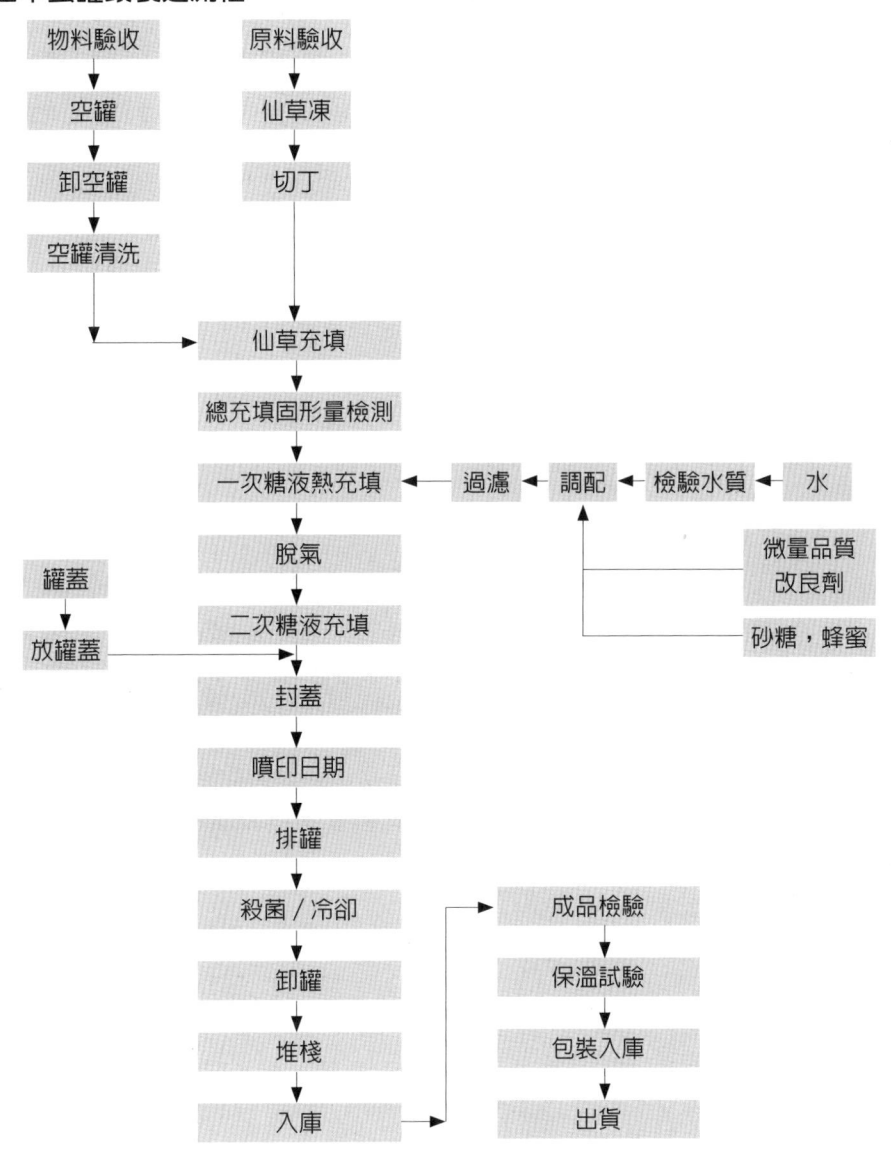

```
物料驗收                原料驗收
   ↓                       ↓
  空罐                    仙草凍
   ↓                       ↓
 卸空罐                    切丁
   ↓                       ↓
 空罐清洗                   ↓
   ↓                       ↓
   └──────→ 仙草充填 ←──────┘
                ↓
          總充填固形量檢測
                ↓
  一次糖液熱充填 ← 過濾 ← 調配 ← 檢驗水質 ← 水
                           ↑
                ↓    微量品質改良劑
   罐蓋        脫氣        砂糖，蜂蜜
    ↓          ↓
  放罐蓋 → 二次糖液充填
                ↓
               封蓋
                ↓
              噴印日期
                ↓
               排罐
                ↓
            殺菌／冷卻 ─────→ 成品檢驗
                ↓                ↓
               卸罐             保溫試驗
                ↓                ↓
               堆棧             包裝入庫
                ↓                ↓
               入庫 ──────→     出貨
```

✚ 知識補充站

1. 切丁以0.5公分為宜。
2. 固體：液體 = 1：2。
3. 脫氣：大罐罐中心溫度（77±2℃）小罐罐中心溫度（81±2℃）。
4. 糖不宜用果糖。

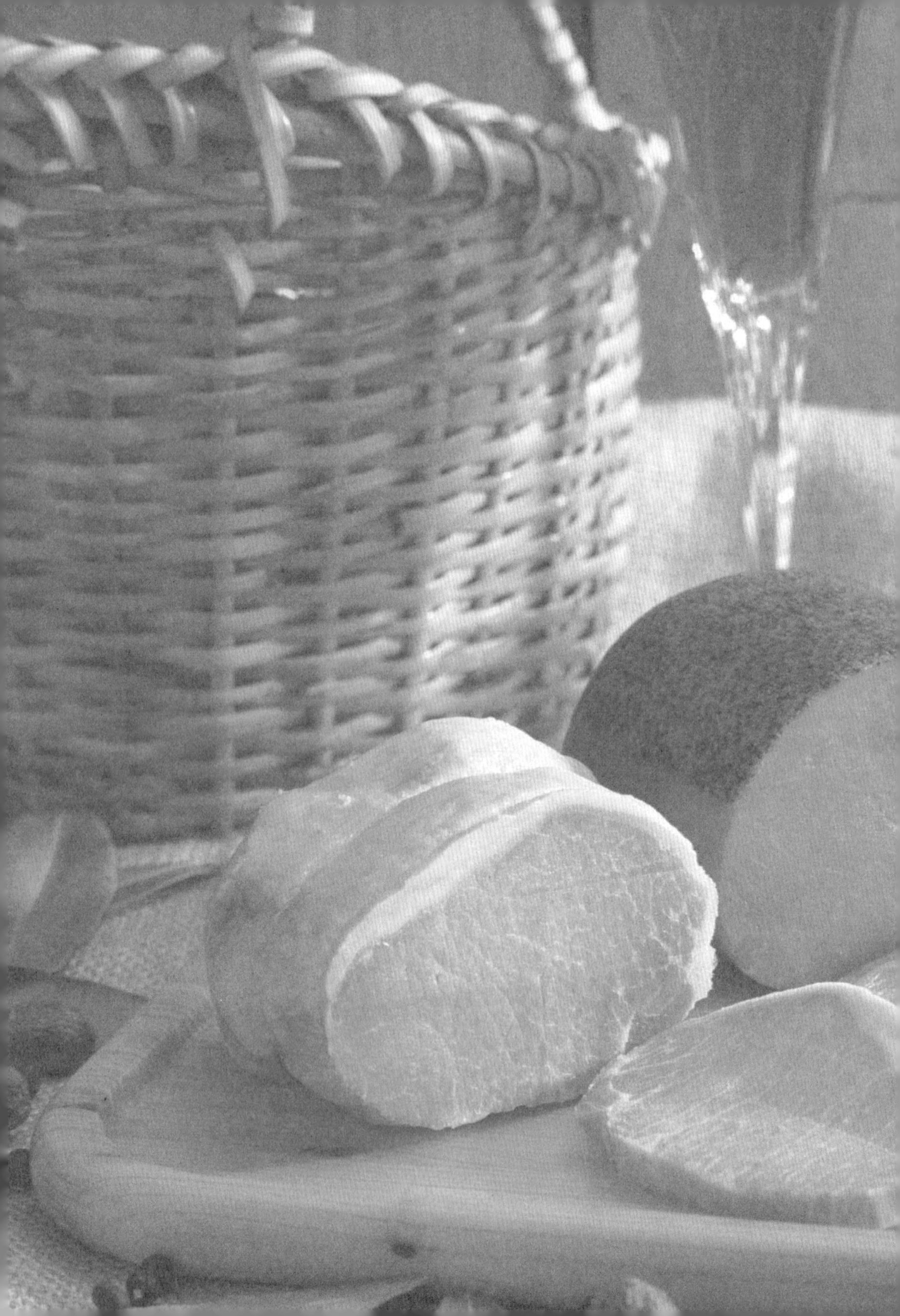

第16章
食品加工的單元操作

16.1　清洗

16.2　食品擠壓

16.3　液體濃縮

16.4　食品乾燥

16.5　食品冷凍

16.6　食品殺菁

16.7　食品殺菌（一）

16.8　食品殺菌（二）

16.9　食品取樣方法

16.10　機械再壓縮濃縮技術

16.1 清洗

林連峯

　液態食品，不管是牛奶、果汁或茶飲料等，在加工的過程中，皆以密閉式的不鏽鋼管路連結，而由於產品的特性、產品中蛋白質的穩定性、牛乳中空氣含量、溫差、流量、管路表面粗糙程度、沖洗水的硬度乃至於管路內部表面被腐蝕時，皆容易於表面形成結垢，這些結垢在生產前後，若不徹底進行管路循環定位清洗（Cleaning In Place, CIP），日後不但難以清洗，而且也會成為產品的汙染源。

一、循環定位清洗的定義

　循環定位清洗（Cleaning In Place，CIP），即設備（調理桶、管道、幫浦等）及整個生產線在無須人工拆開或打開的前提下，在閉合的迴路中進行清洗；其清洗過程是在增加了湍動性和流速的條件下，對設備表面的噴淋或在管路中的迴流。

清洗的標準：

　物理清潔：被清洗表面上去除了肉眼可見的汙垢。

　化學清潔：被清洗表面上不僅去除了肉眼可見的汙垢，而且還去除了微小的、通常肉眼不可見但可嗅出或嚐出的沉積物。

　微生物清潔：被清洗表面透過消毒，殺死了極大部分附著的細菌和病原菌。

　無菌清潔：被清洗表面附著的所有的微生物均被殺滅了。這是UHT和無菌操作的基本要求。

　乳品廠清洗的要求是要經常達到化學和微生物清潔度。因此，設備表面首先用化學洗滌劑進行徹底清洗，然後再進行消毒。

二、清洗用水的品質：依據國際乳品聯合會（IDF）的標準

硬度	3～4odH
pH	＞ 8.3
氯化物	＜ 50 ppm
硫化物	＜ 100 ppm
鐵離子	＜ 0.1 ppm
鎂離子	＜ 0.1 ppm

三、影響清洗效果的七大原素

清洗劑種類：

　一般清洗劑由防腐蝕抑制劑（corrosion inhibitors）、界面活性劑、消泡劑／起泡劑、磷酸鹽、螯合劑、酸或鹼等合成。好的清洗劑應具備良好功能：水溶性、良好的潤濕及穿透效果、融溶及去除效果、止垢及易清洗，對環境的影響：低成本及可自然分解，人員操作安全方面：無放射性、無毒及無腐蝕性。

　清洗液濃度：適當的濃度。

　清洗溫度：針對不同的產品，在不同的清洗階段，使用不同的溫度。

　清洗時間：清洗時間愈長，清洗效果愈好。

　清洗流量：流量愈大愈快，清洗效果愈好。

　其他因素：管路設計。

巴氏殺菌系統的清洗程式

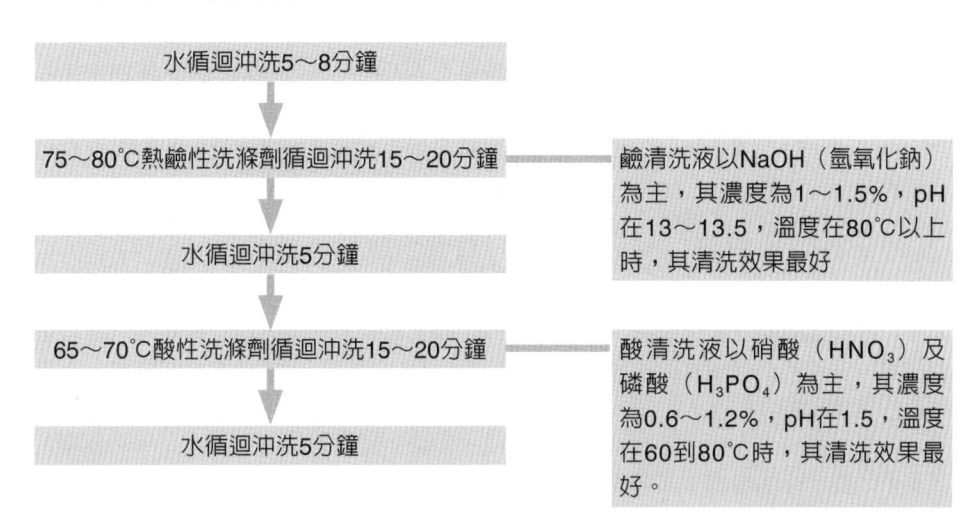

```
水循迴沖洗5～8分鐘
       ↓
75～80°C熱鹼性洗滌劑循迴沖洗15～20分鐘  →  鹼清洗液以NaOH（氫氧化鈉）為主，其濃度為1～1.5%，pH在13～13.5，溫度在80°C以上時，其清洗效果最好
       ↓
水循迴沖洗5分鐘
       ↓
65～70°C酸性洗滌劑循迴沖洗15～20分鐘  →  酸清洗液以硝酸（$HNO_3$）及磷酸（$H_3PO_4$）為主，其濃度為0.6～1.2%，pH在1.5，溫度在60到80°C時，其清洗效果最好。
       ↓
水循迴沖洗5分鐘
```

化學作用和汙物特性

表面成分	溶解性	除去的容易程度	
		低溫／中溫巴氏殺菌	高溫巴氏殺菌／UHT
糖類	溶於水	容易	焦糖化，困難
脂肪	不溶於水	用鹼，困難	聚合作用，困難
蛋白質	不溶於水	用鹼，非常困難 用酸，稍好些	變性，更難
無機鹽	不一定溶於水 大多數鹽溶於酸	不一定	不一定

16.2 食品擠壓

李明清

　　所謂擠壓（Extrusion）是原料在外力的作用之下，強行通過一個小孔、使擠出物形成一定的形狀，擠壓的動力可以是一個活塞泵（piston），或者是螺桿（screw），狹窄的孔口可以設計成各種形狀，讓產品的形狀多樣化，簡單的擠壓是把原料混合練合之後經過一台擠壓機成形，也可以使用兩台以上的擠壓機共同擠出，擠壓機應用於食品加工已經有60多年的歷史，是一個成熟的技術，它有著多功能，低成本、低耗能的特性，適合很多加工食品的應用。

　　擠壓操作時，原料之含水量會影響擠壓時之黏度，從而影響操作是否順暢，各種不同的原料有其最適當的含水量，多種物料混合時，更會影響含水量對操作的影響，一個簡單的方法是自己做實驗決定，在實驗室中，找一個過濾網當做擠壓的抗體，使用原料的種類及特性粒徑大小等，可能會影響的因素要先做處理，例如粉體要先篩過等等，在實驗室中就先把原料規格做一個規定，然後才做實驗，使用練合的水的品質尤其重要，由少量水慢慢添加攪和，然後在濾網上以手壓出，觀察加水到什麼時候，壓出的產品形狀會符合需求，然後就可決定添加水量的百分比，以上的情形是筆者實際開發風味調味料的經驗提供參考，除了原料的狀況，另一個影響擠壓操作的因素是擠壓機，擠壓機的種類，及其機構都將影響擠出的產品，如何選擇擠壓機，最簡單的方法，就是找擠壓機製造商，一般製造商有時也會有試驗機供顧客試驗之用。只要把上面試驗的實驗室結果，搬到廠商的試驗機上去做看看，就能很快找到適合的設備了。當然你可以同時找幾家廠商去比較其價格及性能服務等等，同時回頭看看自己的預算，就能找到適合自己情況的設備了，上面的放大設計（scale-up）是個簡單又有效的方法。

　　經過擠壓的食品，因為在擠壓過程中，在高溫高壓下，對食品的影響是難免的，澱粉在有水存在的情形下會變性、糊化會影響溶解性、黏度等，高溫高壓和剪切力也會使蛋白質變性，當蛋白質和還原糖處於高溫狀態時，會因梅納反應而產生非酵素性褐變，色素會影響色澤，色素在高溫時不穩定，因此要在擠壓前或擠壓後添加也必須考慮，在擠壓中，風味及營養價值的變化，酵素的失活、微生物的破壞也會發生，擠壓可以完成不同的加工任務，使擠壓操作在食品加工中獨一無二，而擠壓的加工條件則讓原料變成有價值的產品。

小博士解說

　　共擠壓及雙螺桿擠壓的可變性，讓擠壓操作在新產品開發中，逐漸受到重視，而能快速開發出有差別性的新產品。

食品擠壓流程

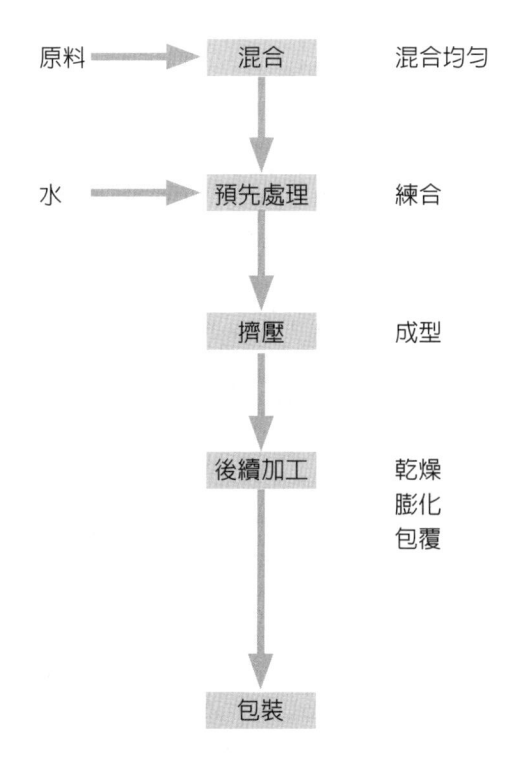

```
原料 ──→ 混合        混合均勻
          │
          ↓
水  ──→ 預先處理      練合
          │
          ↓
        擠壓          成型
          │
          ↓
        後續加工      乾燥
                      膨化
                      包覆
          │
          ↓
        包裝
```

+ 知識補充站

擠壓是一個連續加工的過程,它可以在較短的時間內生產出高品質的產品。食品原料被擠出的時候,由於壓力的突然下降,會有水分迅速蒸發、體系膨脹作用,產品會形成多孔性結構,加壓對於食品品質也有獨特影響,它會使食品的消化速食性趨於最大,而營養的破壞趨於最小。

同時利用高壓氣體,例如CO_2,在擠壓時注入,然後控制產品的膨化反應,也讓產品的多樣化起到一定作用。

壓出的抗體如果是使用多孔板,則應從小的孔側壓入而從大的孔側壓出,才能使操作順利。

16.3 液體濃縮

李明清

　　食品加工中的濃縮製程，主要是把液體原料中的水分去除，以得到低水分含量的產品，去除水分常用的方法有三：1.利用加熱方法把水分蒸發；2.利用冷卻方法，讓水結冰然後將冰去除；3.利用過濾膜將液體分成兩個部分而得到所要的產品，三個主要方法當中，以第一個方法利用加熱方法最爲常用。而加熱的媒介所以使用水及水蒸汽，一方面因爲它的便宜及安全性，一方面也因爲水的蒸發潛熱大的緣故。

　　下頁圖表所示爲飽和蒸汽表，一般加熱均使用飽和水蒸汽，把已經產生的水蒸汽再加熱並提高溫度就會成爲過熱蒸汽，在飽和蒸汽狀態，稍有散熱就會產生水滴，而水滴會影響轉動機械的平衡性，因此把蒸汽作爲動力使用時，就會考慮使用過熱蒸汽。

　　由表中可以看出飽和水蒸汽的溫度與壓力成正比，壓力愈高則溫度愈高，在固定壓力之下，供給的熱量會首先把受加熱液體的溫度提升到與壓力對應的溫度，當溫度達到之後，再加進去的熱量會把溶液中的水，蒸發爲水蒸汽，直到所有的水全部蒸發爲止，由水變成蒸汽所需的熱量，我們叫它爲潛熱，也就是圖表中的R，在對應的壓力之下，H是蒸汽所含的總熱量，h是水所含的熱量，兩者我們叫它們爲水蒸汽及水的顯熱，當使用水蒸汽當做加熱的媒介時，水蒸汽的溫度一定要高於被加熱的溶液，而且被加熱溶液吸收的熱量加上系統散失的熱量要等於水蒸汽放出的熱量，其總熱量是相等不變的，而蒸汽冷凝成水的時候，它放出的熱量就叫做潛熱。

　　例如我們使用2K（每平方公分2公斤壓力）×119.62度的蒸汽來加熱蒸發1K的溶液，則每公斤蒸汽冷凝爲水，放出526.3大卡之熱，而1K之溶液如果是25度（25大卡/公斤）。要蒸發1公斤的水則會吸收熱量爲(99.17 − 25) + 539.6 = 613.77大卡，(526.3/613.77) = 0.85，加上系統之散熱損失，因此一般以1公斤水蒸汽冷凝放出的熱量可以蒸發溶液中的水分約0.8公斤，爲了節省能源費用，濃縮罐大都設計成雙效以上來使用，雙效時1公斤水蒸汽冷凝可以把溶液中的水分1.6公斤蒸發掉，三效時1公斤水蒸汽冷凝可以把溶液中的水分2.4公斤蒸發掉，但是效罐愈多，可以利用的溫度差會變小，而且溶液的溫度會變高，因此它有個極限，筆者曾經引進機械再壓縮濃縮（MVR）系統，利用壓縮機把蒸發的低壓蒸汽壓縮以提高壓力及溫度，再回流當熱源使用，而達到相當七效濃縮罐的效果，與原有的雙效濃縮罐比較，以台灣二次能源危機前的油電價格計算，當年總共投資5000萬台幣（設備蒸發量24T/H），在一年之內就節省5000萬台幣能源費用，在食品加工的操作中，要把溶液中的水分去除，使用濃縮罐是一個簡易可行的方法。

小博士解說

當使用MVR時，因為可使用的溫度差比較小，因此蒸發的水蒸汽中如果混有其他氣體，例如NH_3，將會使冷凝的溫度降低，而影響傳熱的溫度差，從而影響整體的設計能力。

飽和蒸汽表（壓力基準）

壓力 (kg/cm²A)	飽和溫度 (°C)	比容積 (m³/kg) v	熱量 (kcal/kg) h	H	R = H − h
0.01	6.70	131.62	6.72	600.4	593.7
0.03	23.76	46.52	23.80	607.9	584.1
0.05	32.55	28.72	32.56	611.7	579.1
0.07	38.66	20.91	38.66	614.3	575.6
0.10	45.45	14.95	45.44	617.2	571.8
0.2	59.67	7.791	59.64	623.2	563.5
0.3	68.68	5.326	68.65	626.9	558.2
0.5	80.86	3.300	80.86	631.8	550.9
0.7	89.47	2.408	89.47	635.1	545.7
1.0	99.09	1.725	99.17	638.8	539.6
2	119.62	0.9018	119.9	646.2	526.3
3	132.88	0.6168	133.4	650.6	517.1
4	142.92	0.4708	143.7	653.7	510.0
5	151.11	0.3816	152.1	656.0	503.9
6	158.08	0.3213	159.3	657.9	498.6
7	164.17	0.2778	165.7	659.5	493.8
8	169.61	0.2448	171.3	660.8	489.5
10	179.04	0.1979	181.3	662.9	481.6
20	211.39	0.1015	215.9	668.0	452.1
30	232.76	0.06794	239.6	669.3	429.7
50	262.69	0.04025	274.3	667.6	393.3
100	309.53	0.01848	334.3	652.3	318.0
200	364.07	0.006187	431.6	582.8	151.1
225.56	374.15	0.003170	503.3	503.3	0

表壓力（kg/cm² G）= 1.0332 + 絕對壓力（kg/cm² A）

+ 知識補充站

熟悉蒸汽表，就能節省很多能源費用。

16.4 食品乾燥

李明清

　　乾燥是長期保藏食品的一種加工操作，以便在生產淡季、或者難以得到該食品的時候仍然可以供應，乾燥之後重量減輕，體積減少，也有利於運輸費用的降低，食品如果乾燥到微生物生長所需的水分含量以下時，就可以防止微生物及酵素的作用而減少腐敗的機率。

　　食品中的水分依其存在的狀態，可以分為自由水和結合水，前者是食品成分混合之水，微生物生長可以利用，後者是與食品中的醣質、蛋白質等成分依氫鍵結合在一起的水，微生物生長不能利用，而水活性Aw被定義為食品表面測得的蒸汽壓與相同溫度純水飽和蒸汽壓之比值，食品放在空氣中，空氣與食品會達到水分的平衡，此時食品不會放出水分，也不會吸收水分，這時空氣中的相對濕度就叫做平衡相對濕度ERH（equilibrium relative humidity），當食品放在相對濕度大於ERH的環境，食品就會從空氣中吸收水分，水分愈多，自由水含量愈多，蒸汽壓也愈大，Aw就愈大，當Aw超出微生物可以繁殖的界限，則微生物就會繁殖而影響食品的品質，而乾燥的目的，就是要去除食品含水量以降低水活性，從而抑制微生物的繁殖，達到食物保存的目的。

　　乾燥過程中，首先在一任意溫度下加熱，被乾燥物質將在短時間內到達定常狀態，到達此定常狀態的期間叫做材料預熱期，當物質溫度達到定常狀態之後，物質的表面會有水膜存在（自由水從內部跑到表面），熱空氣所提供的熱量都被用來蒸發表面的水分，此時內部自由水跑到表面的速度，比蒸發的速度快，表面永遠還有水分可蒸發，而乾燥速率保持一定，叫做恆速乾燥率，而自由水分就慢慢降低，這個期間叫做恆速乾燥期，當自由水分達到界限含水率（critical moisture content）時，物質表面無水膜存在，而水分由物質內部向表面擴散之速率遠不及水分蒸發速率來的快，而供應的熱量就會用來做水分蒸發及物質加熱之用，乾燥速率降低，物質表面溫度升高，水分漸漸減少，終於達到和乾燥條件相平衡之含水量，此段時間叫做減速乾燥期，減速乾燥期較恆速乾燥期所能移走的水分比較少，而時間比較久，在平衡水分含量時，乾燥速率為0，這是在已定條件下所能得到的最低含水量。

　　影響乾燥速度的因素如下：物品表面積愈大、物品表面溫度愈低、空氣乾燥溫度愈高、空氣流速愈大則脫水速率愈快，乾燥方法及設備的選擇取決於許多的因素，包括被乾燥食品的特性及乾燥機的經濟性、可靠性及價格等，乾燥的方法可大略分為直接接觸者、間接接觸者及其他三大項、各式乾燥機的特性，可以由設備製造商得到建議之後才做適當的選擇。

小博士解說

同時測量乾球溫度及濕球溫度，就能得到準確的相對濕度、把食品密閉在某個空間而測其相對濕度，就是食品的水活性Aw。

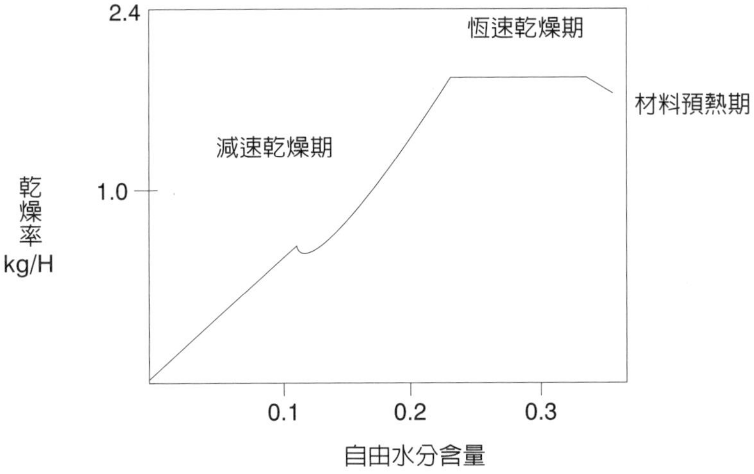
2.4
恆速乾燥期
材料預熱期
減速乾燥期
乾燥率
kg/H
1.0
0.1
0.2
0.3
自由水分含量

乾燥方法

直接接觸法
—太陽乾燥機
—箱式乾燥機
—窯式乾燥機
—盤式乾燥機
—隧道式乾燥機
—帶式乾燥機
—流動床乾燥機
—旋轉式乾燥機
—噴霧乾燥機

間接接觸法
—滾筒式乾燥機

其他方法
—紅外線乾燥機
—微波乾燥機

+ 知識補充站

抑制微生物生長的水活性：
細菌：Aw 0.90以下
耐鹽性細菌：Aw 0.75以下
酵母菌：Aw 0.88以下
耐旱性黴菌：Aw 0.65以下
黴菌：Aw 0.80以下
耐滲透壓酵母菌：Aw 0.60以下

16.5 食品冷凍

顏文義

　　所謂食品冷凍，是在冷凍食品工廠的作業系統中，利用產業型的凍結的設備，把經過前處理及加工烹調後的食品「快速凍結」，而不是把食品直接放進一般的冷凍庫。

　　食品要完成快速凍結，凍結設備Industrial freezers有許多種設計，依照熱傳導的方式，可以分成三種：

1. 強風式凍結器：利用–35～–45℃的冷空氣快速吹過食品以完成凍結，如下圖所示。由於利用冷風運作方便，這種冷凍機型設計有很多種。

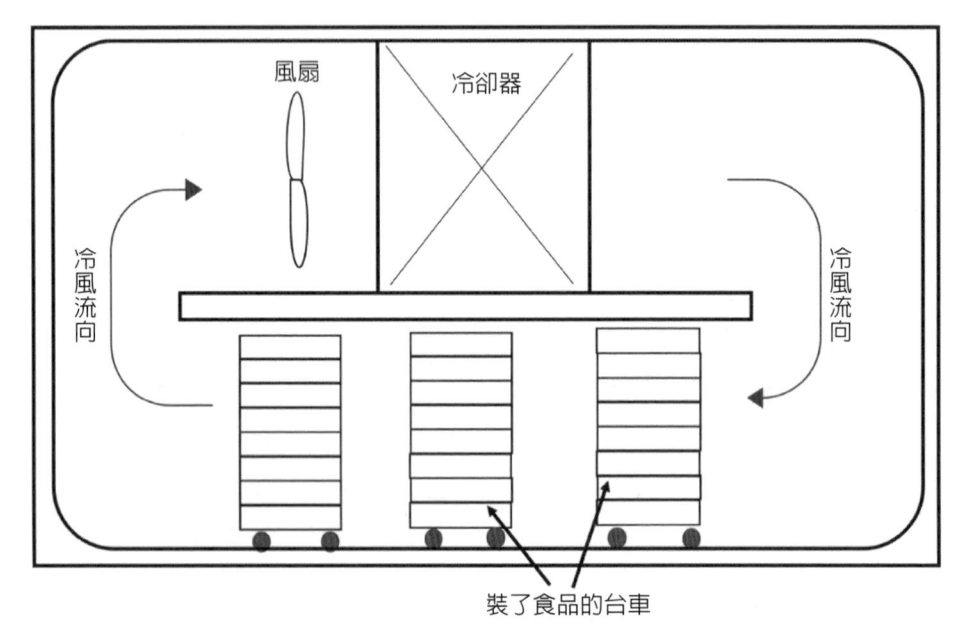

批次式強風快速凍結設備

2. 接觸式凍結器：利用–25～–35℃的冷媒和食品接觸以完成凍結。
3. 液態氮凍結器：利用液態氮和食品接觸，吸取食品的熱量以完成凍結。液態氮凍結法的設備簡單，只是液態氮在凍結器中用一次就蒸發了，無法回收。

　　冷凍食品的特點就是能保持原來產品的品質而維持相當長的時間，要食用時只要解凍或直接加熱即可。在現代的工商社會，產品性質符合市場的需求，是以銷售量大增，產品種類也越來越多。不過所說的冷凍食品，應該符合以下定義：(1)採用優質的原料，先經過適當的前處理，(2)將食品快速凍結，(3)產品保存在–18℃以下，(4)產品有安全衛生的包裝。

　　浮動層式凍結器（fluidized bed freezer）的特點是強冷風由網狀輸送帶的底下往上吹，使食品快速凍結，適用於小型的食品，例如小蝦仁、薯條、毛豆仁。

冷凍食品的製造流程

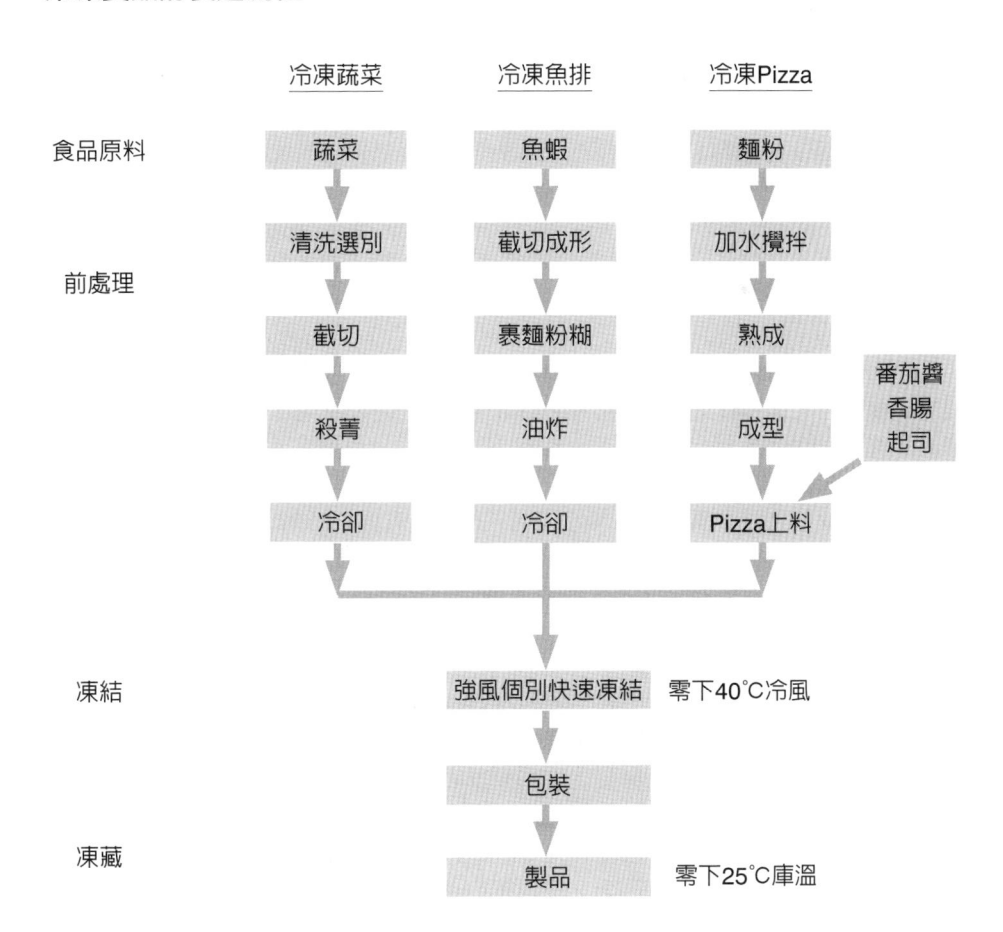

	冷凍蔬菜	冷凍魚排	冷凍Pizza
食品原料	蔬菜	魚蝦	麵粉
前處理	清洗選別	截切成形	加水攪拌
	截切	裹麵粉糊	熟成
	殺菁	油炸	成型
	冷卻	冷卻	Pizza上料 ← 番茄醬／香腸／起司
凍結	強風個別快速凍結　零下40°C冷風		
	包裝		
凍藏	製品　零下25°C庫溫		

浮動層式凍結器

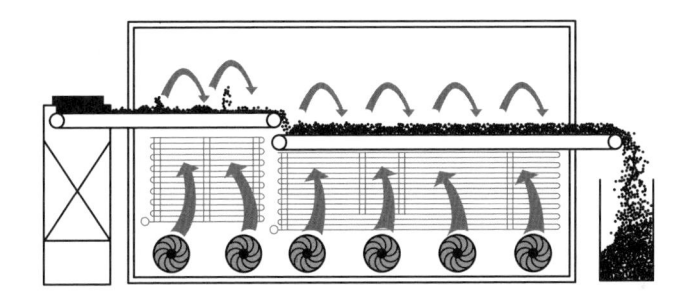

16.6 食品殺菁

李明清

　　殺菁一般用來處理固體的食品，蔬菜和水果是常見的物品，它是一種溫和的加熱處理，主要是要讓固體食品中酵素鈍化或不活化，或者說防止酵素在食品冷藏、凍藏或脫水食品中作用，以獲得貯藏的穩定性。使酵素失去活性是殺菁的主要目的，因為水果與蔬菜中的很多酵素在貯藏的低溫中仍然保持著活性而會造成產品品質的變壞，脫水時的溫度不會使酵素失去活性，因此很多食品在脫水前進行殺菁，殺菁可以去除水果或蔬菜細胞間的空氣，有利於罐藏品的封罐作業，殺菁的鈍化酵素，也可防止產品在溫度上升到商業滅菌溫度時的品質損失，所以殺菁常常是蔬菜與水果加工的前置作業。

　　殺菁的對象為固體粒子，粒子的表面可以很快達到所需溫度，但是中心溫度的上升是非常緩慢的，它的快慢取決於物體的熱傳導度，而酵素系統在產品顆粒的中心比在表面具有更大的活性，因此，殺菁一定要以顆粒中心達到殺菁所需的溫度之後，維持多少時間為殺菁的鈍化酵素標準。

　　中心溫度要達到殺菁溫度的快慢與下列五個因素有關：1. 較高的加熱介質溫度，2. 較高的對流傳熱係數，3. 物質的熱傳導率，4. 粒子的大小，5. 粒子的形狀。前面三個因素只要加熱介質選定及被加熱粒子確定，則幾乎沒法再改變，加熱介質的溫度，在殺菁時一般在常壓操作，因此溫度最高為100℃，能改變的只有粒子的大小及形狀，而粒子大小的影響又比粒子形狀來的大。因此，在殺菁操作時，如何在前處理控制粒子的大小，將是主要控制粒子中心達到殺菁溫度快慢的手段。

　　相對於劇烈的熱處理，殺菁對於品質的影響是比較溫和的，但多少也會對於品質降低有所影響，如何在貨架期的延長與產品品質損失的減少，取得平衡，是熱處理時對於參數選擇的一個重要依據，在多數情況下，色、香、味的變化與產品中的熱敏感成分有關，例如維生素就相當熱敏感，殺菁處理對品質影響相當複雜，對於水果和蔬菜中營養素的影響將取決於各種因素，例如產品的成熟度及殺菁前處理等，產品體積表面比以及加熱冷卻的介質，都將影響營養素的保留，殺菁對於色澤與風味的影響會類似營養素的保留一樣，熱處理使質地軟化的影響，有時是積極的，有時是消極的。一般而言高溫短時間的殺菁處理，可以增強品質特性的保留。

　　加熱及冷卻介質中，熱對流傳熱係數的高低依蒸汽、熱水、冷水、冷空氣的順序排序；對熱敏感產品通常用蒸汽，熱較不敏感的使用熱水，冷空氣比冷水的熱對流差很多，但有些粒子表層物質在水中會損失者，則使用空氣冷卻。殺菁是一種連續方式，通常是使用輸送帶輸送產品通過蒸汽或熱水的處理程序；而要高溫短時間殺菁的處理可以使用如圖示的IQB處理。

小博士解說

使用IQB最能體現高溫短時間殺菁處理，將貨架期的延長與產品品質損失的減少做到最好的平衡。

食品殺菁流程

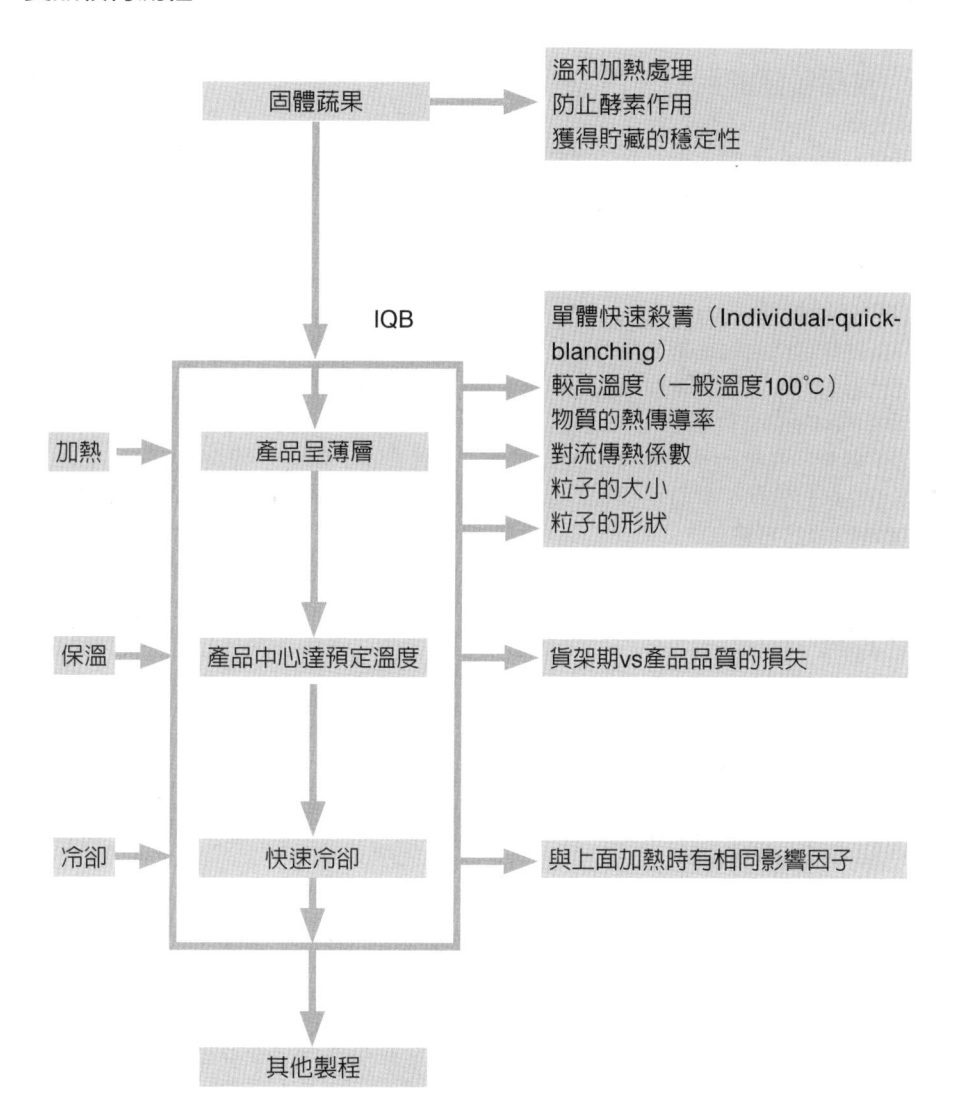

```
固體蔬果 ──▶ 溫和加熱處理
             防止酵素作用
             獲得貯藏的穩定性
   │
   │ IQB
   ▼
加熱 ──▶ 產品呈薄層 ──▶ 單體快速殺菁（Individual-quick-blanching）
                   ──▶ 較高溫度（一般溫度100°C）
                   ──▶ 物質的熱傳導率
                   ──▶ 對流傳熱係數
                       粒子的大小
                   ──▶ 粒子的形狀
   │
   ▼
保溫 ──▶ 產品中心達預定溫度 ──▶ 貨架期vs產品品質的損失
   │
   ▼
冷卻 ──▶ 快速冷卻 ──▶ 與上面加熱時有相同影響因子
           │
           ▼
         其他製程
```

➕ 知識補充站

物質中心溫度要快速達到預定溫度的主要可控制因子是粒子的大小。

16.7 食品殺菌（一）

施泰嶽

一、食品殺菌的目的

食品是人類賴以生存的最基本物質條件，食品安全直接關係到人類的身體健康和生命安全。食品會因微生物的存在與繁殖，而使品質改變以致腐敗，因此食品殺菌就成為食品加工中的重要操作單元，即通過殺滅腐敗菌和致病菌來延長產品的貯藏期，保證產品的安全。

二、加熱殺菌法

1. 加熱殺菌原理

利用熱穿透微生物細胞，使微生物之蛋白質、酵素等因加熱變性而失去正常生理機能及代謝功能，微生物也因無法代謝而不產生毒性。其加熱之程度會受包括食物中所含微生物的種類及生長變化、食物中之水分、pH值及其他組成分等因素影響。一般而言，微生物在酸性情況下對熱比較敏感，因此食品工廠常依據食品之pH，而把食品區分為酸性食品、中酸性食品、低酸性食品等，來訂定所需加熱處理之程度。

2. 加熱殺菌的方法

(1) 絕對無菌滅菌法（sterilization）

將所有微生物及孢子，完全加熱殺滅的處理方法，稱為絕對無菌法。要達到完全無菌之程度，必須使食品中的每一部位均接受121°C之高溫加熱15分鐘以上的殺菌處理，但有些罐頭食品之內容物傳熱速度相當慢，可能需經過長的殺菌時間才能達完全無菌，此時可能減低食品的營養價值。

(2) 商業滅菌法（commercial sterilization）

將病原菌、毒素產生菌及在食品上造成食品腐敗的微生物殺滅，但可能殘存有耐熱性孢子，不過，在常溫無冷藏狀況的商業儲運過程中，不得有微生物再繁殖，並且無害人體健康，此種殺菌處理稱為商業滅菌法。有下列方法：

①高溫短時間殺菌法（high temperature short time, HTST）：例如果汁經93～95°C，30秒的殺菌處理，對食品中色香味及營養等品質破壞之程度，比「低溫長時間」殺菌法者低，但殺滅微生物的程度是相同的。

②超高溫瞬間殺菌法（ultra high temperature sterilization, UHT）：以125～140°C加熱2秒至數秒（依產品屬性不同而各有差異）。利用此方法最不會破壞食品的風味和營養價值，並且可以殺死耐熱性孢子，保久乳即採用此方法殺菌。

(3) 巴斯德殺菌法（pasteurization）

巴氏殺菌即低溫保持式殺菌法。法國微生物學家巴斯德於1863年實驗證明，如果原奶加工時溫度超過85°C，則其中的營養物質會被大量破壞，但如果低於85°C時，則其營養物質會被保留，且有害菌大部分被殺滅，可防止有害菌的繁殖。巴氏殺菌方法一般是加熱到61.1～65.6°C之間保持30分鐘。

板式殺菌機系統流程

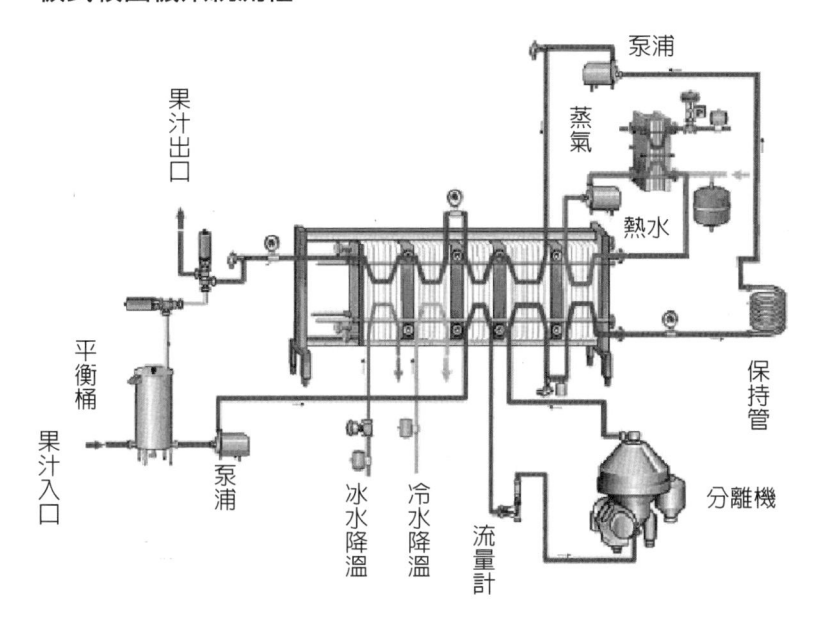

果汁管內壓力必需高於熱媒與冷媒的管內壓力，以避免受冷、熱媒的汙染。

板式殺菌機

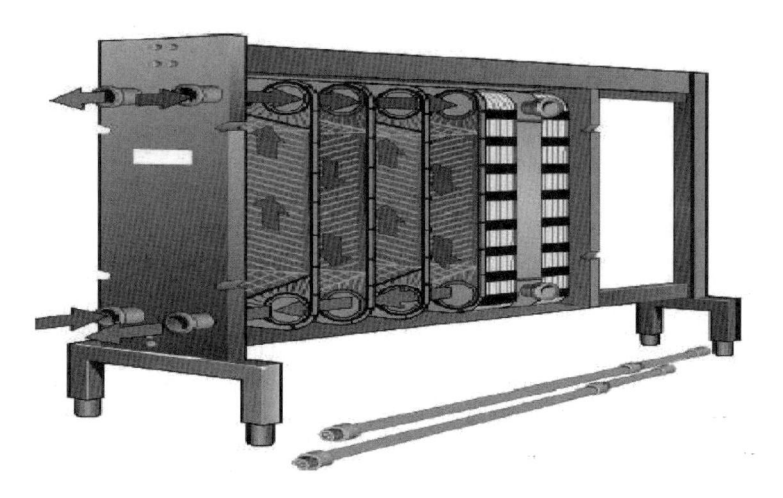

16.8 食品殺菌（二）

施泰嶽

3. 加熱殺菌設備
(1) 高壓殺菌釜（retort）

　　蒸汽式殺菌釜：食品裝到釜裡後需先加入蒸氣將釜內的空氣徹底排出，然後再進蒸汽升溫，因在殺菌過程中釜內若存在空氣會出現冷點，致使熱分布不均勻。在殺菌完成後（121℃加熱10～30分鐘，依產品性狀不同而各異），需進行加空氣壓冷卻，因此時高溫的產品內壓高於大氣壓。

(2) 管式殺菌機

　　本機是一種結構簡單、製造容易、維護容易的設備。本機用數支 φ 19～38mm傳熱長管置於圓筒型外套內，果汁在管內流動，熱媒則在管與套筒間以相對方向流動進行熱交換。為使管內果汁能達到均勻加熱，新進傳熱管內部有螺旋線加工，促使果汁在管內旋轉流動。本機常用在乳品及飲料的殺菌，包括果蔬汁（包含有果纖）、糖液、茶液、水等相關產品。下頁圖即管式殺菌機圖示。

(3) 板式殺菌機

　　本機是由板厚0.8～1.5mm的不鏽鋼板，其入口、出口開孔不同的傳熱板片二種各數拾片組成。板面具有突凹溝，二板間隙3～5mm。如上圖示，果汁流經一面，熱媒流經另一面而得到熱交換的效果。本機不適用於有果纖的果汁，因它易附著於板片間而焦化，影響熱傳效率及風味。

(4) 刮板式熱交換機

　　對高黏性流體的處理較困難，需要額外增設刮板，利用機械能使黏性流體在熱交換過程形成亂流來達成穩定之熱交換。

三、其他殺菌法

1. 放射線照射法（又稱冷殺菌法）

　　運用電子光束或其他放射線殺菌，主要原理是破壞微生物的去氧核糖核酸（DNA）及核糖核酸（RNA）等以導致其死亡，如紫外線殺菌。

2. 高壓殺菌法

　　主要是破壞微生物的細胞壁，使蛋白質凝固，抑制酶的活性和DNA等遺傳物質。一般而言，壓力愈高殺菌效果愈好，食品在超高壓100～1000MPa壓力下，具有良好的滅菌效果。在400～600MPa的壓力下，可以殺滅細菌、酵母菌、黴菌。高壓、常溫滅菌，可被應用於所有含液體成分的固態或液態食物。

　　超高壓或放射線殺菌的優點：保留營養成分、產品口感佳、色澤天然、安全性高、保質期長。

臥式蒸氣殺菌釜

殺菌釜的型式有立式及臥式，靜置式及迴轉式，蒸氣式、水浴式及水淋式等分類。

管式殺菌機

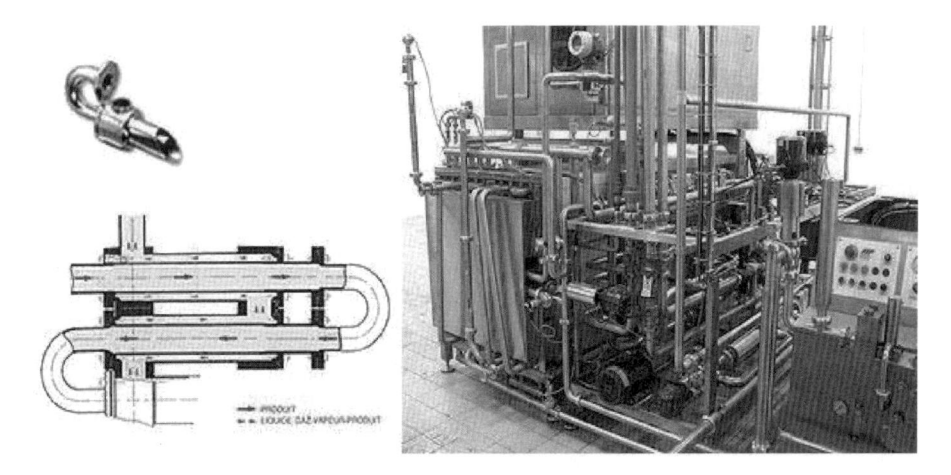

刮板式熱交換機

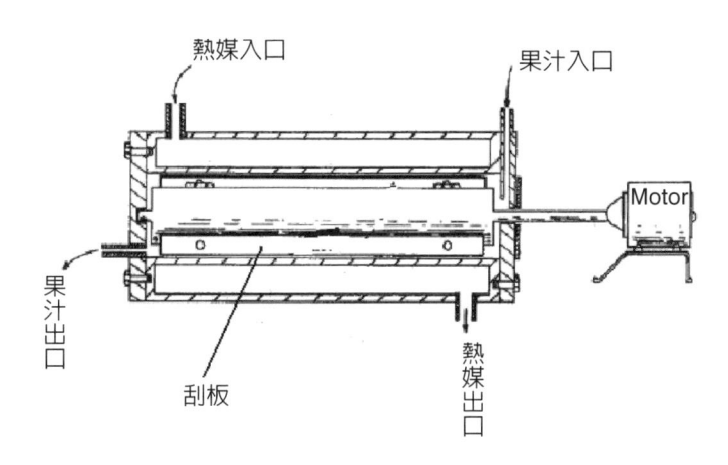

16.9 食品取樣方法

李明清

　　食品的加工管制，必須取有代表性的樣品，才能得到整批製造品質的實際情形，而食品的組成常常不整齊、不均勻，其成分含量因不同位置、不同地區及貯存而會有所不同，如何取得有代表性的樣品，在統計品管上面是影響品質管制的最重要參數。

　　單相的液體或者已經混合均勻的固體，只要把採取的樣本充分混合之後，秤取所需化驗的數量，即可完成取樣，如果不是已經混合均勻而且數量很大的液體，可用電動攪拌機攪和之後，以虹吸方法吸取所需的樣品數量，數量大的固體或者整包的顆粒狀原料，採樣之後，要先研磨然後再充分混合，再以四分法取樣，不需要研磨的粉末或少量的液體，可以將樣品放入二倍大體積的密閉容器中，反覆旋轉混合幾次，也可以由一個容器倒入另一個容器以達到混合的目的，然後送交化驗。

　　四分法是將研磨好的樣品或者是混合好的基本樣品，平鋪在一塊四角形的塑膠布上面，依照對角的順序拉起四個角，使樣品混合並堆向中央，反覆數次，讓樣品混合均勻，然後依照對角線把樣品分為四等分，留取相對的兩份，依照上面的方法，繼續混合及取樣，直到份量為所需化驗數量為止。

　　如果是油水所形成的不均勻樣品，以個別分離取樣為原則，如果分離困難，則以採樣器分別採取上下層樣品送化驗。數量大的堆積物，由頂點到底部，及由左向右，每半公尺取適當的樣品量，然後混合之，接著以上面介紹的四分法處理之後，取適當的量送化驗。

　　食品及原料的取樣雖然是小事情，但它影響品質管制卻是最大的影響因素，取樣方法有很多種類，也鮮少人去注意它，上面所列方法是一般通用的方法，實際上應用時，各廠家可以依照自己實際需求加以修正成為公司自己的方法。

小博士解說

取樣代表性與否是統計上第一件大事，統計上常常出現的與母體不同的結果，唯一的最大原因是沒有取到代表樣本。

食品取樣流程

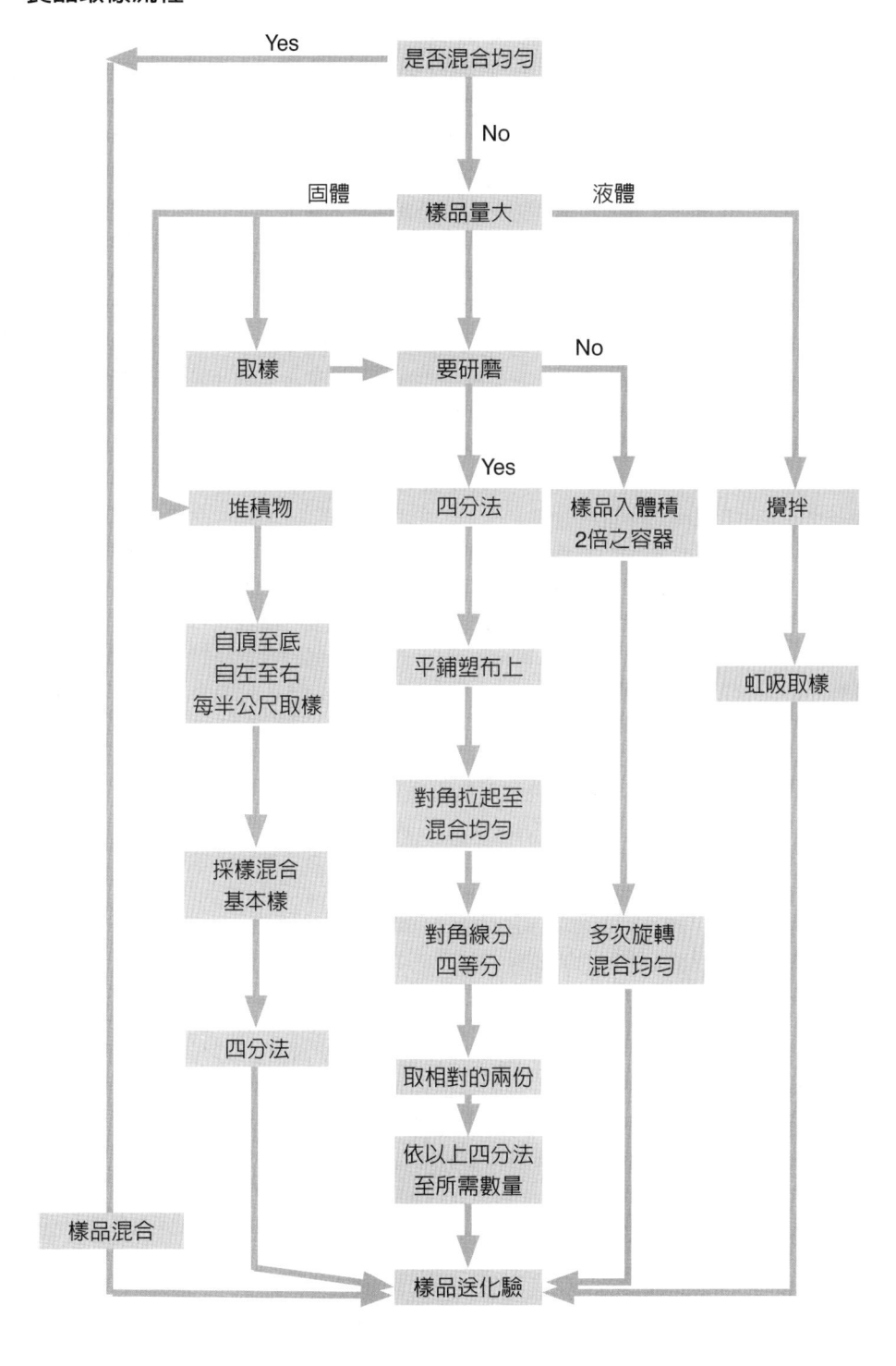

```
                    是否混合均勻
              Yes ←──────┬──────
                         │ No
                         ↓
              固體    樣品量大    液體
              ←────────┬────────→
                       │
              ↓        ↓                          ↓
            取樣 → 要研磨 ──No──→              攪拌
                       │ Yes                      ↓
              ↓        ↓         ↓               ↓
            堆積物   四分法   樣品入體積        虹吸取樣
                              2倍之容器
              ↓        ↓         ↓
           自頂至底  平鋪塑布上
           自左至右
           每半公尺取樣
              ↓        ↓
                    對角拉起至
                    混合均勻
              ↓        ↓         ↓
           採樣混合  對角線分   多次旋轉
           基本樣    四等分     混合均勻
              ↓        ↓
                    取相對的兩份
              ↓        ↓
            四分法   依以上四分法
                    至所需數量
              ↓        ↓         ↓
   樣品混合 ─→   樣品送化驗   ←──
```

16.10 機械再壓縮濃縮技術

李明清

　　濃縮是單元操作中一個很重要的單元，其目的是將溶液中的一部分水蒸發掉，以便得到一個比較濃的液體，而有利於下游製程的處理，傳統上會使用濃縮罐的設施來達到此目的，為了節省能源，濃縮罐會設計成為雙效或者多效的方式，把蒸發的水蒸氣再拿來使用，同時會抽真空來達到溫度差的效用，但畢竟有其極限存在，例如在味精的生產製程中，發酵之後一般會經過雙效濃縮罐，把發酵液（含GA8%）濃縮成比較濃的液體（含GA23%），而整個味精製程當中，當年的台北廠有幾乎40%的蒸氣能源就在此製程中被消耗掉了，它可以說是能源使用的最大頭。

　　低壓的水蒸氣，利用機械壓縮方式，可以提高壓力、提高溫度，成為可以再使用的能源，叫做機械再壓縮MVR（mechanical vapor recompression），它對節約能源的效用，幾乎等於七效濃縮罐的效益，其濃縮罐的加熱方式使用落膜式取代傳統的強制循環式，其傳熱的溫度差不能太大，因此，傳熱機構的設計以及蒸氣壓縮機的配套，就成為關鍵所在，當年本專案在台大教授的指導以及外商工程師的協助之下，終於完成了初步原型機的設計，使用Root Blower蒸氣壓縮機，以及台製優級加熱器（無縫不鏽鋼管），總預算約5500萬新台幣。

　　同時間，經由某代理商引進的西德Wiegand公司的turn-key Base整套濃縮設備，也成了另外的選項，當時的Wiegand公司是一家專門的濃縮設備製造廠家，在討論當中，由他們主動提出的氣體free NH_3會影響蒸氣凝縮溫度的降低，以及大型生產設備應採用feedforward control取代feedback control，足見他們有豐富的發酵產品的實務經驗，經過多方評估之後，最後以5000萬台幣的價格成交（有縫不鏽鋼管），完成之後，在接下來的一年內，濃縮收率效率的提升不算，光是能源費用就節省了5060萬。

　　設備在數年的運作當中，除了控制用的繼電器（Relay）因為不適合台灣多濕的氣候，而於當年春節停工期間全數更換之外，沒有其他的毛病，因為只有一套，如果故障將會使味精工廠全廠停工，造成公司很大的損失，在員工的荊荊業業之下，讓這套設備的運轉達到完美的地步，從無一次臨時的故障停工。

　　台灣味精同業，因為沒有經過前面的研究，不敢貿然引進，當看到實際的實績之後，隔年即馬上跟進，更把它引進海外廠使用，連當年來公司指導提升發酵技術的日本公司，看到效果之後也急忙引進使用，MVR系統真的幫了味精業界很大的忙。

小博士解說

因為設備貴，濃縮能力的大小會影響投資的回收

例子：蒸發量24t/h

　　　總投資5000萬台幣

　　　節省能源5060萬／年

能源大頭	濃縮	蒸氣使用大頭
	↓ 1976	
節能的壓力	MVR研究	日本任原公司 蒸氣壓縮機詢價
	↓ 1978	
Falling film	做實驗	落膜式濃縮機實驗 Root blower詢價
	↓ 1982	
建成鍋爐公司 台塑機械廠	設計及預算	台灣最好設備廠商 無縫不鏽鋼管
	↓	
西德wiegand 日本　住友	turn-key base　1984	廠商實績 廠商報價
	↓	
Free-NH$_3$影響 性能保證5%之內	評估	wiegand實績證實 簽約
	↓	
西德及歐洲訪問	執行	實地了解使用廠家-乳品廠 實地了解設計-電腦
	↓ 1985	
收率提升 能源節省	核對	總投資5000萬（24t/h蒸發量） 節省能源5060萬／年
	↓	
味精業界	benchmarking 　　　1986	台灣同業跟進 日本同業跟進

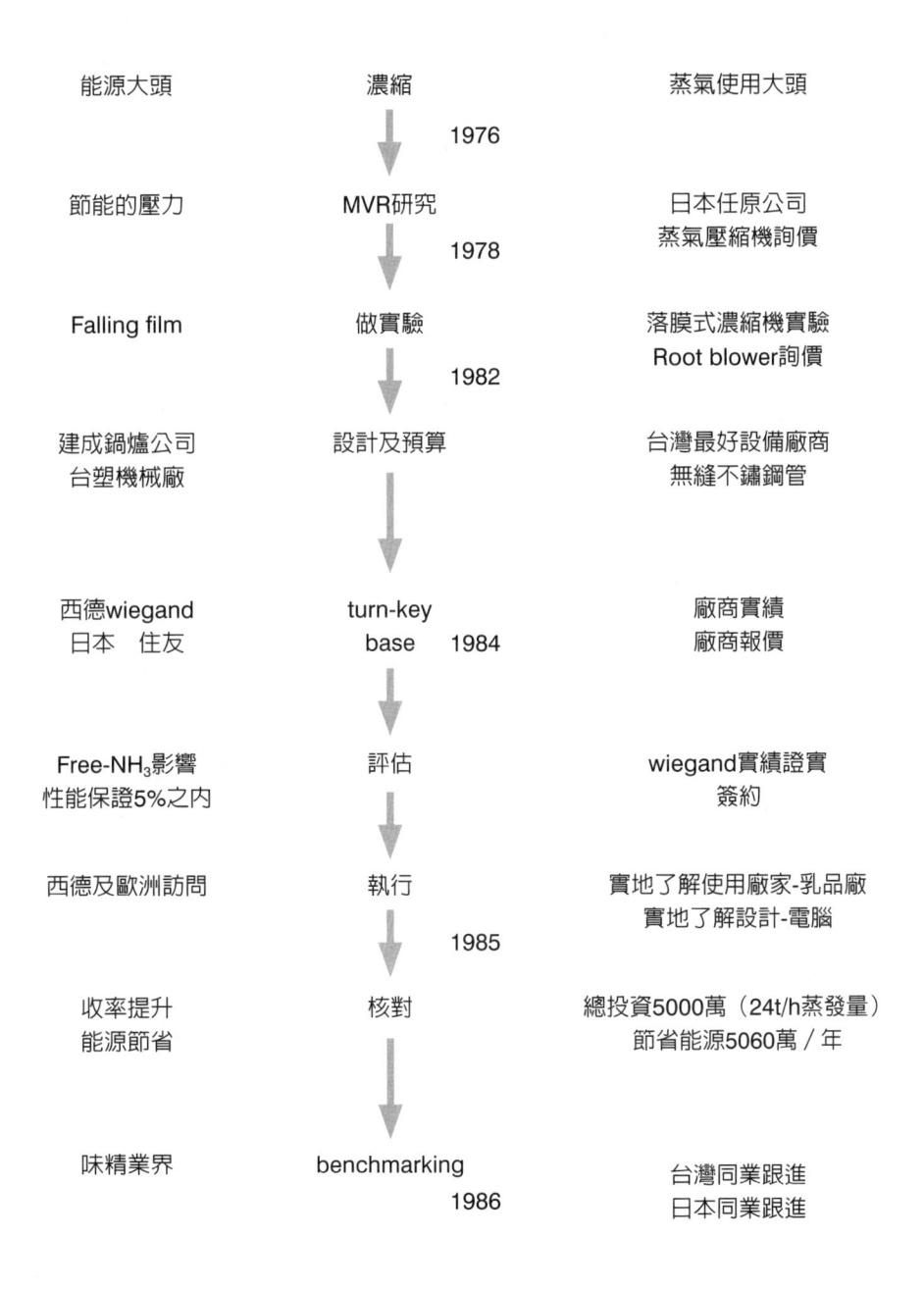

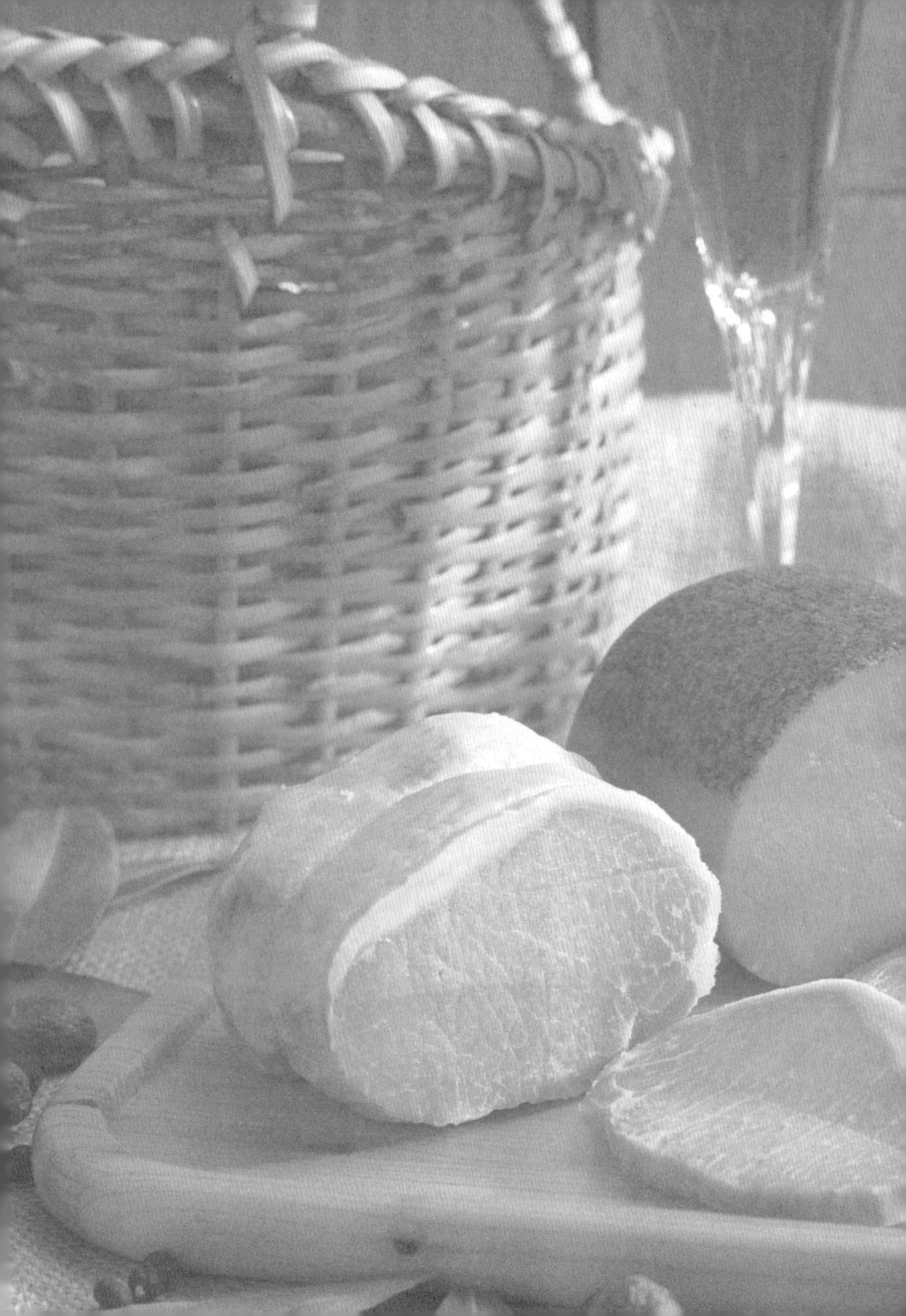

第17章
食品加工的新技術

17.1　超臨界萃取技術

17.2　殺菌袋製作技術

17.3　高壓加工技術

17.4　薄膜技術

17.5　膜分離新技術

17.6　熱泵省能源新技術

17.1 超臨界萃取技術

李明清

　　超臨界萃取技術使用的溶劑有CO_2、NH_3、N_2O等，其中以CO_2最常被使用，它的優點在於低溫高壓下操作，熱分解作用小及不殘留溶劑等，而溫度及壓力可以容易控制以適應不同物質的萃取，CO_2的臨界溫度為31.1℃，而且在常溫常壓之下為氣體狀態，無毒、回收容易、價格低，不會有氧化作用或化學反應，也不會爆炸產生火災，終於使得應用CO_2做溶劑的萃取技術成為今日食品加工的新主流。

　　超臨界CO_2是一種介於氣體和液體之間的流體，它具有液體的溶解性及氣體的擴散速率，可以加速萃取的速度，而控制的主要參數為溫度及壓力，在控制的領域，它們是比較容易控制的項目，對於萃取的操作容易上手，而常壓下成為氣體狀態，則有利於分離的操作。

　　壓縮機是整個系統的中心，它是提供壓力的來源，也可以使用隔膜泵（幫浦）來做為壓力源，隔膜泵因為沒有直接接觸，不會汙染產品。壓縮之後的CO_2經過加熱之後，送入耐高壓高溫的萃取反應槽，槽體一般使用不鏽鋼製作，如果有密封襯墊，則以鐵弗龍為佳，萃取槽的溫度及壓力的控制系統，將影響萃取的效率高低，樣品的前處理（破碎、調溼、加酸鹼等）也是重要的影響因素，溶劑中有時也會加入醇類等來增加萃取物的溶解度，萃取會隨時間而增加萃取量，但斜率（單位時間萃取率）則愈來愈小，萃取的流量如果增加，一般會提高萃取率，但是會有一個最佳量，太高無益。萃取溫度上升萃取率反而下降，是因為溫度高的時候，CO_2分子間距大，它與溶質的結合作用力小的緣故，而越接近臨界溫度，萃取率愈高，萃取壓力升高則萃取率上升，萃取壓力可以說是萃取過程中最重要的參數，分離槽之中，可以收集萃取物，而CO_2則分離出來，重新使用，不足的部分則補入新CO_2而完成萃取循環。

　　食品加工上，超臨界萃取技術使用於紅茶、咖啡的芳香成分萃取、香辛料、色素及風味成分萃取，啤酒花萃取、食用油脂精製等，近來利用超臨界CO_2去除白米表面殘留的油脂，防止油脂氧化，延長白米儲存時間，提高米飯的香味，而經過CO_2處理的糙米，對其味道及易炊性也幫助很大，在釀酒工業中，提升酯化及酵素反應中，此技術也起到了促進作用。

小博士解說

CO_2超臨界最大優勢是溶劑CO_2的優越性，CO_2是惰性氣體，很多平常的影響因素都可以去除，除此之外，便宜也是它的很大優點。

壓力

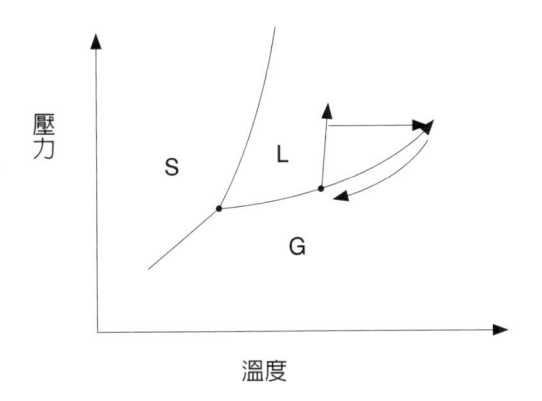

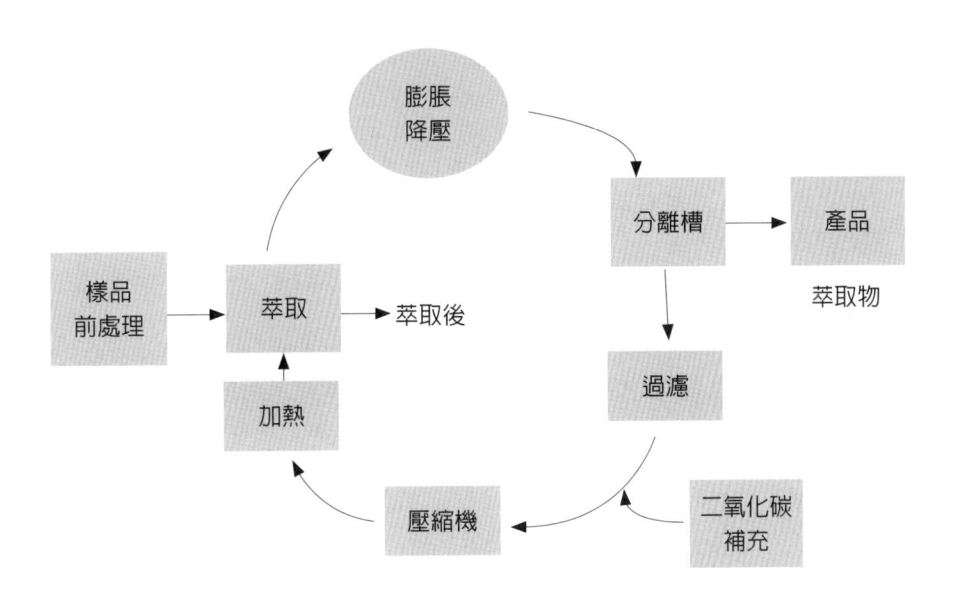

S　　L

G

溫度

樣品前處理 → 萃取 → 萃取後

萃取 ← 加熱 ← 壓縮機 ← 二氧化碳補充

膨脹降壓 → 分離槽 → 產品 萃取物

分離槽 → 過濾 → 壓縮機

+ 知識補充站
利用CO_2在氣體及液體的界限上來操作時，可以同時擁有氣體和液體的特性而增加萃取效率。

17.2 殺菌袋製作技術

林慧美／尤俊森

　　殺菌袋（flexible retort pouches）俗稱軟性罐頭，最初是美國軍方為了改善金屬罐頭的缺點，在1958～1959年間由美國陸軍Natick研究所、Continental Can公司及Reynolds Metal公司開始共同開發，其間對軟袋的包裝材料、細菌試驗、殺菌設備及製程進行廣泛的研究後，1970年美國陸軍殺菌袋食品取得美國USDA的認可，完成殺菌袋產品的開發。

　　殺菌袋食品的殺菌溫度通常在100～140℃之間，包裝材料也會因為食品的種類及殺菌溫度有所不同。殺菌袋的包裝材質通常分為含有金屬鋁箔的積層軟袋及不含金屬鋁箔積層軟袋兩大類。金屬鋁箔積層袋的氣密性及遮光性佳，產品通常可以在常溫下保存2年以上。如果以透明袋包裝的產品，因為氣密性及透光性的問題，影響產品保存期間的風味變化，保存期限會較短。殺菌袋食品有醬類、湯類、果凍產品、水產加工品、各種蔬菜加工品、肉類加工品等各種不同的產品。加工的工程會因原料的差異有不同的加工設計，這裡以咖哩牛肉的製造流程用以說明殺菌袋調理食品的製造原理。

1. **牛肉原料調理**：冷凍牛肉解凍後截切成適當大小的肉塊，將肉塊水煮加熱到中心溫度65～70℃的目標，使蛋白質適度的變性後冷卻等待充填。
2. **蔬菜類原料調理**：蔬菜原料經適當清洗去皮後，截切成需求的大小。將蔬菜適度殺菁（Blanching）使組織軟化同時讓蔬菜的酵素不活化，在後續加工過程維持蔬菜的顏色及風味。
3. **咖哩醬調理**：咖哩粉、小麥粉及油脂炒焙作成咖哩麵糊，將水、咖哩麵糊、蒜、薑、洋蔥、調味料及其他素材混合調製成咖哩醬。
4. **充填**：一定量的牛肉及蔬菜等固形物計量後，固形物及咖哩醬個別充填到軟袋中。
5. **密封**：殺菌軟袋是利用熱溶融密封，包裝設備通常採用熱板（Hot-bar seal）或瞬間電流（Impulse seal）加熱密封。溫度、時間及壓力是影響密封性最主要的因素，其次是包裝設備的設計。
6. **加熱殺菌**：根據台灣食品藥物管理局在「罐頭食品良好衛生規範」內規定，低酸性殺菌軟袋產品之殺菌條件應由對低酸性罐頭食品殺菌專門知識之機構訂定，且其產品殺菌值（F_0）應大於等於三。在台灣殺菌軟袋殺菌條件的溫度大約在113～130℃之間，影響殺菌時間的因子有殺菌溫度、包裝大小、固形物的大小及重量、醬汁的重量及稠度、產品初溫、殺菌設備、排列方式等。
7. **產品的安全性確認**：為了確認殺菌袋產品的安全性，同一批製品必須適當取樣將樣品放在37℃保溫箱內保溫10天（Incubation Test）。保溫產品如果發現有變敗發生，該批產品要廢棄同時檢討發生變敗的原因。
8. **殺菌軟袋殺菌安全評估的三要素**：(1) 殺菌機溫度平衡時間：熱分布試驗（Heat Distribution Test）；(2) 產品殺菌值（F_0值）評估：熱穿透試驗（Heat Penetration Test）；(3) 殺菌後產品安全評估：保溫試驗（Incubation Test）。

咖哩牛肉殺菌袋流程

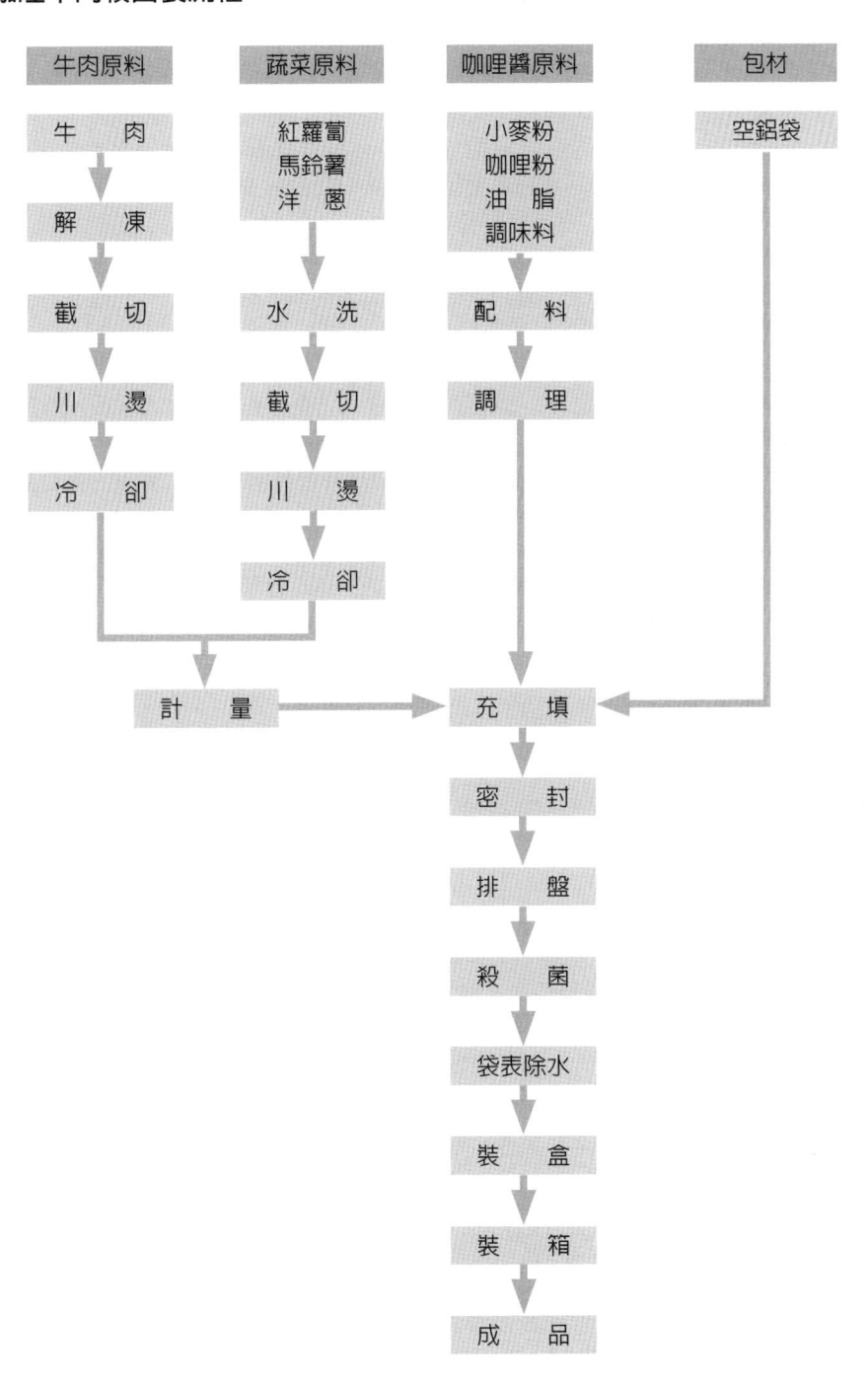

```
牛肉原料              蔬菜原料              咖哩醬原料            包材
   │                    │                    │                  │
  牛 肉               紅蘿蔔              小麥粉              空鋁袋
   │                 馬鈴薯              咖哩粉                │
  解 凍               洋 蔥               油 脂                │
   │                    │                 調味料               │
  截 切               水 洗                │                  │
   │                    │                 配 料                │
  川 燙               截 切                │                  │
   │                    │                 調 理                │
  冷 卻               川 燙                │                  │
   │                    │                  │                  │
   │                  冷 卻                │                  │
   └──────→ 計 量 ←─────┘                  │                  │
                │                          │                  │
                └──────────→  充 填  ←─────┴──────────────────┘
                                │
                              密 封
                                │
                              排 盤
                                │
                              殺 菌
                                │
                             袋表除水
                                │
                              裝 盒
                                │
                              裝 箱
                                │
                              成 品
```

17.3 高壓加工技術

顏文義

　　高壓加工技術（High pressure processing, HPP）是將食品置於液體中，在常溫下施加非常高的壓力（3000～6000 Atm），並保持一段時間，而達到食品殺菌的作用。

　　食品的高壓加工技術是一種物理的操作，又稱為高靜水壓加工技術（High hydrostatic pressure processing）或超高壓加工技術（Ultra high-pressure processing），不同於一般加熱的食品滅菌方法，它利用400 MPa以上的壓力使食品中微生物失活，減少病原菌及食物腐敗菌的數量，以達到延長食品保存之目的，同時仍保有食品原有之營養價值、質地、色澤及天然風味，是一項非常適合熱敏感食品以及芽孢不易生長的高酸性食品之加工技術。

　　高壓加工屬於「冷殺菌技術」，可以視為為一種代替巴斯德殺菌（pasteurization）之非加熱殺菌法。它的特點是：1. 加壓處理過程中，液體介質（通常是水）傳遞壓力係瞬間而均勻的作用於產品上（巴斯卡原理），效率高、耗能低；2. 不受產品的形狀、大小、數量的影響；3. 產品的溫度有些微上升，每增加 100 MPa，溫度上升 3°C，如25°C的水經快速加壓至400 MPa時將會升溫12°C。

　　市面上已經有高壓加工技術利用在果汁果醬優格水產品以及即食肉品等商品，目前，HPP是即食肉品於「熱滅菌後再處理」的有效方法，被證實具有殺死肉品中常見的李斯特氏菌之能力；「熱滅菌後再處理」的目的是繼續殺死任何經熱加工過程中殘留的細菌，使得食品更安全。其次，高壓加工技術可抑制水果和蔬菜產品中的沙門氏菌（Salmonella）和大腸桿菌（E. coli）等食品病原菌，不僅能夠增強食品安全性，也可提升產品的價值，目前已有高壓技術應用在果汁、果醬與辣椒調味汁（Salsa）等產品上。

　　無需加熱的高壓殺菌對於生鮮之水產品而言是一獨特之技術，可用來抑制水產品中的病原菌生長，如牡蠣中汙染之弧菌（Vibrio），經高壓處理後之弧菌量可以減少至無法檢測才上市，以達到食品安全的要求。除此之外，高壓下（250至400 MPa加壓1～3分鐘）能將牡蠣、淡菜等貝類以及螃蟹、龍蝦等甲殼類之肉與殼完全分離，自動去除外殼（shucking），既不用鋒利的去殼刀，也不用強烈的熱處理；因此可節省加工成本與勞力，也可減少剝殼與加熱所導致肉之流失與蛋白質裂解。另外，在水產品之保存應用，魚肉經高壓處理後，不僅能抑制呈味成分之分解，也能延長魚肉之保存期限，改善產品之品質。

高壓加工處理食品的操作原理

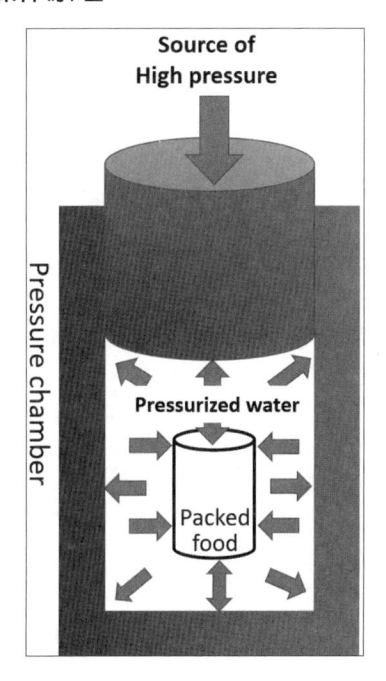

Source of High pressure

Pressure chamber

Pressurized water

Packed food

高壓加工處理食品的作業流程

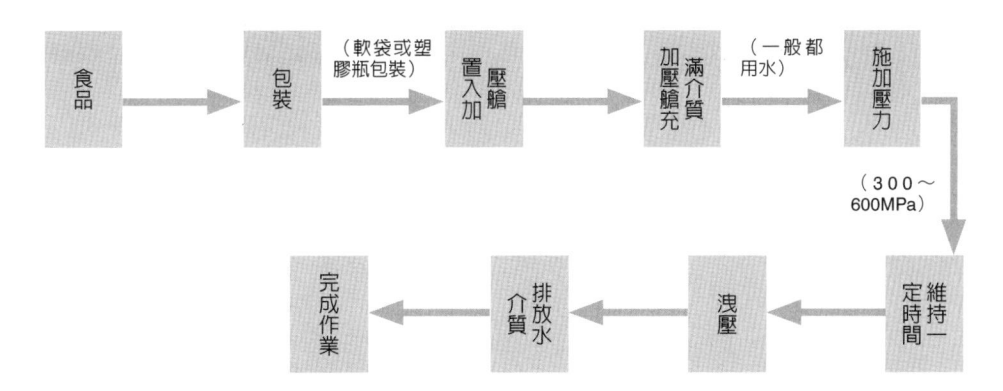

食品 → 包裝（軟袋或塑膠瓶包裝）→ 置入加壓艙 → 加壓艙充滿介質（一般都用水）→ 施加壓力（300～600MPa）→ 維持一定時間 → 洩壓 → 排放介質水 → 完成作業

＋ 知識補充站

1. 除了對食品冷殺菌還有其他效應，例如加速酒類熟成，蛋白質與澱粉的變性。
2. 高壓加工處理若配合提高高溫操作對高酸性產品可以有滅菌效果。
3. 一般操作的壓力範圍只有殺菌效果，對酵素不活化的作用有限，故產品處理過後仍然需要冷藏保存。

17.4 薄膜技術

李明清

膜分離是利用膜具有選擇的滲透性,也就是說膜只會讓某些分子通過的特性,它是以分子的大小來進行分離的,因此它可以把食品中的水分與其他成分分開而達到濃縮的目的,也可以把需要的大分子成分留在原液中而讓小於某大小之分子全部通過,而達到回收之目的,驅動這個作用的動力是膜兩邊的壓力差,以及兩側擴散的濃度差所共同構成。

一般應用膜分離技術比較成熟的有逆滲透、超過濾及微過濾,而它們主要的不同是逆滲透僅允許最小的分子(水和某些低分子鹽類)通過,而超過濾與微過濾是限制最大分子不能通過,而小於某分子的其他成分可以通過。如下頁圖所示,進料會分成截留液及通過液兩部分,而達到分離或濃縮的目的。

膜分離在食品加工技術上最大的優點,是被加工食品品質的變化很小,因為膜操作通常會在比較低的溫度下操作,對於熱敏感的物質,被熱分解的壞處可以降低很多,達到營養物質保存的目的,只有少數分子質量相對低的物質會通過膜而損失,因此比較起來,處理的食品品質會比其他分離方法得到的來得好很多。

膜分離技術的應用,主要著眼於操作壓力及膜的材質,因為要在比較高的壓力下操作,因此處理的濃度不能太低,如果是低濃度,大流量的處理,尤其像在氣態中之操作,將會使得動力太高而造成不經濟的能源消耗,例如利用膜回收貯槽的濃廢氣中之成分(高濃度、低流量)是很好的方法,但把它拿來回收製程的廢氣(一般為低濃度、高流量)就不適當了。

最早使用在工業上用的膜材料是乙酸纖維膜(cellulose acetate),這種膜有高的通透量和良好的阻鹽性,又容易製造,但是不耐高溫,對pH敏感(pH3～6適用),又會被氯破壞。慢慢的就被聚合物膜所取代,例如聚碸膜(polysulfone)能耐75℃高溫,有比較寬pH忍受度(pH1～13),及比較好的抗氯性能(50ppm之氯),但耐高壓仍不足,最近合成材料的發展一日千里,而有各種複合膜,及陶瓷膜的開發,這些膜將會在食品加工上發揮更大的作用。

小博士解說

選擇濾膜的材質,可以先把要處理的樣本物性收集清楚之後,請製造膜的廠商提供,因為他們有最佳的資料庫可供使用。

有機溶劑廢氣處理應用

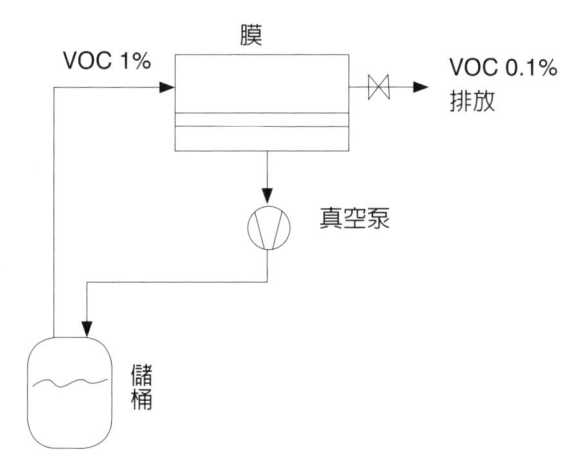

```
                    膜
      VOC 1% ──→ ┌─────┐ ──→ VOC 0.1%
                 │     │     排放
                 └──┬──┘
                    │
                    ↓
                   真空泵
                    │
                    ↓
                   儲桶
```

從啤酒中回收酵母

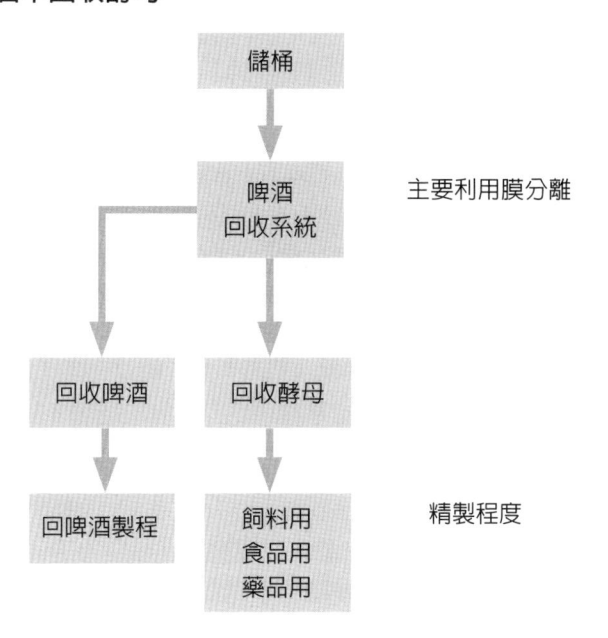

```
        儲桶
         ↓
       啤酒          主要利用膜分離
     回收系統
      ↙    ↘
  回收啤酒   回收酵母
     ↓         ↓
  回啤酒製程  飼料用     精製程度
            食品用
            藥品用
```

✚ 知識補充站

使用膜分離來把空氣中的雜菌去除，而得到無菌空氣，可以供給醱酵製程的好氣培養之用，是一個比較有利的方法（以0.2μm之濾膜可以去除空氣中之雜菌）。

17.5 膜分離新技術

李明清

　膜（Membrane）必須具有選擇透過性的功能，才能達成有效的分離。「膜過濾」是指在某種推力（如壓力差、電位差、濃度差等）的作用下，利用不同成分透膜速率上的差異，達到分離混合物（如溶液）中離子、分子及某些微粒子的過程。與傳統過濾最大不同的是，膜可以在分子或離子範圍內進行分離，並且是一種物理過程，不需發生相變化及添加助劑。

　1748年法國物理學家阿貝・諾里特（Abbe Nollet），把水與酒精分別置於豬膀胱的內外兩側，偶然地觀察到包覆在豬膀胱裡的水會自行擴散到膀胱外側的酒精中，發現此現象並命名為「滲透」現象。1960年，美國科學家勒布（Loeb）和蘇里拉詹（Sourirajan）研製出了世界第一張非對稱醋酸纖維素逆滲透膜，開創了膜過濾技術的新里程碑。

　膜技術的主要優點在其經濟性、過程簡單、沒有相變化。節能高效，無二次汙染、可在常溫下操作。特別適用於熱敏感性物質的處理，不需要添加物。在食品加工及生化技術領域有其獨特的適用性。主要缺點是濃差極化，膜結垢，以及膜壽命有限等。

　影響濾液通量的因素有：1.薄膜本身之特性（如：孔隙大小、孔隙面積、表面粗糙度及材料等）。2.溶液的性質（pH值與離子強度等）。3.操作條件的影響包含：(1)透膜壓差（Trans-Membrane Pressure difference, TMP）：在低透膜壓差下，濾速隨透膜壓差呈線性遞增，為壓力控制區域；而當透膜壓差逐漸增大，濃度極化現象漸趨明顯，濾速增加的趨勢變緩，最後濾速可能趨於一固定值是為極限濾速（limiting flux），此時濾速不再隨透膜壓差的改變而變化，此乃因濃度極化層之阻力隨著透膜壓差之增加而增加所致，此為質傳控制區。(2)進料濃度：進料濃度的增加會使溶質在濾膜表面累積的機率增大，導致阻力變大而降低濾速。此外濃度的改變亦會影響溶液的黏度、密度及擴散係數等物理性質，也就影響了濾速。(3)掃流速度的影響：掃流速度可以在薄膜表面形成剪切應力，使得溶質不易在表面堆積，因而可以減輕表面之濃度極化現象。隨著掃流速度的增大，濾速也隨之增大，但其影響仍有所極限。(4)溫度的影響：通常隨著操作溫度的增高，濾速也隨著增大。溫度的高低會影響流體的黏度。

　過濾過程中濾液通量衰減現象的原因，可以歸納成濃度極化（concentration polarization）及膜結垢（membranefouling）等兩個主要因素。

　濃度極化現象通常是一個可逆的過程，主要是因為過濾的進行，將溶質或粒子帶向濾材表面而形成一個高濃度的邊界層。此外固體微粒亦可能在濾膜表面上累積形成濾餅造成過濾的阻力。降低濃度極化及預防結垢可以採用的方法：1.透過清洗或逆洗的步驟來去除結垢物。2.利用薄膜模組內流場的設計來避免膜面上粒子的堆積及結垢，如膜面附加葉片攪拌、掃流方式操作或於模組內置入擾流物等。3.降低膜材料對進料粒子的親和性來減低結垢物的堆積與吸附。4.其他，如外加震波、超音波、電場或磁

場來減少結垢等。

　膜結垢是指處理物料中的微粒、膠體顆粒及溶質大分子，由於與膜存在物理、化學或機械作用，而引起的在膜表面及膜孔內吸附和沉積，造成膜孔徑變小或阻塞，使膜通量及膜分離特性產生變化的現象，為一個不可逆的過程，此現象可能是由於粒子的吸附、流體力學特性、或是化學變化而發生。膜在長期過濾使用後膜表面可能產生沉積或結垢，對汙染膜定期清洗是必要的。

　物理性清洗—優點為不引入新汙染物，清洗步驟簡單，對膜汙染的初期有效，但清洗效果不能持久。1.熱水法：以膜材能耐的溫度，將汙染物軟化黏度下降，以低壓大水量循環沖洗。2.反沖洗：於膜的透過側加壓氣體或液體反向透膜，將膜面汙染物除去。3.機械刮除：於汙染的內壓管膜組件，採用海綿球反覆經過膜表面將汙垢刷除，適用於有機膠體為主要成分的汙染表面清洗。4.負壓清洗：在膜的功能側採用真空抽吸，以去除膜表面及膜內部汙染物。5.超音波清洗：利用超音波在水中引起劇烈紊流、氣穴及震動作用下：達到去除汙染目的，蛋白質汙染，可輔助NaOH + H_2O_2，頻率40Hz，強度2.85KW，水通量可恢復達93%。

　化學性清洗有：1.酸洗（去除硫酸鈣等無機鹽類）：使用專門洗劑或pH為2～3的鹽酸、檸檬酸、草酸等洗劑，循環清洗，或浸泡0.5～1.0小時之後以清水循環清洗。難溶解的無機鹽使用1%的EDTA處理。2.鹼洗（去除脂肪等有機膠體）：使用專門洗劑或pH為11～12的氫氧化鈉溶液，循環清洗，或浸泡0.5～1.0小時之後以清水循環清洗。3.酵素清洗（去除蛋白質、多糖、油脂、澱粉等）：添加0.5～1.5%的蛋白酶、澱粉酶等。4.氧化洗（細菌、病毒等）：1%左右的雙氧水或200～500mg/L的次氯酸鈉溶液處理。

＋ 知識補充站

　具有選擇性分離的功能薄膜材料：膜分離技術到2021年有長足的進步。
　依照驅動力分：1.壓力梯度（MF/UF/NF/RO/PV）。2.溫度梯度（MD）。3.濃度梯度（FO/DL）。4.電位梯度（ED/EDR/EDI）。
1. 微濾（MF）：0.1～10μm：分離乳酪蛋白、細菌、發酵菌體、微粒雜質等。
2. 超濾（UF）：0.005～0.1μm：分離乳清蛋白、蛋白質、膠體等大分子有機物。
3. 奈濾（NF）：0.0005～0.005μm：分離有機物（乳糖等小分子、二價鹽與一價鹽）。
4. 反滲透（RO）：分離（單價鹽類、大於100Da的有機溶質與水）。
5. （倒極）電透析（ED/EDR）：離子膜（氯化鈉等鹽水3%提濃到15～20%）。
6. 雙極膜：離子膜（把酸及鹼的鹽類製造成酸及鹼）。
7. 薄膜蒸餾（MD）：疏水膜。
8. 滲透蒸發（PV）：緻密（親水／疏水）膜。
9. 正滲透（FO）／透析（DL）／電除鹽（EDI）。

17.6 熱泵省能源新技術

李明清

　　熱能會自然地從溫度高的地方流轉到溫度低的地方。而熱泵可以從溫度低的空間吸收熱量並將其釋放給溫度高的空間來逆轉這一過程。就像水泵可以從低的地方把水打到高的地方一樣，因此就比照水泵叫它為熱泵。此過程需要輸入一定的外部能量來達成。熱泵能夠根據需要的空間提供加熱及冷卻來使用。1分的輸入能量大約可以吸收到3分的冷方能量，同時產生4分的熱方能量。

　　法國科學家卡諾認為最理想的機械效率應該具備：由帶著活塞的汽缸裡面的氣體所產生的等溫膨脹、絕熱膨脹、等溫壓縮、絕熱壓縮等四種循環過程（又稱卡諾循環）來達成。熱泵就是以少量的電能驅動壓縮機壓縮冷媒，利用冷媒相態的變化所產生大量的熱能；因冷媒在系統中，由液態變成氣態時，會產生吸熱作用，由氣態變成液態時，會產生排熱作用；如此一面吸熱，一面排熱，就達成製熱效果的作用，同時可以排出冷氣的功能。

　　在比較熱泵的工作性能時，會使用「coefficient of performance」這個詞來描述：它是有效熱量移動與工作需要的能量的比率cop來表示。熱泵由五大元件組成：冷媒、壓縮機、冷凝器、蒸發器、冷媒控制器等。壓縮機：以馬達為動力，將低壓低溫之氣態冷媒壓縮成高壓高溫之氣態冷媒。熱交換器：是將高壓高溫之氣態冷媒，經冷卻成高壓中溫之液態冷媒。冷媒控制器：主要作用是將高壓中溫液態冷媒降壓成低壓中溫之液態冷媒。蒸發器：是將低壓中溫液態冷媒蒸發吸熱成低溫低壓之氣態冷媒，當室內空氣流經蒸發器，此時冷媒吸收室內空氣之熱量而蒸發，造成流經蒸發器之室內空氣溫度下降，就達成冷氣目的。冷媒：是一種容易揮發的液體，在冷凍系統管路中循環作用。

　　使用熱泵產生熱水來取代既有的電熱水器或瓦斯熱水器，是一個相當省能源的方法，它大概會比天然瓦斯爐節省70%斯費，比電熱水器節省75%費，比桶裝瓦斯爐節省80%斯費，比柴油熱水爐節省80%費。

　　水對水熱泵冰熱水機是一台可同時提供冰水及熱水的設備，如果能夠好好規劃，將會對於能源的節省起到最大的效能。旅館業的住宿同時需要冷氣及熱水，是水對水熱泵冰熱水機應用最有利的行業。

　　工廠中如果碰到物料的乾燥，電熱以及蒸氣加熱是最常使用的方法，如果能源是主要考量的要素時，熱泵乾燥方式就是適當的方法。工廠一般使用的熱水溫度較高，要得到90度高溫熱水時必須使用CO_2當冷媒。設備費用約為正常冷媒的約6倍，投資時要列入運轉費用考慮。新冷媒的開發是未來的趨勢。

小博士解說

熱泵能夠根據需要的空間來提供加熱及冷卻。通常1分的輸入能量，大約可以達到吸收3分的冷方能量，同時產生4分的熱方能量。

基本原理

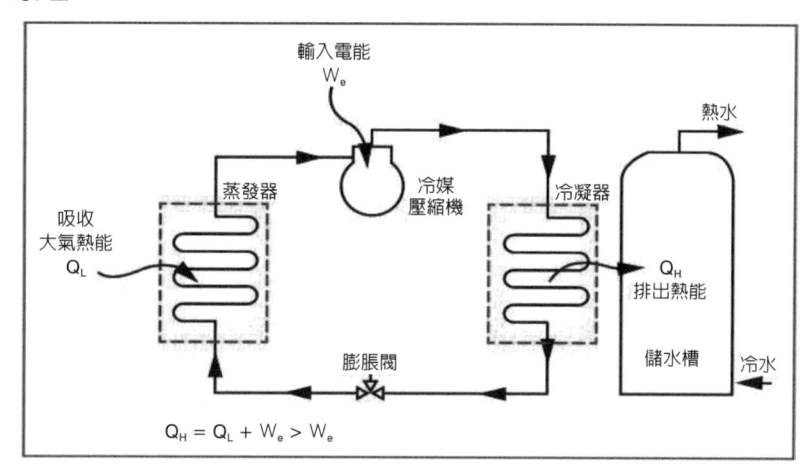

$Q_H = Q_L + W_e > W_e$

製造熱水

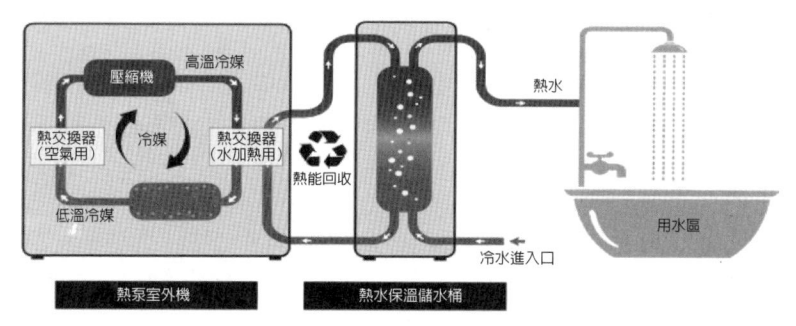

乾燥物料

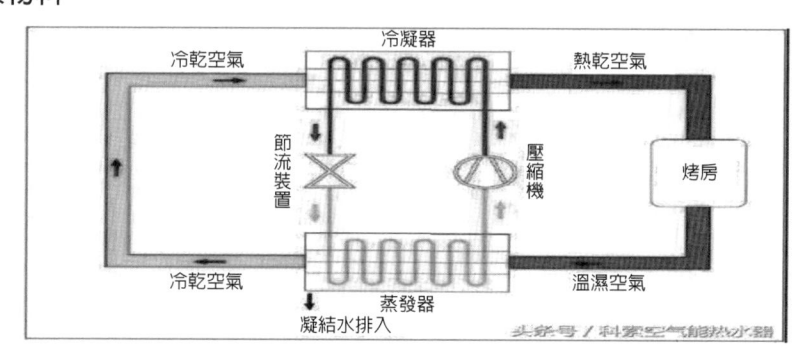

> **+ 知識補充站**
>
> 2024年新開發的環保中高溫冷媒R134A以及特高溫冷媒R245fa，使得熱泵的應用會是個熱門的項目。

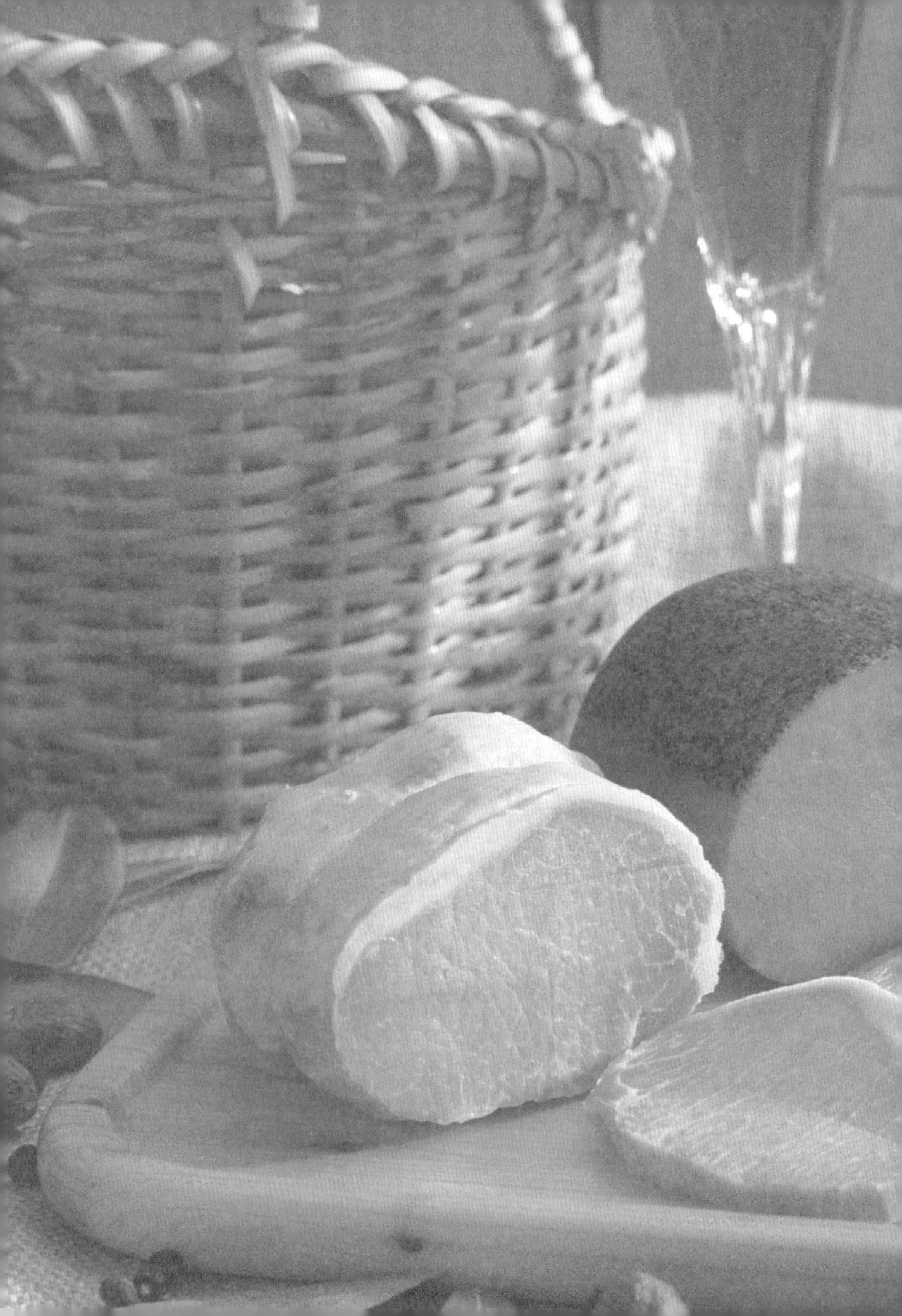

第18章
台灣食品加工未來的展望

18.1 台灣食品加工未來的展望

18.1 台灣食品加工未來的展望

李錦楓／李明清

　　台灣食品加工業未來發展方向，首推生物技術食品，生物技術為21世紀之明星產業，附加價值高、技術層次高、能源依存度低及汙染層度低的「二高、二低」策略性產業定義。國內食品加工業利用生物技術改良食品特性，提升食品營養價值、風味、去除食品不良特性、延長食品的儲存期限、節省能源、為目前發展重點。預估未來生物技術食品發展重點有三方向：一為發酵食品；二為機能性食品；三為食品添加物。

　　健康食品與保健食品為介於食品與藥品交界產品，為未來食品工業發展重點之一。此類產品有明確定義、功能定義及科學驗證，我國已於民國88年8月3日開始實施健康食品管理法。由於健康食品關係國人健康，市場大，潛在利潤高。目前衛福部公告之健康食品功效包括調節血脂、改善骨質疏鬆、免疫調節、腸胃道功能改善、牙齒保健、調節血糖與護肝等七大類，可供申請產品功能驗證。而一般食品經由適當之篩選、安全及功能評估之後成為保健食品及健康食品，甚至經由臨床確效而發展成為藥品之努力將更為積極。透過此發展歷程對於由食品發展至藥品將提供另一產業發展路徑，對提高加工食品附加價值及提升食品工業研發能力將有助益。

　　在保健食品發展上，功能訴求是保健食品的重要賣點，國內前12大具潛力的功能訴求排行依序為：改善性功能、減肥、延緩老化、防癌、美白美膚、預防骨質疏鬆症、增強免疫力、抗氧化、健胸、預防老人癡呆、調節血脂及膽固醇、促進肝臟機能。配合這些功能訴求的產品將是未來保健食品的發展方向。

　　地球的資源是有限的，用以維持人類生命的糧食，尤其是蛋白質食物的確保無論何時都是最重要的課題，聯合國農糧組織十分重視世界上未利用蛋白質資源的活用，海洋資源是首要目標，南極蝦及深海魚是一個重點中的重點，從廢水中生產單細胞蛋白質以及從牧草或其他植物葉片萃取蛋白質都是未來的重要工作。

　　隨著消費意識的覺醒，近年來以HACCP（危害分析重要管制點系統）觀念為主導的品質保證制度，已被歐美日等先進國家視為是確保食品安全最具保證度的品質管理系統，預期未來以HACCP制度為主體架構，結合ISO9000系列品質系統，將會成為國際間，食品流通之依據。為因應未來消費者對食品衛生安全要求的提高，食品加工業者除需符合食品衛生管理法強制要求之衛生安全制度外（如GHP、HACCP），更應自我要求，提升自主品管能力，利用參與自願性認證制度（如TQF），讓消費者能安心與滿意。

小博士解說

　　食品是一個良心事業，不但做出來的產品自己吃，也應該可以給自己最親近的人，自己的父母、自己的子女享用才對，誠實標示是食品加工業者最起碼的標準。

未來展望	生物技術的應用	傳統發酵技術 組織培養技術 固定化技術 生化工程 基因技術
	健康食品	健康訴求 機能保健
	未來資源	牧草資源 垃圾變黃金 海洋資源
	回歸人性的誠實	食品是良心事業 誠實的標示 自己做的自己可吃

✚ 知識補充站

　　食品其實是最好的藥品，從吃飽到吃好之後，台灣食品加工未來應朝健康訴求及兼顧地球資源的方向來努力，原料資源永遠是有限的，而技術的發展卻是無限的，回歸人性的誠實是食品加工最重要的精神指標。

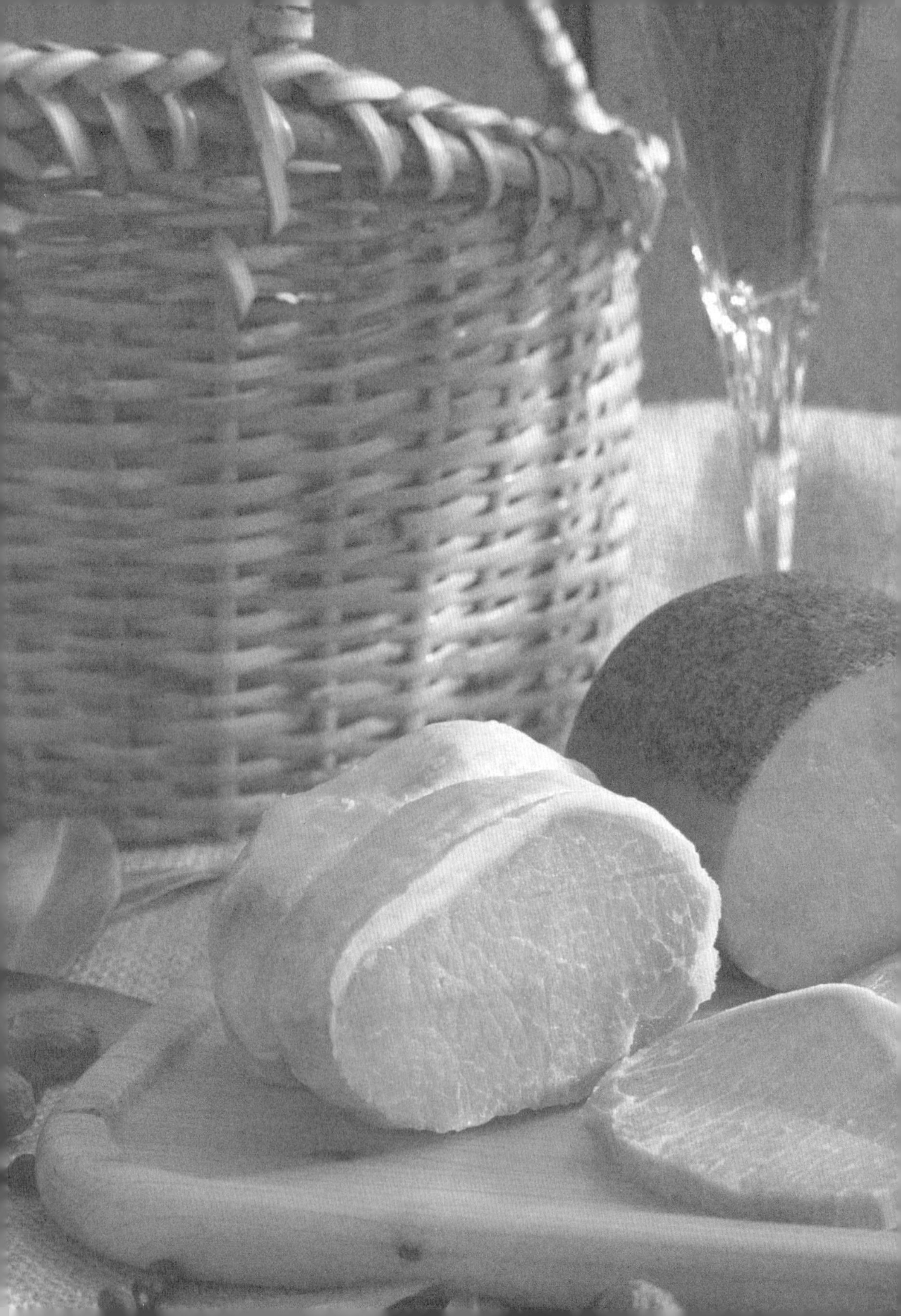

附錄一
食品安全衛生管理法

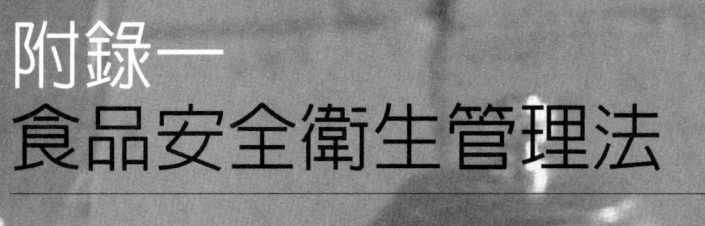

中華民國六十四年一月二十八日總統令公布
中華民國七十二年十一月十一日總統令修正公布
中華民國八十六年五月七日總統令修正公布
中華民國八十九年二月九日總統令修正公布
中華民國九十一年一月三十日總統令修正公布
中華民國九十七年六月十一日總統令修正公布
中華民國九十九年一月二十七日總統令修正公布
中華民國一百年六月二十二日總統令修正公布
中華民國一百零一年八月八日總統令修正公布
中華民國一百零二年六月十九日總統令修正公布
中華民國一百零三年二月五日總統令修正公布
中華民國一百零三年十二月十日總統令修正公布
中華民國一百零四年二月四日總統令修正公布
中華民國一百零四年十二月十六日總統令修正公布
中華民國一百零六年十一月十五日總統令修正公布
中華民國一百零七年一月二十四日總統令修正公布
中華民國一百零八年四月三日總統令修正公布
中華民國一百零八年四月十七日總統令修正公布
中華民國一百零八年六月十二日總統令修正公布

第一章　總　則

第　一　條　為管理食品衛生安全及品質，維護國民健康，特制定本法。

第　二　條　本法所稱主管機關：在中央為衛生福利主管機關；在直轄市為直轄市政府；在縣（市）為縣（市）政府。

第　二　條之一　為加強全國食品安全事務之協調、監督、推動及查緝，行政院應設食品安全會報，由行政院院長擔任召集人，召集相關部會首長、專家學者及民間團體代表共同組成，職司跨部會協調食品安全風險評估及管理措施，建立食品安全衛生之預警及稽核制度，至少每三個月開會一次，必要時得召開臨時會議。召集人應指定一名政務委員或部會首長擔任食品安全會報執行長，並由中央主管機關負責幕僚事務。

各直轄市、縣（市）政府應設食品安全會報，由各該直轄市、縣（市）政府首長擔任召集人，職司跨局處協調食品安全衛生管理措施，至少每三個月舉行會議一次。

第一項食品安全會報決議之事項，各相關部會應落實執行，行政

院應每季追蹤管考對外公告,並納入每年向立法院提出之施政方針及施政報告。

第一項之食品安全會報之組成、任務、議事程序及其他應遵行事項,由行政院定之。

第 三 條 本法用詞,定義如下:
一、食品:指供人飲食或咀嚼之產品及其原料。
二、特殊營養食品:指嬰兒與較大嬰兒配方食品、特定疾病配方食品及其他經中央主管機關許可得供特殊營養需求者使用之配方食品。
三、食品添加物:指為食品著色、調味、防腐、漂白、乳化、增加香味、安定品質、促進發酵、增加稠度、強化營養、防止氧化或其他必要目的,加入、接觸於食品之單方或複方物質。複方食品添加物使用之添加物僅限由中央主管機關准用之食品添加物組成,前述准用之單方食品添加物皆應有中央主管機關之准用許可字號。
四、食品器具:指與食品或食品添加物直接接觸之器械、工具或器皿。
五、食品容器或包裝:指與食品或食品添加物直接接觸之容器或包裹物。
六、食品用洗潔劑:指用於消毒或洗滌食品、食品器具、食品容器或包裝之物質。
七、食品業者:指從事食品或食品添加物之製造、加工、調配、包裝、運送、貯存、販賣、輸入、輸出或從事食品器具、食品容器或包裝、食品用洗潔劑之製造、加工、輸入、輸出或販賣之業者。
八、標示:指於食品、食品添加物、食品用洗潔劑、食品器具、食品容器或包裝上,記載品名或為說明之文字、圖畫、記號或附加之說明書。
九、營養標示:指於食品容器或包裝上,記載食品之營養成分、含量及營養宣稱。
十、查驗:指查核及檢驗。
十一、基因改造:指使用基因工程或分子生物技術,將遺傳物質轉移或轉殖入活細胞或生物體,產生基因重組現象,使表現具外源基因特性或使自身特定基因無法表現之相關技術。但不包括傳統育種、同科物種之細胞及原生質體融合、雜交、誘變、體外受精、體細胞變異及染色體倍增等技術。
十二、加工助劑:指在食品或食品原料之製造加工過程中,為達

特定加工目的而使用，非作爲食品原料或食品容器具之物質。該物質於最終產品中不產生功能，食品以其成品形式包裝之前應從食品中除去，其可能存在非有意，且無法避免之殘留。

第二章　食品安全風險管理

第　四　條　主管機關採行之食品安全衛生管理措施應以風險評估爲基礎，符合滿足國民享有之健康、安全食品以及知的權利、科學證據原則、事先預防原則、資訊透明原則，建構風險評估以及諮議體系。

前項風險評估，中央主管機關應召集食品安全、毒理與風險評估等專家學者及民間團體組成食品風險評估諮議會爲之。其成員單一性別不得少於三分之一。

第一項諮議體系應就食品衛生安全與營養、基因改造食品、食品廣告標示、食品檢驗方法等成立諮議會，召集食品安全、營養學、醫學、毒理、風險管理、農業、法律、人文社會領域相關具有專精學者組成之。其成員單一性別不得少於三分之一。

諮議會委員議事之迴避，準用行政程序法第三十二條之規定；諮議會之組成、議事、程序與範圍及其他應遵行事項之辦法，由中央主管機關定之。

中央主管機關對於重大或突發性食品衛生安全事件，必要時得依預警原則、風險評估或流行病學調查結果，公告對特定產品或特定地區之產品採取下列管理措施：
一、限制或停止輸入查驗、製造及加工之方式或條件。
二、下架、封存、限期回收、限期改製、沒入銷毀。

第　五　條　各級主管機關依科學實證，建立食品衛生安全監測體系，於監測發現有危害食品衛生安全之虞之事件發生時，應主動查驗，並發布預警或採行必要管制措施。

前項主動查驗、發布預警或採行必要管制措施，包含主管機關應抽樣檢驗、追查原料來源、產品流向、公布檢驗結果及揭露資訊，並令食品業者自主檢驗。

第　六　條　各級主管機關應設立通報系統，劃分食品引起或感染症中毒，由衛生福利部食品藥物管理署或衛生福利部疾病管制署主管之，蒐集並受理疑似食品中毒事件之通報。

醫療機構診治病人時發現有疑似食品中毒之情形，應於二十四小時內向當地主管機關報告。

第三章　食品業者衛生管理

第　七　條　食品業者應實施自主管理，訂定食品安全監測計畫，確保食品衛生安全。

食品業者應將其產品原材料、半成品或成品，自行或送交其他檢驗機關（構）、法人或團體檢驗。

上市、上櫃及其他經中央主管機關公告類別及規模之食品業者，應設置實驗室，從事前項自主檢驗。

第一項應訂定食品安全監測計畫之食品業者類別與規模，與第二項應辦理檢驗之食品業者類別與規模、最低檢驗週期，及其他相關事項，由中央主管機關公告。

食品業者於發現產品有危害衛生安全之虞時，應即主動停止製造、加工、販賣及辦理回收，並通報直轄市、縣（市）主管機關。

第　八　條　食品業者之從業人員、作業場所、設施衛生管理及其品保制度，均應符合食品之良好衛生規範準則。

經中央主管機關公告類別及規模之食品業，應符合食品安全管制系統準則之規定。

經中央主管機關公告類別及規模之食品業者，應向中央或直轄市、縣（市）主管機關申請登錄，始得營業。

第一項食品之良好衛生規範準則、第二項食品安全管制系統準則，及前項食品業者申請登錄之條件、程序、應登錄之事項與申請變更、登錄之廢止、撤銷及其他應遵行事項之辦法，由中央主管機關定之。

經中央主管機關公告類別及規模之食品業者，應取得衛生安全管理系統之驗證。

前項驗證，應由中央主管機關認證之驗證機構辦理；有關申請、撤銷與廢止認證之條件或事由，執行驗證之收費、程序、方式及其他相關事項之管理辦法，由中央主管機關定之。

第　九　條　食品業者應保存產品原材料、半成品及成品之來源相關文件。

經中央主管機關公告類別與規模之食品業者，應依其產業模式，建立產品原材料、半成品與成品供應來源及流向之追溯或追蹤系統。

中央主管機關為管理食品安全衛生及品質，確保食品追溯或追蹤系統資料之正確性，應就前項之業者，依溯源之必要性，分階段公告使用電子發票。

中央主管機關應建立第二項之追溯或追蹤系統，食品業者應以電子方式申報追溯或追蹤系統之資料，其電子申報方式及規格由中

央主管機關定之。

第一項保存文件種類與期間及第二項追溯或追蹤系統之建立、應記錄之事項、查核及其他應遵行事項之辦法，由中央主管機關定之。

第 十 條　食品業者之設廠登記，應由工業主管機關會同主管機關辦理。

食品工廠之建築及設備，應符合設廠標準；其標準，由中央主管機關會同中央工業主管機關定之。

食品或食品添加物之工廠應單獨設立，不得於同一廠址及廠房同時從事非食品之製造、加工及調配。但經中央主管機關查核符合藥物優良製造準則之藥品製造業兼製食品者，不在此限。

本法中華民國一百零三年十一月十八日修正條文施行前，前項之工廠未單獨設立者，由中央主管機關於修正條文施行後六個月內公告，並應於公告後一年內完成辦理。

第 十一 條　經中央主管機關公告類別及規模之食品業者，應置衛生管理人員。

前項衛生管理人員之資格、訓練、職責及其他應遵行事項之辦法，由中央主管機關定之。

第 十二 條　經中央主管機關公告類別及規模之食品業者，應置一定比率，並領有專門職業或技術證照之食品、營養、餐飲等專業人員，辦理食品衛生安全管理事項。

前項應聘用專門職業或技術證照人員之設置、職責、業務之執行及管理辦法，由中央主管機關定之。

第 十三 條　經中央主管機關公告類別及規模之食品業者，應投保產品責任保險。

前項產品責任保險之保險金額及契約內容，由中央主管機關定之。

第 十四 條　公共飲食場所衛生之管理辦法，由直轄市、縣（市）主管機關依中央主管機關訂定之各類衛生標準或法令定之。

第四章　食品衛生管理

第 十五 條　食品或食品添加物有下列情形之一者，不得製造、加工、調配、包裝、運送、貯存、販賣、輸入、輸出、作為贈品或公開陳列：

一、變質或腐敗。
二、未成熟而有害人體健康。
三、有毒或含有害人體健康之物質或異物。
四、染有病原性生物，或經流行病學調查認定屬造成食品中毒之病因。

五、殘留農藥或動物用藥含量超過安全容許量。
六、受原子塵或放射能污染，其含量超過安全容許量。
七、攙偽或假冒。
八、逾有效日期。
九、從未於國內供作飲食且未經證明為無害人體健康。
十、添加未經中央主管機關許可之添加物。

前項第五款、第六款殘留農藥或動物用藥安全容許量及食品中原子塵或放射能污染安全容許量之標準，由中央主管機關會商相關機關定之。

第一項第三款有害人體健康之物質，包括雖非疫區而近十年內有發生牛海綿狀腦病或新型庫賈氏症病例之國家或地區牛隻之頭骨、腦、眼睛、脊髓、絞肉、內臟及其他相關產製品。

國內外之肉品及其他相關產製品，除依中央主管機關根據國人膳食習慣為風險評估所訂定安全容許標準者外，不得檢出乙型受體素。

國內外如發生因食用安全容許殘留乙型受體素肉品導致中毒案例時，應立即停止含乙型受體素之肉品進口；國內經確認有因食用致中毒之個案，政府應負照護責任，並協助向廠商請求損害賠償。

第 十五 條之一　中央主管機關對於可供食品使用之原料，得限制其製造、加工、調配之方式或條件、食用部位、使用量、可製成之產品型態或其他事項。

前項應限制之原料品項及其限制事項，由中央主管機關公告之。

第 十六 條　食品器具、食品容器或包裝、食品用洗潔劑有下列情形之一，不得製造、販賣、輸入、輸出或使用：
一、有毒者。
二、易生不良化學作用者。
三、足以危害健康者。
四、其他經風險評估有危害健康之虞者。

第 十七 條　販賣之食品、食品用洗潔劑及其器具、容器或包裝，應符合衛生安全及品質之標準；其標準由中央主管機關定之。

第 十八 條　食品添加物之品名、規格及其使用範圍、限量標準，由中央主管機關定之。

前項標準之訂定，必須以可以達到預期效果之最小量為限制，且依據國人膳食習慣為風險評估，同時必須遵守規格標準之規定。

第 十八 條之一　食品業者使用加工助劑於食品或食品原料之製造，應符合安全衛生及品質之標準；其標準由中央主管機關定之。

加工助劑之使用，不得有危害人體健康之虞之情形。

第　十　九　條　第十五條第二項及前二條規定之標準未訂定前，中央主管機關為突發事件緊急應變之需，於無法取得充分之實驗資料時，得訂定其暫行標準。

第　二　十　條　屠宰場內畜禽屠宰及分切之衛生查核，由農業主管機關依相關法規之規定辦理。

運送過程之屠體、內臟及其分切物於交付食品業者後之衛生查核，由衛生主管機關為之。

食品業者所持有之屠體、內臟及其分切物之製造、加工、調配、包裝、運送、貯存、販賣、輸入或輸出之衛生管理，由各級主管機關依本法之規定辦理。

第二項衛生查核之規範，由中央主管機關會同中央農業主管機關定之。

第　二十一　條　經中央主管機關公告之食品、食品添加物、食品器具、食品容器或包裝及食品用洗潔劑，其製造、加工、調配、改裝、輸入或輸出，非經中央主管機關查驗登記並發給許可文件，不得為之；其登記事項有變更者，應事先向中央主管機關申請審查核准。

食品所含之基因改造食品原料非經中央主管機關健康風險評估審查，並查驗登記發給許可文件，不得供作食品原料。

經中央主管機關查驗登記並發給許可文件之基因改造食品原料，其輸入業者應依第九條第五項所定辦法，建立基因改造食品原料供應來源及流向之追溯或追蹤系統。

第一項及第二項許可文件，其有效期間為一年至五年，由中央主管機關核定之；期滿仍需繼續製造、加工、調配、改裝、輸入或輸出者，應於期滿前三個月內，申請中央主管機關核准展延。但每次展延，不得超過五年。

第一項及第二項許可之廢止、許可文件之發給、換發、補發、展延、移轉、註銷及登記事項變更等管理事項之辦法，由中央主管機關定之。

第一項及第二項之查驗登記，得委託其他機構辦理；其委託辦法，由中央主管機關定之。

本法中華民國一百零三年一月二十八日修正前，第二項未辦理查驗登記之基因改造食品原料，應於公布後二年內完成辦理。

第五章　食品標示及廣告管理

第　二十二　條　食品及食品原料之容器或外包裝，應以中文及通用符號，明顯標示下列事項：

一、品名。

二、內容物名稱；其為二種以上混合物時，應依其含量多寡由高至低分別標示之。

三、淨重、容量或數量。

四、食品添加物名稱；混合二種以上食品添加物，以功能性命名者，應分別標明添加物名稱。

五、製造廠商或國內負責廠商名稱、電話號碼及地址。國內通過農產品生產驗證者，應標示可追溯之來源；有中央農業主管機關公告之生產系統者，應標示生產系統。

六、原產地（國）。

七、有效日期。

八、營養標示。

九、含基因改造食品原料。

十、其他經中央主管機關公告之事項。

前項第二款內容物之主成分應標明所佔百分比，其應標示之產品、主成分項目、標示內容、方式及各該產品實施日期，由中央主管機關另定之。

第一項第八款及第九款標示之應遵行事項，由中央主管機關公告之。

第一項第五款僅標示國內負責廠商名稱者，應將製造廠商、受託製造廠商或輸入廠商之名稱、電話號碼及地址通報轄區主管機關；主管機關應開放其他主管機關共同查閱。

第二十三條　食品因容器或外包裝面積、材質或其他之特殊因素，依前條規定標示顯有困難者，中央主管機關得公告免一部之標示，或以其他方式標示。

第二十四條　食品添加物及其原料之容器或外包裝，應以中文及通用符號，明顯標示下列事項：

一、品名。

二、「食品添加物」或「食品添加物原料」字樣。

三、食品添加物名稱；其為二種以上混合物時，應分別標明。其標示應以第十八條第一項所定之品名或依中央主管機關公告之通用名稱為之。

四、淨重、容量或數量。

五、製造廠商或國內負責廠商名稱、電話號碼及地址。

六、有效日期。

七、使用範圍、用量標準及使用限制。

八、原產地（國）。

九、含基因改造食品添加物之原料。

十、其他經中央主管機關公告之事項。

食品添加物之原料，不受前項第三款、第七款及第九款之限制。
前項第三款食品添加物之香料成分及第九款標示之應遵行事項，由中央主管機關公告之。
第一項第五款僅標示國內負責廠商名稱者，應將製造廠商、受託製造廠商或輸入廠商之名稱、電話號碼及地址通報轄區主管機關；主管機關應開放其他主管機關共同查閱。

第 二十五 條 中央主管機關得對直接供應飲食之場所，就其供應之特定食品，要求以中文標示原產地及其他應標示事項；對特定散裝食品販賣者，得就其販賣之地點、方式予以限制，或要求以中文標示品名、原產地（國）、含基因改造食品原料、製造日期或有效日期及其他應標示事項。國內通過農產品生產驗證者，應標示可追溯之來源；有中央農業主管機關公告之生產系統者，應標示生產系統。
前項特定食品品項、應標示事項、方法及範圍；與特定散裝食品品項、限制方式及應標示事項，由中央主管機關公告之。
第一項應標示可追溯之來源或生產系統規定，自中華民國一百零四年一月二十日修正公布後六個月施行。

第 二十六 條 經中央主管機關公告之食品器具、食品容器或包裝，應以中文及通用符號，明顯標示下列事項：
一、品名。
二、材質名稱及耐熱溫度；其為二種以上材質組成者，應分別標明。
三、淨重、容量或數量。
四、國內負責廠商之名稱、電話號碼及地址。
五、原產地（國）。
六、製造日期；其有時效性者，並應加註有效日期或有效期間。
七、使用注意事項或微波等其他警語。
八、其他經中央主管機關公告之事項。

第 二十七 條 食品用洗潔劑之容器或外包裝，應以中文及通用符號，明顯標示下列事項：
一、品名。
二、主要成分之化學名稱；其為二種以上成分組成者，應分別標明。
三、淨重或容量。
四、國內負責廠商名稱、電話號碼及地址。
五、原產地（國）。
六、製造日期；其有時效性者，並應加註有效日期或有效期間。
七、適用對象或用途。

八、使用方法及使用注意事項或警語。
九、其他經中央主管機關公告之事項。

第二十八條　食品、食品添加物、食品用洗潔劑及經中央主管機關公告之食品器具、食品容器或包裝，其標示、宣傳或廣告，不得有不實、誇張或易生誤解之情形。

食品不得為醫療效能之標示、宣傳或廣告。

中央主管機關對於特殊營養食品、易導致慢性病或不適合兒童及特殊需求者長期食用之食品，得限制其促銷或廣告；其食品之項目、促銷或廣告之限制與停止刊播及其他應遵行事項之辦法，由中央主管機關定之。

第一項不實、誇張或易生誤解與第二項醫療效能之認定基準、宣傳或廣告之內容、方式及其他應遵行事項之準則，由中央主管機關定之。

第二十九條　接受委託刊播之傳播業者，應自廣告之日起六個月，保存委託刊播廣告者之姓名或名稱、國民身分證統一編號、公司、商號、法人或團體之設立登記文件號碼、住居所或事務所、營業所及電話等資料，且於主管機關要求提供時，不得規避、妨礙或拒絕。

第六章　食品輸入管理

第三十條　輸入經中央主管機關公告之食品、基因改造食品原料、食品添加物、食品器具、食品容器或包裝及食品用洗潔劑時，應依海關專屬貨品分類號列，向中央主管機關申請查驗並申報其產品有關資訊。

執行前項規定，查驗績效優良之業者，中央主管機關得採取優惠之措施。

輸入第一項產品非供販賣，且其金額、數量符合中央主管機關公告或經中央主管機關專案核准者，得免申請查驗。

第三十一條　前條產品輸入之查驗及申報，中央主管機關得委任、委託相關機關（構）、法人或團體辦理。

第三十二條　主管機關為追查或預防食品衛生安全事件，必要時得要求食品業者、非食品業者或其代理人提供輸入產品之相關紀錄、文件及電子檔案或資料庫，食品業者、非食品業者或其代理人不得規避、妨礙或拒絕。

食品業者應就前項輸入產品、基因改造食品原料之相關紀錄、文件及電子檔案或資料庫保存五年。

前項應保存之資料、方式及範圍，由中央主管機關公告之。

第三十三條　輸入產品因性質或其查驗時間等條件特殊者，食品業者得向查驗

機關申請具結先行放行,並於特定地點存放。查驗機關審查後認定應繳納保證金者,得命其繳納保證金後,准予具結先行放行。

前項具結先行放行之產品,其存放地點得由食品業者或其代理人指定;產品未取得輸入許可前,不得移動、啟用或販賣。

第三十條、第三十一條及本條第一項有關產品輸入之查驗、申報或查驗、申報之委託、優良廠商輸入查驗與申報之優惠措施、輸入產品具結先行放行之條件、應繳納保證金之審查基準、保證金之收取標準及其他應遵行事項之辦法,由中央主管機關定之。

第 三十四 條 中央主管機關遇有重大食品衛生安全事件發生,或輸入產品經查驗不合格之情況嚴重時,得就相關業者、產地或產品,停止其查驗申請。

第 三十五 條 中央主管機關對於管控安全風險程度較高之食品,得於其輸入前,實施系統性查核。

前項實施系統性查核之產品範圍、程序及其他相關事項之辦法,由中央主管機關定之。

中央主管機關基於源頭管理需要或因個別食品衛生安全事件,得派員至境外,查核該輸入食品之衛生安全管理等事項。

食品業者輸入食品添加物,其屬複方者,應檢附原產國之製造廠商或負責廠商出具之產品成分報告及輸出國之官方衛生證明,供各級主管機關查核。但屬香料者,不在此限。

第 三十六 條 境外食品、食品添加物、食品器具、食品容器或包裝及食品用洗潔劑對民眾之身體或健康有造成危害之虞,經中央主管機關公告者,旅客攜帶入境時,應檢附出產國衛生主管機關開具之衛生證明文件申報之;對民眾之身體或健康有嚴重危害者,中央主管機關並得公告禁止旅客攜帶入境。

違反前項規定之產品,不問屬於何人所有,沒入銷毀之。

第七章　食品檢驗

第 三十七 條 食品、食品添加物、食品器具、食品容器或包裝及食品用洗潔劑之檢驗,由各級主管機關或委任、委託經認可之相關機關(構)、法人或團體辦理。

中央主管機關得就前項受委任、委託之相關機關(構)、法人或團體,辦理認證;必要時,其認證工作,得委任、委託相關機關(構)、法人或團體辦理。

前二項有關檢驗之委託、檢驗機關(構)、法人或團體認證之條件與程序、委託辦理認證工作之程序及其他相關事項之管理辦法,由中央主管機關定之。

第 三十八 條　各級主管機關執行食品、食品添加物、食品器具、食品容器或包裝及食品用洗潔劑之檢驗，其檢驗方法，經食品檢驗方法諮議會諮議，由中央主管機關定之；未定檢驗方法者，得依國際間認可之方法爲之。

第 三十九 條　食品業者對於檢驗結果有異議時，得自收受通知之日起十五日內，向原抽驗之機關（構）申請複驗；受理機關（構）應於三日內進行複驗。但檢體無適當方法可資保存者，得不受理之。

第 四十 條　發布食品衛生檢驗資訊時，應同時公布檢驗方法、檢驗單位及結果判讀依據。

第八章　食品查核及管制

第 四十一 條　直轄市、縣（市）主管機關爲確保食品、食品添加物、食品器具、食品容器或包裝及食品用洗潔劑符合本法規定，得執行下列措施，業者應配合，不得規避、妨礙或拒絕：
一、進入製造、加工、調配、包裝、運送、貯存、販賣場所執行現場查核及抽樣檢驗。
二、爲前款查核或抽樣檢驗時，得要求前款場所之食品業者提供原料或產品之來源及數量、作業、品保、販賣對象、金額、其他佐證資料、證明或紀錄，並得查閱、扣留或複製之。
三、查核或檢驗結果證實爲不符合本法規定之食品、食品添加物、食品器具、食品容器或包裝及食品用洗潔劑，應予封存。
四、對於有違反第八條第一項、第十五條第一項、第四項、第十六條、中央主管機關依第十七條、第十八條或第十九條所定標準之虞者，得命食品業者暫停作業及停止販賣，並封存該產品。
五、接獲通報疑似食品中毒案件時，對於各該食品業者，得命其限期改善或派送相關食品從業人員至各級主管機關認可之機關（構），接受至少四小時之食品中毒防治衛生講習；調查期間，並得命其暫停作業、停止販賣及進行消毒，並封存該產品。
中央主管機關於必要時，亦得爲前項規定之措施。

第 四十二 條　前條查核、檢驗與管制措施及其他應遵行事項之辦法，由中央主管機關定之。

第四十二條之一　爲維護食品安全衛生，有效遏止廠商之違法行爲，警察機關應派員協助主管機關。

第 四十三 條　主管機關對於檢舉查獲違反本法規定之食品、食品添加物、食品

器具、食品容器或包裝、食品用洗潔劑、標示、宣傳、廣告或食品業者，除應對檢舉人身分資料嚴守秘密外，並得酌予獎勵。公務員如有洩密情事，應依法追究刑事及行政責任。

前項主管機關受理檢舉案件之管轄、處理期間、保密、檢舉人獎勵及其他應遵行事項之辦法，由中央主管機關定之。

第一項檢舉人身分資料之保密，於訴訟程序，亦同。

第九章　罰　則

第　四十四　條　有下列行為之一者，處新臺幣六萬元以上二億元以下罰鍰；情節重大者，並得命其歇業、停業一定期間、廢止其公司、商業、工廠之全部或部分登記事項，或食品業者之登錄；經廢止登錄者，一年內不得再申請重新登錄：
一、違反第八條第一項或第二項規定，經命其限期改正，屆期不改正。
二、違反第十五條第一項、第四項或第十六條規定。
三、經主管機關依第五十二條第二項規定，命其回收、銷毀而不遵行。
四、違反中央主管機關依第五十四條第一項所為禁止其製造、販賣、輸入或輸出之公告。
前項罰鍰之裁罰標準，由中央主管機關定之。

第　四十五　條　違反第二十八條第一項或中央主管機關依第二十八條第三項所定辦法者，處新臺幣四萬元以上四百萬元以下罰鍰；違反同條第二項規定者，處新臺幣六十萬元以上五百萬元以下罰鍰；再次違反者，並得命其歇業、停業一定期間、廢止其公司、商業、工廠之全部或部分登記事項，或食品業者之登錄；經廢止登錄者，一年內不得再申請重新登錄。
違反前項廣告規定之食品業者，應按次處罰至其停止刊播為止。
違反第二十八條有關廣告規定之一，情節重大者，除依前二項規定處分外，主管機關並應命其不得販賣、供應或陳列；且應自裁處書送達之日起三十日內，於原刊播之同一篇幅、時段，刊播一定次數之更正廣告，其內容應載明表達歉意及排除錯誤之訊息。
違反前項規定，繼續販賣、供應、陳列或未刊播更正廣告者，處新臺幣十二萬元以上六十萬元以下罰鍰。

第　四十六　條　傳播業者違反第二十九條規定者，處新臺幣六萬元以上三十萬元以下罰鍰，並得按次處罰。
直轄市、縣（市）主管機關為前條第一項處罰時，應通知傳播業者及其直轄市、縣（市）主管機關或目的事業主管機關。傳播業

者自收到該通知之次日起，應即停止刊播。

傳播業者未依前項規定停止刊播違反第二十八條第一項或第二項規定，或違反中央主管機關依第二十八條第三項所為廣告之限制或所定辦法中有關停止廣告之規定者，處新臺幣十二萬元以上六十萬元以下罰鍰，並應按次處罰至其停止刊播為止。

傳播業者經依第二項規定通知後，仍未停止刊播者，直轄市、縣（市）主管機關除依前項規定處罰外，並通知傳播業者之直轄市、縣（市）主管機關或其目的事業主管機關依相關法規規定處理。

第四十六條之一　散播有關食品安全之謠言或不實訊息，足生損害於公眾或他人者，處三年以下有期徒刑、拘役或新臺幣一百萬元以下罰金。

第四十七條　有下列行為之一者，處新臺幣三萬元以上三百萬元以下罰鍰；情節重大者，並得命其歇業、停業一定期間、廢止其公司、商業、工廠之全部或部分登記事項，或食品業者之登錄；經廢止登錄者，一年內不得再申請重新登錄：

一、違反中央主管機關依第四條所為公告。
二、違反第七條第五項規定。
三、食品業者依第八條第三項、第九條第二項或第四項規定所登錄、建立或申報之資料不實，或依第九條第三項開立之電子發票不實致影響食品追溯或追蹤之查核。
四、違反第十一條第一項或第十二條第一項規定。
五、違反中央主管機關依第十三條所為投保產品責任保險之規定。
六、違反直轄市或縣（市）主管機關依第十四條所定管理辦法中有關公共飲食場所安全衛生之規定。
七、違反中央主管機關依第十八條之一第一項所定標準之規定，經命其限期改正，屆期不改正。
八、違反第二十一條第一項及第二項、第二十二條第一項或依第二項及第三項公告之事項、第二十四條第一項或依第二項公告之事項、第二十六條或第二十七條規定。
九、除第四十八條第九款規定者外，違反中央主管機關依第十八條所定標準中有關食品添加物規格及其使用範圍、限量之規定。
十、違反中央主管機關依第二十五條第二項所為之公告。
十一、規避、妨礙或拒絕本法所規定之查核、檢驗、查扣或封存。
十二、對依本法規定應提供之資料，拒不提供或提供資料不實。
十三、經依本法規定命暫停作業或停止販賣而不遵行。

十四、違反第三十條第一項規定，未辦理輸入產品資訊申報，或申報之資訊不實。

十五、違反第五十三條規定。

第　四十八　條　有下列行為之一者，經命限期改正，屆期不改正者，處新臺幣三萬元以上三百萬元以下罰鍰；情節重大者，並得命其歇業、停業一定期間、廢止其公司、商業、工廠之全部或部分登記事項，或食品業者之登錄；經廢止登錄者，一年內不得再申請重新登錄：

一、違反第七條第一項規定未訂定食品安全監測計畫、第二項或第三項規定未設置實驗室。

二、違反第八條第三項規定，未辦理登錄，或違反第八條第五項規定，未取得驗證。

三、違反第九條第一項規定，未保存文件或保存未達規定期限。

四、違反第九條第二項規定，未建立追溯或追蹤系統。

五、違反第九條第三項規定，未開立電子發票致無法為食品之追溯或追蹤。

六、違反第九條第四項規定，未以電子方式申報或未依中央主管機關所定之方式及規格申報。

七、違反第十條第三項規定。

八、違反中央主管機關依第十七條或第十九條所定標準之規定。

九、食品業者販賣之產品違反中央主管機關依第十八條所定食品添加物規格及其使用範圍、限量之規定。

十、違反第二十二條第四項或第二十四條第三項規定，未通報轄區主管機關。

十一、違反第三十五條第四項規定，未出具產品成分報告及輸出國之官方衛生證明。

十二、違反中央主管機關依第十五條之一第二項公告之限制事項。

第四十八條之一　有下列情形之一者，由中央主管機關處新臺幣三萬元以上三百萬元以下罰鍰；情節重大者，並得暫停、終止或廢止其委託或認證；經終止委託或廢止認證者，一年內不得再接受委託或重新申請認證：

一、依本法受託辦理食品業者衛生安全管理驗證，違反依第八條第六項所定之管理規定。

二、依本法認證之檢驗機構、法人或團體，違反依第三十七條第三項所定之認證管理規定。

三、依本法受託辦理檢驗機關（構）、法人或團體認證，違反依第三十七條第三項所定之委託認證管理規定。

第　四十九　條　有第十五條第一項第三款、第七款、第十款或第十六條第一款行

為者，處七年以下有期徒刑，得併科新臺幣八千萬元以下罰金。情節輕微者，處五年以下有期徒刑、拘役或科或併科新臺幣八百萬元以下罰金。

有第四十四條至前條行為，情節重大足以危害人體健康之虞者，處七年以下有期徒刑，得併科新臺幣八千萬元以下罰金；致危害人體健康者，處一年以上七年以下有期徒刑，得併科新臺幣一億元以下罰金。

犯前項之罪，因而致人於死者，處無期徒刑或七年以上有期徒刑，得併科新臺幣二億元以下罰金；致重傷者，處三年以上十年以下有期徒刑，得併科新臺幣一億五千萬元以下罰金。

因過失犯第一項、第二項之罪者，處二年以下有期徒刑、拘役或科新臺幣六百萬元以下罰金。

法人之代表人、法人或自然人之代理人、受僱人或其他從業人員，因執行業務犯第一項至第三項之罪者，除處罰其行為人外，對該法人或自然人科以各該項十倍以下之罰金。

科罰金時，應審酌刑法第五十八條規定。

第四十九條之一　犯本法之罪，其犯罪所得與追徵之範圍及價額，認定顯有困難時，得以估算認定之；其估算辦法，由行政院定之。

第四十九條之二　經中央主管機關公告類別及規模之食品業者，違反第十五條第一項、第四項或第十六條之規定；或有第四十四條至第四十八條之一之行為致危害人體健康者，其所得之財產或其他利益，應沒入或追繳之。

主管機關有相當理由認為受處分人為避免前項處分而移轉其財物或財產上利益於第三人者，得沒入或追繳該第三人受移轉之財物或財產上利益。如全部或一部不能沒入者，應追徵其價額或以其財產抵償之。

為保全前二項財物或財產上利益之沒入或追繳，其價額之追徵或財產之抵償，主管機關得依法扣留或向行政法院聲請假扣押或假處分，並免提供擔保。

主管機關依本條沒入或追繳違法所得財物、財產上利益、追徵價額或抵償財產之推估計價辦法，由行政院定之。

第五十條　雇主不得因勞工向主管機關或司法機關揭露違反本法之行為、擔任訴訟程序之證人或拒絕參與違反本法之行為而予解僱、調職或其他不利之處分。

雇主或代表雇主行使管理權之人，為前項規定所為之解僱、降調或減薪者，無效。

雇主以外之人曾參與違反本法之規定且應負刑事責任之行為，而向主管機關或司法機關揭露，因而破獲雇主違反本法之行為者，

減輕或免除其刑。

第 五十一 條　有下列情形之一者，主管機關得為處分如下：
一、有第四十七條第十四款規定情形者，得暫停受理食品業者或其代理人依第三十條第一項規定所為之查驗申請；產品已放行者，得視違規之情形，命食品業者回收、銷毀或辦理退運。
二、違反第三十條第三項規定，將免予輸入查驗之產品供販賣者，得停止其免查驗之申請一年。
三、違反第三十三條第二項規定，取得產品輸入許可前，擅自移動、啟用或販賣者，或具結保管之存放地點與實際不符者，沒收所收取之保證金，並於一年內暫停受理該食品業者具結保管之申請；擅自販賣者，並得處販賣價格一倍至二十倍之罰鍰。

第 五十二 條　食品、食品添加物、食品器具、食品容器或包裝及食品用洗潔劑，經依第四十一條規定查核或檢驗者，由當地直轄市、縣（市）主管機關依查核或檢驗結果，為下列之處分：
一、有第十五條第一項、第四項或第十六條所列各款情形之一者，應予沒入銷毀。
二、不符合中央主管機關依第十七條、第十八條所定標準，或違反第二十一條第一項及第二項規定者，其產品及以其為原料之產品，應予沒入銷毀。但實施消毒或採行適當安全措施後，仍可供食用、使用或不影響國人健康者，應通知限期消毒、改製或採行適當安全措施；屆期未遵行者，沒入銷毀之。
三、標示違反第二十二條第一項或依第二項及第三項公告之事項、第二十四條第一項或依第二項公告之事項、第二十六條、第二十七條或第二十八條第一項規定者，應通知限期回收改正，改正前不得繼續販賣；屆期未遵行或違反第二十八條第二項規定者，沒入銷毀之。
四、依第四十一條第一項規定命暫停作業及停止販賣並封存之產品，如經查無前三款之情形者，應撤銷原處分，並予啟封。

前項第一款至第三款應予沒入之產品，應先命製造、販賣或輸入者立即公告停止使用或食用，並予回收、銷毀。必要時，當地直轄市、縣（市）主管機關得代為回收、銷毀，並收取必要之費用。

前項應回收、銷毀之產品，其回收、銷毀處理辦法，由中央主管機關定之。

製造、加工、調配、包裝、運送、販賣、輸入、輸出第一項第一

款或第二款產品之食品業者，由當地直轄市、縣（市）主管機關公布其商號、地址、負責人姓名、商品名稱及違法情節。

輸入第一項產品經通關查驗不符合規定者，中央主管機關應管制其輸入，並得為第一項各款、第二項及前項之處分。

第 五十三 條　直轄市、縣（市）主管機關經依前條第一項規定，命限期回收銷毀產品或為其他必要之處置後，食品業者應依所定期限將處理過程、結果及改善情形等資料，報直轄市、縣（市）主管機關備查。

第 五十四 條　食品、食品添加物、食品器具、食品容器或包裝及食品用洗潔劑，有第五十二條第一項第一款或第二款情事，除依第五十二條規定處理外，中央主管機關得公告禁止其製造、販賣、輸入或輸出。

前項公告禁止之產品為中央主管機關查驗登記並發給許可文件者，得一併廢止其許可。

第 五十五 條　本法所定之處罰，除另有規定外，由直轄市、縣（市）主管機關為之，必要時得由中央主管機關為之。但有關公司、商業或工廠之全部或部分登記事項之廢止，由直轄市、縣（市）主管機關於勒令歇業處分確定後，移由工、商業主管機關或其目的事業主管機關為之。

第五十五條之一　依本法所為之行政罰，其行為數認定標準，由中央主管機關定之。

第 五十六 條　食品業者違反第十五條第一項第三款、第七款、第十款或第十六條第一款規定，致生損害於消費者時，應負賠償責任。但食品業者證明損害非由於其製造、加工、調配、包裝、運送、貯存、販賣、輸入、輸出所致，或於防止損害之發生已盡相當之注意者，不在此限。

消費者雖非財產上之損害，亦得請求賠償相當之金額，並得準用消費者保護法第四十七條至第五十五條之規定提出消費訴訟。

如消費者不易或不能證明其實際損害額時，得請求法院依侵害情節，以每人每一事件新臺幣五百元以上三十萬元以下計算。

直轄市、縣（市）政府受理同一原因事件，致二十人以上消費者受有損害之申訴時，應協助消費者依消費者保護法第五十條之規定辦理。

受消費者保護團體委任代理消費者保護法第四十九條第一項訴訟之律師，就該訴訟得請求報酬，不適用消費者保護法第四十九條第二項後段規定。

第五十六條之一　中央主管機關為保障食品安全事件消費者之權益，得設立食品安全保護基金，並得委託其他機關（構）、法人或團體辦理。

前項基金之來源如下：
一、違反本法罰鍰之部分提撥。
二、依本法科處並繳納之罰金，及因違反本法規定沒收或追徵之現金或變賣所得。
三、依本法或行政罰法規定沒入、追繳、追徵或抵償之不當利得部分提撥。
四、基金孳息收入。
五、捐贈收入。
六、循預算程序之撥款。
七、其他有關收入。

前項第一款及第三款來源，以其處分生效日在中華民國一百零二年六月二十一日以後者適用。

第一項基金之用途如下：
一、補助消費者保護團體因食品衛生安全事件依消費者保護法之規定，提起消費訴訟之律師報酬及訴訟相關費用。
二、補助經公告之特定食品衛生安全事件，有關人體健康風險評估費用。
三、補助勞工因檢舉雇主違反本法之行為，遭雇主解僱、調職或其他不利處分所提之回復原狀、給付工資及損害賠償訴訟之律師報酬及訴訟相關費用。
四、補助依第四十三條第二項所定辦法之獎金。
五、補助其他有關促進食品安全之相關費用。

中央主管機關應設置基金運用管理監督小組，由學者專家、消保團體、社會公正人士組成，監督補助業務。

第四項基金之補助對象、申請資格、審查程序、補助基準、補助之廢止、前項基金運用管理監督小組之組成、運作及其他應遵行事項之辦法，由中央主管機關定之。

第十章 附　則

第 五十七 條　本法關於食品器具或容器之規定，於兒童常直接放入口內之玩具，準用之。

第 五十八 條　中央主管機關依本法受理食品業者申請審查、檢驗及核發許可證，應收取審查費、檢驗費及證書費；其費額，由中央主管機關定之。

第 五十九 條　本法施行細則，由中央主管機關定之。

第　六十　條　本法除第三十條申報制度與第三十三條保證金收取規定及第二十二條第一項第五款、第二十六條、第二十七條，自公布後一

年施行外,自公布日施行。

第二十二條第一項第四款自中華民國一百零三年六月十九日施行。

本法一百零三年一月二十八日修正條文第二十一條第三項,自公布後一年施行。

本法一百零三年十一月十八日修正條文,除第二十二條第一項第五款應標示可追溯之來源或生產系統規定,自公布後六個月施行;第七條第三項食品業者應設置實驗室規定、第二十二條第四項、第二十四條第一項食品添加物之原料應標示事項規定、第二十四條第三項及第三十五條第四項規定,自公布後一年施行外,自公布日施行。

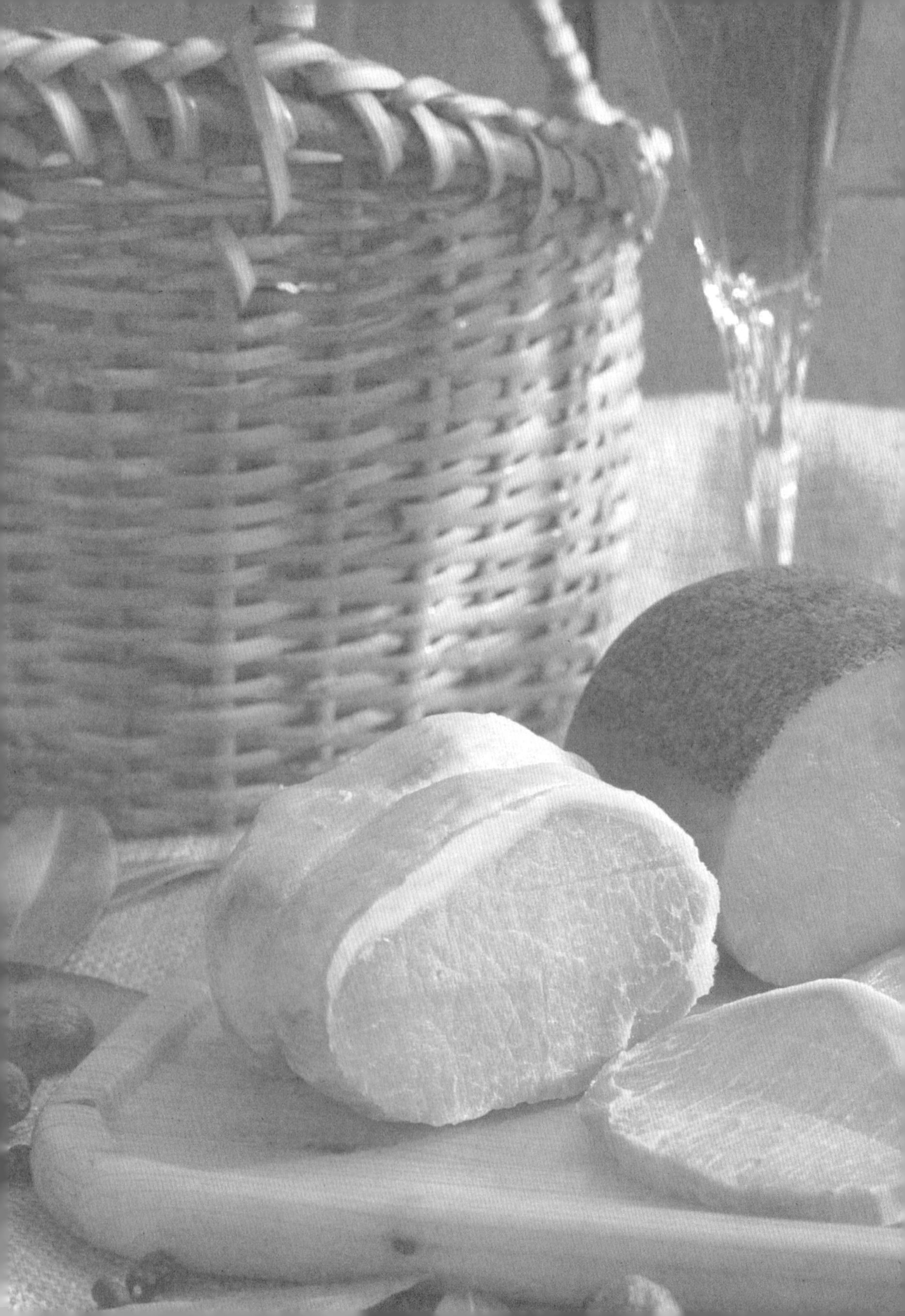

附錄二
參考文獻

1. 賴滋漢、金安兒、林子清，1992，原色食品加工工程圖鑑，藝軒圖書出版社
2. 夏文水等編譯，2005，食品加工原理，藝軒圖書出版社
3. 汪復進等編著，2000，食品加工學（上）（下），文京圖書出版社
4. 程修和，2009，食物學原理，華都文化事業有限公司
5. 彭清勇等編著，2011，食物學原理與實驗，新文京開發出版股份有限公司
6. 增尾清著，張萍譯，2009，與食品添加物和平共處，世茂出版有限公司
7. 金安兒等編著，2003，食品科學概論（上）（下），富林出版社
8. 中華穀類食品工業技術研究所，蛋糕與西點
9. 中華穀類食品工業技術研究所，餅乾製作
10. TECHNICAL BULLETIN, 2008. Soy protein concentrate for Aquaculture. Feeds USSEC.
11. Peisker, 2001. Manufacturing of soy protein concentrate for animal nutrition. CIHEAM.
12. Walstra. Wouters. Geurts, 2006. Dairy Science and Technology. Second Edition, Taylor & Francis.
13. 今井中平、南羽悅悟、栗原健志著，1995，改訂增補タマゴの知識，幸書房
14. 淺野悠輔、石原良三著，1994，卵－その化學と加工技術－
15. 倉澤文夫著，1982，米とその加工，建帛社
16. 福井晉著，2009，最近食品業界動向（日文版），齊藤和邦
17. 河岸宏和著，2008，最新食品工場衛生及危機管理（日文版），齊藤和邦

國家圖書館出版品預行編目資料

圖解食品加工學與實務／李錦楓，李明清，張哲朗，顏文義，林志芳，謝壽山，陳忠義，鄭建益，施泰嶽，林慧美，顏文俊，蔡育仁，林連峯，黃種華，徐能振，吳澄武，吳伯穗，邵隆志，尤俊森作. -- 六版. -- 臺北市：五南圖書出版股份有限公司，2025.07
面；公分
ISBN 978-626-423-563-1(平裝)

1.CST: 食品加工

463.12　　　　　　　　114008285

5BH5

圖解食品加工學與實務

作　　者 ─ 李錦楓、李明清、張哲朗、顏文義、林志芳
　　　　　　謝壽山、陳忠義、鄭建益、施泰嶽、林慧美
　　　　　　顏文俊、蔡育仁、林連峯、黃種華、徐能振
　　　　　　吳澄武、吳伯穗、邵隆志、尤俊森

編輯主編 ─ 王正華
責任編輯 ─ 金明芬、張維文
封面設計 ─ 王麗娟、姚孝慈
出 版 者 ─ 五南圖書出版股份有限公司
發 行 人 ─ 楊榮川
總 經 理 ─ 楊士清
總 編 輯 ─ 楊秀麗
地　　址：106臺北市大安區和平東路二段339號4樓
電　　話：(02)2705-5066　　傳　　真：(02)2706-6100
網　　址：https://www.wunan.com.tw
電子郵件：wunan@wunan.com.tw
劃撥帳號：01068953
戶　　名：五南圖書出版股份有限公司
法律顧問　林勝安律師
出版日期　2014年 5 月初版一刷
　　　　　2015年 2 月二版一刷
　　　　　2016年10月三版一刷
　　　　　2018年10月四版一刷
　　　　　2021年10月五版一刷
　　　　　2025年 7 月六版一刷
定　　價　新臺幣360元

※版權所有・欲利用本書內容，必須徵求本公司同意※

經典永恆・名著常在

五十週年的獻禮 —— 經典名著文庫

五南，五十年了，半個世紀，人生旅程的一大半，走過來了。
思索著，邁向百年的未來歷程，能為知識界、文化學術界作些什麼？
在速食文化的生態下，有什麼值得讓人雋永品味的？

歷代經典・當今名著，經過時間的洗禮，千錘百鍊，流傳至今，光芒耀人；
不僅使我們能領悟前人的智慧，同時也增深加廣我們思考的深度與視野。
我們決心投入巨資，有計畫的系統梳選，成立「經典名著文庫」，
希望收入古今中外思想性的、充滿睿智與獨見的經典、名著。
這是一項理想性的、永續性的巨大出版工程。
不在意讀者的眾寡，只考慮它的學術價值，力求完整展現先哲思想的軌跡；
為知識界開啟一片智慧之窗，營造一座百花綻放的世界文明公園，
任君遨遊、取菁吸蜜、嘉惠學子！